VISUAL BOOKS

文心/主编

动物世界大百科

① 低等动物·昆虫及蛛形动物·鸟类

天地出版社 | TIANDI PRESS

图书在版编目（CIP）数据

动物世界大百科 / 文心主编. —成都：天地出版社，2022.9
（精致图文）
ISBN 978-7-5455-6828-8

Ⅰ．①动…　Ⅱ．①文…　Ⅲ.　①动物—儿童读物　Ⅳ.
①Q95-49

中国版本图书馆CIP数据核字（2021）第256675号

精致图文

DONGWU SHIJIE DA BAIKE

动物世界大百科

出 品 人	杨　政
主　　编	文　心
责任编辑	李红珍　李菁菁
责任校对	梁续红
责任印制	董建臣

出版发行	天地出版社
	（成都市锦江区三色路238号　邮政编码：610023）
	（北京市方庄芳群园3区3号　邮政编码：100078）
网　　址	http://www.tiandiph.com
电子邮箱	tianditg@163.com
经　　销	新华文轩出版传媒股份有限公司

印　　刷	水印书香（唐山）印刷有限公司
版　　次	2022年9月第1版
印　　次	2022年9月第1次印刷
开　　本	889mm×1194mm　1/16
印　　张	26
字　　数	416千字
定　　价	168.00元（全4册）
书　　号	ISBN 978-7-5455-6828-8

KNOWLEDGE FOR STUDENTS

Foreword 前言

　　"精致图文"系列共设8套书目，每套皆为影响中国孩子成长的畅销读物。该系列以海量的知识，包罗万象的图片闻名，是我国发行量较大的儿童图书。

　　本套《动物世界大百科》为"精致图文"的主打书目之一，套书集科学性、知识性和趣味性于一体，采用了科学的分类方法，详细地介绍了数百种动物以及它们的生活习性，语言生动有趣，更能满足少年儿童的求知欲和好奇心。

　　全套分为4册，前3册为知识点介绍，分为低等动物，昆虫及蛛形动物，鸟，非雀形目鸟类，雀形目鸟类，两栖动物，爬行动物，蜥蜴，蛇，毒蛇，鱼，无颌鱼及软骨鱼，硬骨鱼，海洋哺乳动物，灵长类动物，肉食类动物，草食类动物，啮齿类动物和兔类，卵生类和有袋类哺乳动物，食虫类、贫齿类和蝙蝠二十个板块，涵盖了上千个知识点，并通过形象的图文互动方式，使孩子能够快速地了解并掌握关于动物世界的诸多知识，让孩子们在新奇的动物世界里探寻。本套书第4册为精美图鉴，图鉴以大图的方式展现新知，这些大图或是对动物的特写，或是对动物生活环境的真实反映，或是展示了动物们的生存绝技，将为少年儿童带来全新的视觉冲击，带领他们进行一场视觉上的饕餮盛宴。现在就和我们一起打开本套书，展开一段精彩的知识探险之旅吧！

如何使用本书

《动物世界大百科》分为4册：1册介绍低等动物、昆虫及蛛形动物和鸟，2册介绍两栖爬行动物和鱼，3册介绍哺乳动物，4册为精美图鉴。书中附有动物照片、内容说明、比例对照、动物小档案等多方面资料。现将本书体例详细说明如下：

书眉

　　双页码书眉标出该书名称，单页码书眉标出篇章主题。

主标题

　　为您提供当页的主题。

主标题说明

　　标题下的内容简介，概述了主标题，又给您关于本主题内容的清晰思路。

动物小档案

　　提供有关动物的科别、分布等科学性数据资料。

辅标题

　　主标题下的附属标题，进一步进行分类详细描述。

辅标题说明

　　每个辅标题下均有一段详细的说明文字，介绍此种动物的特征、习性及趣闻。

□ 腔肠动物

　　腔肠动物大约有1万种，除少数生活在淡水中外，大多数生活在海水中。这类水生动物身体中央生有空囊，因此有的呈钟形，有的呈伞形。腔肠动物的触手十分敏感，上面生有成组的被称为刺丝囊的刺细胞。如果触手碰到可以吃的东西，末端带毒的细线就会从刺丝囊中伸出，刺入猎物体内。

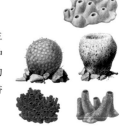

海绵是一种腔肠动物，它们的形状千姿百态

★ 动 物 小 档 案 ★	
科　属	刺细胞动物门
栖息地	附着在岩石、贝壳、沙砾或海底
分　布	海洋中
食　物	小鱼虾
生殖方式	有性生殖

水母

水母

　　水母的身体由内外两胚层组成，两胚层间有一个很厚的中胶层，不但透明，而且有漂浮作用。水母身体的主要成分是水，非常柔软。它的身体外形像一把伞，伞体边缘上长着一些须状的触手，触手上满布刺细胞，这种刺细胞能射出有毒的丝，可以起到防身作用。

红海葵

海葵

海葵

　　海葵看上去很像海洋中盛开的花朵，其实它们是一种低等海洋动物，而且还是一种肉食动物。它们圆柱状的身躯靠底部强有力的吸盘，牢牢地吸在海底的岩石、淤泥，甚至贝类和蟹的外壳上。海葵的口位于身体的上部，口周围长满了貌似艳丽花瓣的触手。它们的触手在水中不停地摇摆，以捕捉路过的小鱼虾。

篇章图片 ●

反映本章特色的大幅插图。

篇章页 ●

介绍本章主要内容，方便您准确了解这一章所要讲述的知识。

第一章

低等动物 Diyizhang

Encyclopedia of the
Animals

地球上至少有90%以上的动物种属于低等动物。低等动物主要包括腔肠动物、软体动物、棘皮动物、节肢动物等，共约20个动物门。在低等动物的进化过程中，其身体构造发生了很大变化，经历了从低等到高等，从简单到复杂的演变过程。有些低等动物身体柔软，有些却有具有保护作用的外壳。低等动物中除昆虫以外，大多数种类生活在海洋中，例如海绵、海星等。

☐ 珊瑚

珊瑚是由一种被称为珊瑚虫的身体柔软的小动物大量群居而形成的。这些珊瑚虫在幼虫阶段便自动固着在先辈珊瑚的石灰质遗骨堆上来捕捉食物，向上并向左右扩展成树枝状的生物群体。珊瑚虫以漂浮在水中的其他动物的幼虫或小动物为食，它们能通过向海水中排卵进行繁殖。

珊瑚

红珊瑚

红珊瑚与多数珊瑚不同，它们的珊瑚虫呈白色，多生长在黑色、粉红色或红色的珊瑚遗骨上，而多数珊瑚的珊瑚虫颜色鲜艳，生长在灰白色的珊瑚遗骨上。红珊瑚非常稀少，它们大多生长在光线较暗的海底。

红珊瑚

红珊瑚与成人手掌大小对比

珊瑚礁是由"造礁珊瑚虫"遗体形成的

脑珊瑚

脑珊瑚呈圆形，体表有深深的凹槽，看上去就像人的大脑皮层一样。这类珊瑚通常由一排排珊瑚虫的触手整齐地排列在珊瑚虫的两侧而形成，口长在底部，形如凹槽。脑珊瑚的这种圆形构造有助于它们承受海浪的冲击。

珊瑚礁

随着珊瑚虫的成长死亡，它们尸体的硬壳不断堆积，最后形成珊瑚礁。可以构成珊瑚礁的物种必须生活在明亮、温暖、清洁的水中。世界上最大的珊瑚礁是澳大利亚昆士兰州近海的大堡礁，长2000多千米，是地球上迄今为止由生物建造的最大的物体。珊瑚礁为海绵和一些不怕珊瑚刺的小动物提供了食物和逃避敌人的庇护所。

伸展开的触手

脑珊瑚

图片说明 ●

为了明晰起见，书中每幅插图均有图名、图注等图片说明。

图片 ●

本书每页均附有若干张精美彩色插图，直观地展示动物的外形及色彩。

比照 ●

清晰的图标以人体或人体的某个部位作为参照物，按一定的比例将动物的大小与之相比较。

目录 CONTENTS

56–91

第四章
非雀形目鸟类

世界上有将近一半的鸟类属于非雀形目，它们有的生活于各种水域之中，有的栖息于地面、树上或灌木丛中。

92-97

第五章
雀形目鸟类

雀形目鸟类主要指鸣禽，包括人们所熟知的百灵、伯劳、画眉、黄鹂等，它们大多是动物世界里著名的"歌唱家"。

鸣禽

□ 动物的分类

　　为了便于研究生物之间的关系，科学家们把生物做了不同的分类。一群动物的相同特征越多，对它们的分类就越精确。因此，所有的动物都属于动物界，分类的次序从大至小分别为界、门、纲、目、科、属、种。通过这些分类可以了解动物是如何通过进化相互联系的，以及它们在自然界中的所属问题。例如：人在生物分类中为动物界、脊索动物门、哺乳纲、灵长目、人科、人种。

动物界

　　动物界是五大生物界（动物界、植物界、原核生物界、原生生物界和真菌界）中最大的界。动物界所有成员的身体都是由细胞组成、能自由移动的有机体，它们需要从食物中获取能量。

门

　　动物界又分成小一些的类群，叫作门。门是界的主要部分，它包括那些具有相同身体结构的动物。例如：节肢动物门，包括那些长着有关节的腿和两对触须的无脊椎动物。猫科动物属于脊索动物门，脊索动物门包含所有的脊椎动物。

纲

　　门再分为更小的类群，叫作纲。它包括那些有共同的重要特征的动物。例如：脊索动物门可分为鱼纲、鸟纲、哺乳动物纲、两栖动物纲和爬行动物纲。猫科动物属于哺乳动物纲，这一纲包括所有哺育后代的温血脊椎动物。

目

　　和其他的类群一样，纲又可分成很多目。如猫科动物被列入食肉目，因为它们是吃肉的温血动物。哺乳动物包括灵长目、鲸目、奇蹄目、偶蹄目、食虫目、有袋目、啮齿目、贫齿目、长鼻目等。

科

目下的分类是科。这个类群的成员经常有着共同的生活方式。例如：猫科包括大猫类，如狮子和老虎；小猫类，如美洲狮和猞猁。它们是靠捕猎为生的动物，有灵活的身体、带爪的足和长长的尾巴。

属

科下更小的类别是属。它包括那些有着非常近的亲缘关系的动物。同一属的动物非常相似，但不在一起繁殖。例如：在虎属中，虎是由多种类型组成的。

动物界

脊索动物门

哺乳动物纲

食肉目

种

种是一群在形体上非常相像，在野外环境下共同觅食，结群繁殖的动物。

东北虎种

动物界

　　动物界是五大生物界中最大的，尽管动物多种多样，但它们还是具有一定的共同特征。所有动物界成员都是依赖食物生存的有机体，所有的动物都有感觉器官。因为活动频繁，动物们都有协调身体的神经系统。很多动物都有循环系统，帮助它们吸进氧气、吸收营养、排泄废物。科学家根据动物相同的身体特征，把整个动物界分成两大类：没有脊柱的动物叫作无脊椎动物；有脊柱的动物叫作脊椎动物。

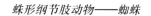

蛛形纲节肢动物——蜘蛛

无脊椎动物

　　尽管无脊椎动物是动物界中比较低等的类群，但它们却是一个令人难以置信的多样化的动物种系，无论在种类上，还是在数量上，都远远超过脊椎动物。它们几乎没有什么共同的特征，广泛分布于全世界。

海月水母

腔肠动物

　　腔肠动物属于较低等的动物。刺细胞是所有的腔肠动物都具有的，它遍布于体表，因此腔肠动物又被称为刺细胞动物。常见的腔肠动物主要有水母、海葵、珊瑚等。

软体动物

　　软体动物为动物界的第二大类群，绝大多数软体动物柔软的身体都被体外坚硬的外壳保护着。常见的有乌贼、章鱼、石鳖、蜗牛、牡蛎、扇贝等。

章鱼

棘皮动物

　　这类动物身体表面有多刺的外皮，身体多为辐射对称。棘皮动物主要包括海星、海胆、海参、蛇尾、海百合等5纲，共6000多种。

海星

珊瑚

节肢动物

　　节肢动物是动物界种类最多的一个类群，主要包括昆虫纲、蛛形纲和甲壳纲这三大纲。节肢动物躯体较硬，长有外骨骼，具有分节的身体和有关节的步足。

昆虫纲节肢动物——蝴蝶

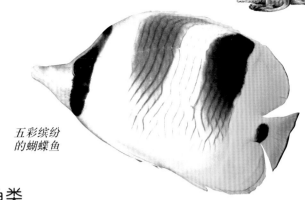

脊椎动物

尽管脊椎动物在动物王国中只占一小部分，但它们都是人类所熟悉的。脊椎动物最显著的特征是有一条脊椎骨或脊柱支撑着身体。典型的脊椎动物长有肌肉、四肢、复杂的感觉器官和大脑。内部复杂的骨架可以使脊椎动物长得相当大，而且适应性强，可以生活在陆地或水中。科学家把脊椎动物分为五类：鱼类、两栖类、爬行类、鸟类和哺乳类。

五彩缤纷的蝴蝶鱼

鱼类

鱼类分为无颌鱼、软骨鱼和硬骨鱼三类。无颌鱼种类很少，包括盲鳗、七鳃鳗等；软骨鱼约有800多种，包括鲨鱼、鳐鱼等，它们的骨骼由软骨组成；硬骨鱼约有24000种，其外形各异，包括鳗鲡、多刺带鳍的丽鱼科鱼以及能离开水生活的肺鱼。

长颈鹿

蜥蜴

青蛙

爬行类

与两栖类动物相比，爬行类动物有减少水分流失的干燥鳞状皮肤。它们的蛋有一层厚壳，可以产在陆地上。多数爬行类动物生活在地球的热带地区。

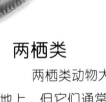

两栖类

两栖类动物大部分时间生活在陆地上，但它们通常在水中繁殖。它们大多具有可以行走的四肢和可以呼吸空气的肺。但它们没有鳞片，潮湿的皮肤可以吸收氧气，帮助呼吸。

黑猩猩

非洲鱼雕

哺乳类

所有的哺乳动物都是温血动物，用母乳喂养后代是它们的特征之一。哺乳动物包括单孔目、翼手目、长鼻目、灵长目等很多类型。

鸟类

鸟类由爬行类进化而来。在漫长的进化过程中，爬行类的前肢演变成了翅膀，鳞状皮肤变成了羽毛，这不仅有助于鸟类飞翔，而且可以帮助鸟类维持恒定的体温。

低等动物

Diyizhang

Encyclopedia of the
Animals

　　地球上至少有90％以上的动物物种属于低等动物。低等动物主要包括腔肠动物、软体动物、棘皮动物、节肢动物等，共约20个动物门。在低等动物的进化过程中，其身体构造发生了很大变化，经历了从低等到高等，从简单到复杂的演变过程。有些低等动物身体柔软，有些却生有具有保护作用的外壳。低等动物中除昆虫以外，大多数种类生活在海洋中，例如海胆、海星等。

腔肠动物

腔肠动物大约有1万种，除少数生活在淡水中外，大多数生活在海水中。这类水生动物身体中央生有空囊，因此有的呈钟形，有的呈伞形。腔肠动物的触手十分敏感，上面生有成组的被称为刺丝囊的刺细胞。如果触手碰到可以吃的东西，末端带毒的细线就会从刺丝囊中伸出，刺入猎物体内。

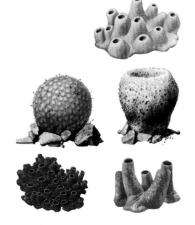

海绵是一种腔肠动物，它们的形状千姿百态

★ 动 物 小 档 案 ★	
科　属	刺细胞动物门
栖 息 地	附着在岩石、贝壳、沙砾或海底
分　布	海洋中
食　物	小鱼虾
生殖方式	有性生殖

水母

水母

水母的身体由内外两胚层组成，两胚层间有一个很厚的中胶层，不但透明，而且有漂浮作用。水母身体的主要成分是水，非常柔软。它的身体外形像一把伞，伞体边缘上长着一些须状的触手，触手上满布刺细胞，这种刺细胞能射出有毒的丝，可以起到防身作用。

红海葵

海葵

海葵

海葵看上去很像海洋中盛开的花朵，其实它们是一种低等海洋动物，而且还是一种肉食动物。它们圆柱状的身躯靠底部强有力的吸盘，牢牢地吸在海底的岩石、淤泥，甚至贝类和蟹的外壳上。海葵的口位于身体的上部，口周围长满了貌似艳丽花瓣的触手。它们的触手在水中不停地摇摆，以捕捉路过的小鱼虾。

□ 珊瑚

　　珊瑚是由一种被称为珊瑚虫的身体柔软的小动物大量群居而形成的。这些珊瑚虫在幼虫阶段便自动固着在先辈珊瑚的石灰质遗骨堆上来捕捉食物，向上并向左右扩展成树枝状的生物群体。珊瑚虫以漂浮在水中的其他动物的幼虫或小动物为食，它们能通过向海水中排卵进行繁殖。

珊瑚

红珊瑚

　　红珊瑚与多数珊瑚不同，它们的珊瑚虫呈白色，多生长在黑色、粉红色或红色的珊瑚遗骨上，而多数珊瑚的珊瑚虫颜色鲜艳，生长在灰白色的珊瑚遗骨上。红珊瑚非常稀少，它们大多生长在光线较暗的海底。

红珊瑚

脑珊瑚

　　脑珊瑚呈圆形，体表有深深的凹槽，看上去就像人的大脑皮层一样。这类珊瑚通常由一排排珊瑚虫的触手整齐地排列在珊瑚虫的两侧而形成，口长在底部，形如凹槽。脑珊瑚的这种圆形构造有助于它们承受海浪的冲击。

珊瑚礁是由"造礁珊瑚虫"遗体形成的

红珊瑚与成人手掌大小对比

珊瑚礁

　　随着珊瑚虫的成长死亡，它们尸体的硬壳不断堆积，最后形成珊瑚礁。可以构成珊瑚礁的物种必须生活在明亮、温暖、清洁的水中。世界上最大的珊瑚礁是澳大利亚昆士兰州近海的大堡礁，长2000多千米，是地球上迄今为止由生物建造的最大的物体。珊瑚礁为海绵和一些不怕珊瑚刺的小动物提供了食物和逃避敌人的庇护所。

—— 伸展开的触手

脑珊瑚

珊瑚

蘑菇珊瑚

　　蘑菇珊瑚是由单个巨大的珊瑚虫形成的。它们不像石灰质珊瑚和岩石粘连在一起，而是以一种疏松的状态附着其上。它们甚至可以移动，但距离不会太远。蘑菇珊瑚可以产生出一种含有刺细胞的黏液。

柳珊瑚

　　柳珊瑚也被称为海扇，扇面上密布着细密的纹理，很像叶子的脉络。柳珊瑚靠它们的羽状触须捕食。细小纷杂的触须顺着海里水流的方向生长，这样它们可以捉到海水流动时带来的小海洋动物和植物。

鹿角珊瑚

　　鹿角珊瑚能不断分叉，看上去就像雄鹿的角一样，故而得名。鹿角珊瑚是珊瑚中的大型个体，最高可达1米。其分枝粗壮、侧扁，顶端圆钝。鹿角珊瑚为造礁珊瑚中的一种，但因其比较容易破碎，所以常生长在热带海洋的珊瑚礁内以及浅海潮间带的礁石内。

像扇面一样的柳珊瑚

鹿角珊瑚

软体动物

软体动物有5万多种，是无脊椎动物中最大的类群，有些生活在陆地上，但大多数生活在淡水或海水中。软体动物不但包括许多体形小、移动缓慢的种类，而且还有一些体形较大，移动迅速，并且是无脊椎动物中十分聪明的动物。所有软体动物的身体都很柔软，并且多数生有一层套膜，这层套膜能够分泌一种可以形成贝壳的物质。

蜗牛

扇贝

扇贝是一种能通过开合两片贝壳，在水中自由游动的双贝壳软体动物。当受到惊吓时，它们会关紧贝壳，然后喷出一股水柱，使身体迅速向后移动，借机逃跑。扇贝生有一排触手，贝壳的边缘还有100多个蓝色的"眼睛"，分几排排列着。

扇贝

大赤旋螺与成人手掌大小对比

大赤旋螺

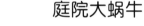

节结

大瘤

大赤旋螺

大赤旋螺塔高，体层大，节结顶端呈白色；壳顶常缺损，壳口大，内有密集的螺纹，但螺轴光滑；螺层周缘和体层肩部有螺旋状排列的大瘤，壳表呈浅红色或奶油色。

庭院大蜗牛

庭院大蜗牛已成为一种危害极大的害虫。每当晚上或者下过大雨之后，它们就会出来觅食，常常将植物咬断。天气干旱时，它们缩在贝壳内，用一种能在干燥后变硬的黏液将贝壳的开口封住。庭院大蜗牛既有雄性生殖器官，又有雌性生殖器官，因此任何两只蜗牛都能交配繁殖。

庭院大蜗牛

外壳

□ 乌贼

乌贼身体扁平柔软，非常适合在海底生活。它们体内聚集着数百万个含有红、黄、蓝、黑等不同颜色的色素细胞，可以在一两秒内做出反应，通过调整体内色素囊的大小来改变自身的颜色，以便适应环境，逃避敌害，是水中的变色能手。乌贼平时做波浪式的缓慢运动，可一遇到险情，就会以每秒15米的速度把强敌抛在身后。

乌贼

大王乌贼

★ 动 物 小 档 案 ★	
科　　属	乌贼科
栖 息 地	宽阔的大洋、浅海、大洋深处
分　　布	世界各大洋
生殖方式	卵生
寿　　命	1～2年

乌贼的身体扁平而柔软

外部套膜

吸血枪乌贼

吸血枪乌贼分布在全球各海域中。这种动物身体乌黑，它们的眼睛会发光，口腔由漏斗状结构的腕像伞一样支撑着。吸血枪乌贼生活在深海中黑暗的地方，从来没有人见到过它们进食。它们的眼睛可能会吸引鱼类，猎物经过漏斗状结构进入它们的口中。

用于捕捉猎物的两只
触手和八条腕足

自卫

乌贼体内的墨汁平时都贮存在肚中的墨囊里，是"自卫"的有力武器。遇到敌害侵袭时，它会从墨囊里喷出一股墨汁，把周围的海水染得墨黑，趁机逃之夭夭。而且乌贼的墨汁含有毒素，可以用来麻醉敌人。

大王乌贼

大王乌贼体长一般只有30～50厘米，但最大的大王乌贼有21米长，甚至更长，重达2000千克。它们一般生活在深海，以鱼类为食，能在漆黑的海水中捕捉到猎物。它们经常要和潜入深海觅食的抹香鲸进行殊死搏斗，抹香鲸经常被弄得伤痕累累，不过也经常发生大王乌贼被抹香鲸吞入腹中的惨剧。

乌贼借浓黑的墨汁的掩护，趁机逃离危险

□ 章鱼

章鱼跟蜗牛有亲缘关系，但章鱼没有硬壳的保护。章鱼的身体富有弹性，能够挤进细小的洞穴。章鱼有8条灵敏的腕足，腕足长有240个吸盘，吸盘的四周有一圈锐利的牙齿，捕捉猎物非常方便。所有章鱼都是食肉者，主要以蟹等动物为食物。它们鸟喙状的嘴可以咬穿蟹壳，喷出能够麻痹猎物神经的毒素。

章鱼也称"八爪鱼"，它们的体形有大有小

防卫

每当章鱼遇到敌害时，它们就会自动抛掉触腕，用断触腕的蠕动来迷惑敌害，自己则趁机溜走。而触腕断后，章鱼伤口处的血管会极力地收缩，所以伤口是不会流血的，而且第二天就能长好，不久又长出新的触腕。但对手若是不及自己，它们一定会把对方打败。

章鱼是逃跑能手

蓝环章鱼

章鱼与成人大小对比

蓝环章鱼

蓝环章鱼主要生活在太平洋，因为身体上鲜艳的蓝环而得名。它们是一种极为危险的动物，嘴里分泌的毒液能将人置于死地。被这种章鱼蜇刺后几乎没有疼痛感，一个小时后，毒性才开始发作。幸运的是蓝环章鱼并不好斗，很少攻击人类。如果遇到危险，它们会发出耀眼的蓝光，向对方发出警告。

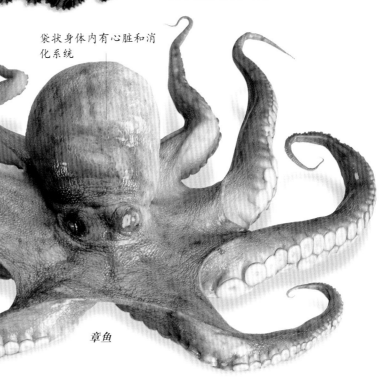

袋状身体内有心脏和消化系统

章鱼

☐ 甲壳动物

甲壳类动物体外都有一层石灰质外壳，称为甲壳。它们是节肢动物门中的一个大类。全世界有3万多种甲壳动物，如构成浮游动物主体的身体不大的桡足类、众所周知的对虾、行动奇特的螃蟹和附着力超强的藤壶等。它们的生活方式也是多种多样的：有的在水中游泳，有的在海底爬行，有的附着在岩礁等上面生活，有的穴居，还有的营寄生生活。

江河湖海中都有虾

复眼

龙虾

触角

龙虾的外骨骼由独立相连的节组成

龙虾

　　龙虾的身体细长，约40厘米，足很发达，尾端没有螯，可以在海底爬行几十千米的距离。龙虾的眼睛是复眼，这对它们在跳跃时开阔视野有很大的好处。龙虾的头里面有脑和胃，其结构十分坚硬，并且还有很多突刺。它的腹足除了用来步行，其他时候都呈蜷曲状态。里侧有多条小腹足，是雌虾孵卵的地方。

虾蛄

　　虾蛄是甲壳动物中的口足类。它们的头胸部有一对像螳螂一样的镰刀状颚足，步足三对，腹部有尾鳍。它们的螯可在瞬间折回，并同前足的其他部分重合在一起，同时迅速地将猎物抓住。虾蛄生活在珊瑚礁和浅水的海滩中，以蠕虫、鱼类和其他动物为食。

小龙虾
小龙虾是存活于淡水中一种像龙虾的甲壳类动物

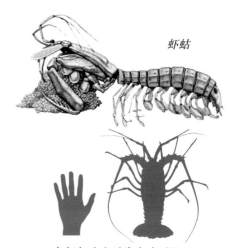

虾蛄

龙虾与成人手掌大小对比

藤壶

藤壶

　　藤壶是一种外壳与软体动物相似的甲壳动物。它们常常附着在其他甲壳动物的身上或固着在岩石上，有些也生活在鲸鱼等动物的身上。涨潮时，它们从甲壳中伸出羽状的足，从水中过滤食物。

蟹

蟹是人们非常熟悉的一种动物，俗称螃蟹。它们的身影遍布河流、海洋和沙滩。螃蟹长着一对非常特殊的眼睛——柄眼。柄眼的基部有活动关节，因此眼睛可以上下伸缩。螃蟹的防身武器是一对大螯。在求偶季节，这对大螯也用以招引异性。螃蟹都很善于游泳，生活在岸边的许多物种都能以极快的速度侧身急行，以逃避危险。

蜘蛛蟹

螃蟹

百草蟹

百草蟹的模样与一般的螃蟹基本相似，也有八条腿和两只前螯。不同的是，它们的腿和螯上布满了尖锐的毛刺，呈半透明的粉紫色。这种蟹主要生活在我国海南的大洲岛上。大洲岛盛产野生中草药龙血树、金不换、草扣花等。百草蟹就是依赖岛上丰富的中草药慢慢长大的，所以以此得名。

蜘蛛蟹

蜘蛛蟹长相丑陋，在头胸甲上或大螯上一般戴有几朵艳丽的"鲜花"，那是海葵，俗称"海菊花"。蜘蛛蟹就是靠身上有毒的海葵来保护自己，以避敌害，同时也用之以美化自己丑陋的身体。

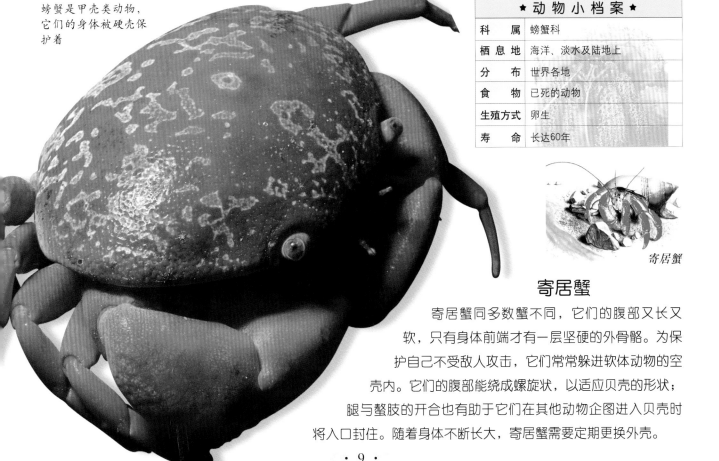

螃蟹是甲壳类动物，它们的身体被硬壳保护着

★ 动 物 小 档 案 ★	
科　　属	螃蟹科
栖 息 地	海洋、淡水及陆地上
分　　布	世界各地
食　　物	已死的动物
生殖方式	卵生
寿　　命	长达60年

寄居蟹

寄居蟹

寄居蟹同多数蟹不同，它们的腹部又长又软，只有身体前端才有一层坚硬的外骨骼。为保护自己不受敌人攻击，它们常常躲进软体动物的空壳内。它们的腹部能绕成螺旋状，以适应贝壳的形状；腿与螯肢的开合也有助于它们在其他动物企图进入贝壳时将入口封住。随着身体不断长大，寄居蟹需要定期更换外壳。

螃蟹

三疣梭子蟹

三疣梭子蟹别名很多，如梭子蟹、枪蟹、海螃蟹等。雄蟹背面茶绿色，雌蟹紫色。它们的头胸甲呈梭形，稍隆起，表面有3个显著的疣状隆起，两前侧缘各具9个锯齿，额部两侧有1对能转动的带柄复眼。它们螯足发达，第4对步足指节扁平如桨，适于游泳；腹部扁平，雄蟹腹部呈三角形，雌蟹呈圆形。其腹面均为灰白色。

柄眼 —

招潮蟹

蟹与成人手掌大小对比

招潮蟹

在热带沿海区域常栖息着一种怪蟹。据说，当潮水将上涨时，它们会举起大螯以示欢迎，故名"招潮蟹"。其双眼长在长柄顶端，能俯视海滩，一遇到危险，招潮蟹便把眼柄横折入壳前端的凹槽，迅速逃入洞穴内。雄蟹的大螯一大一小，雌蟹的两螯一般大。雄招潮蟹在争夺雌蟹或洞穴时会互相搏斗。

椰子蟹

太平洋和印度洋岛屿上，每当夜幕降临时，椰子蟹就从它们的洞穴中爬出来，去吃椰子里松软的白肉。它们能爬到树上，但更多的是寻找掉在地上的椰子，然后用强壮有力的螯把椰壳打破。它们是陆生蟹，但雌性的椰子蟹会把卵产在海中。经过最初的生长阶段之后，幼蟹离开海水，像寄居蟹一样把贝壳作为藏身之地。幼蟹长大后就会丢弃贝壳，开始生活在潮湿的海滩之上了。

椰子蟹

瓷蟹

瓷蟹通常躲在沿太平洋海岸的石沼里，躯干只有5厘米长。瓷蟹有6对腿，其中很小的一对隐藏在尾巴的底部。瓷蟹腿上的绒毛可以黏附海底的泥土，有助于它们伪装成食肉动物。当受到食肉动物的威胁时，瓷蟹就会抛掉一条腿来分散攻击者的注意力。当然，它们所丢掉的附肢还会再长出来。

瓷蟹

棘皮动物

在海边的岩礁、海藻间，我们常会见到一些海滨动物，如海星、海参等。这些动物的身体表面都长有许多长短不一的棘状突起，因此被叫作棘皮动物。它们是唯一由"五个部位"构成的动物，即许多棘皮动物都有五条触腕、五套口器和五套管足。

海星吸附在其他海洋生物体上

海星

全世界大约有1500种海星生活在海洋里。多数海星都有五条触腕，有的海星甚至有50条触腕。一些海星的触腕非常短，看起来就像是五边形的坐垫。多数海星在触腕折断或被咬掉之后，都能再长出新的触腕。

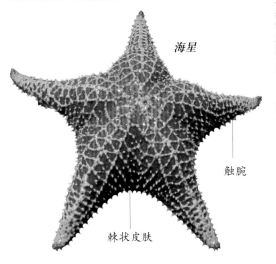

海星

触腕

棘状皮肤

吸附在海仙人掌上的海蛇尾

刺海参

与其他棘皮动物不同的是，刺海参的嘴都长在身体的一端。刺海参通过粗糙的皮肤和具有白色棘突的骨骼来保护自己。如果敌人靠得太近，受到威胁的刺海参会释放出一团黏糊糊的线团似的物质，以此来保证自己的安全。

海星正在进食

海蛇尾

海蛇尾是海星的近亲，但运动本领比海星更强。海蛇尾能够在岩石裂缝和珊瑚礁上生存，运动起来似蛇蜿蜒蜒前行，因此取名海蛇尾。它们的触手连在一个圆盘状身体上，伸缩自如，因为其触手十分脆，只要轻轻碰一下，就会折断，因此，它们又被称为"易碎的海星"。

第二章

Encyclopedia of the
Animals

昆虫及蛛形动物

Di'erzhang

昆虫是地球上数量最多、生命力最旺盛的一类动物。迄今为止，科学家们已经发现了将近100万种昆虫，有比人的一只手还大的甲虫，也有比一个句号还小的飞虫。昆虫的种类繁多，形态各异，但它们都有一些相同的特点：所有昆虫的身体都分为头、胸、腹三部分。头部生有眼睛、触角和几套口器；胸部一般生有三对足和一至两对翅膀；腹部生有昆虫的生殖器官及大部分的消化系统。在这个世界上，昆虫恐怕是一群最弱小的群体了，然而它们的身影却遍布地球的每一个角落。

无翅昆虫

全世界大约有3000种无翅昆虫，多见于亚马孙雨林地区和南极洲等地方。除没有翅膀外，它们还在其他许多方面与大多数昆虫不同。其中有些不必交配就可以繁殖，而且从幼虫到成虫外形变化非常小。

大象的身上很容易生跳蚤

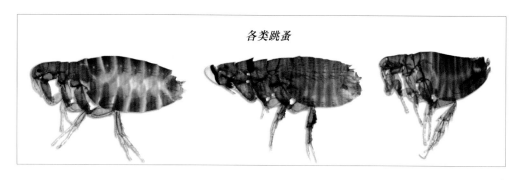

各类跳蚤

跳蚤

跳蚤是一种可恶的寄生虫，它们主要以寄主的血液为食，一般在恒温动物，如鸟类和哺乳类的身上度过一生。只有少数的动物——主要是灵长类动物和水生哺乳动物不被这些害虫干扰。跳蚤身体各部位布满了方向朝后的尖尖的短而硬的毛，以防它们在寄主四处活动时被抖落下来。跳蚤畏光，白天隐伏在黑暗里、温暖的角落里，一到夜晚就纷纷出动，跳到寄主身上。跳蚤的后腿非常粗壮，因此能跳得又高又远。

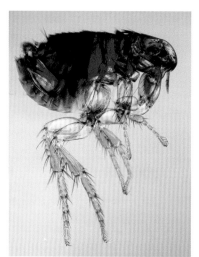

跳蚤的跳跃能力很强

跳蚤与成人手掌大小对比

宽宽的头部

扁平的身体

人虱是一种体形较小、主要寄生在人身体或头发内的无翅昆虫

尾须

衣鱼

鳞片

细小的足部

背部有拱起

寄生虱

寄生虱属于虱目昆虫，无翅，体形微小，长扁形。虱多以吸血为生，寄生在人、家畜、猿、兔、鼠等哺乳动物体表，它们中很多都能传播疾病，对人的身体十分有害。这些没有翅膀的吸血寄生虫，有些是咀嚼虱，生活在鸟类和哺乳动物体上，以羽毛、皮肤为生，有时也以血液为食；有些是吸血虱，靠哺乳动物的血液生活。

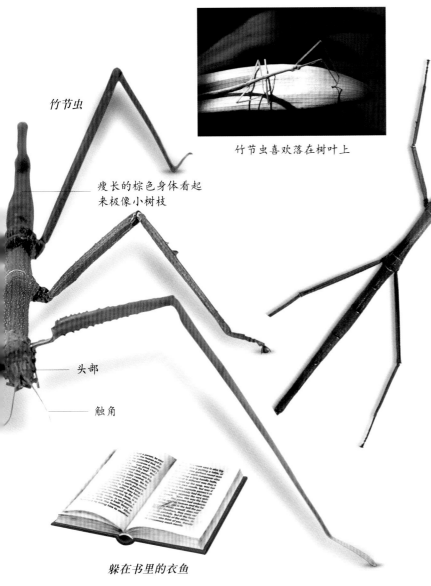

竹节虫喜欢落在树叶上

竹节虫

瘦长的棕色身体看起来极像小树枝

头部

触角

竹节虫

躲在书里的衣鱼

竹节虫

竹节虫的种类很多，体色各异，多为绿色或暗棕色。它们的头不大，前端有一对线状触角，为咀嚼式口器，身体和腿部细如竹节。部分种类的翅已完全退化，但后肢发达，善于跳跃。有些竹节虫栖息在树枝或竹枝上时，活像枯枝，让人难以发现，因此得到"伪装大师"之称。还有些竹节虫受惊后落在地上，还能装死不动。竹节虫这种以假乱真的本领，在生物学上称为"拟态"。

衣鱼

衣鱼，俗名蛀书虫，体表有银色鳞片，常栖息在书籍、纸张和衣物间。衣鱼的尾须是3条分节的细毛须，这3条尾须不但有着触觉的功能，也是运动的附属器官。衣鱼善于爬行在垂直的墙壁上，除肚子下面有着起吸附作用的泡囊外，尾须总是紧贴着墙壁，上面密集的短毛起到助推和防止下滑的作用。衣鱼以纸、面粉、面包屑和胶水等含淀粉的物质为食。不过，衣鱼抗饥饿的能力特别强，即使数月不吃东西，其身体功能也不会受到损害。雌虫在房屋内的裂缝及地板上产下珍珠白色的卵。衣鱼幼虫呈白色，但长大后变成银白色。

两只衣鱼正在啃食皮带

□ 有翅昆虫

　　有翅昆虫有一对或两对翅膀。翅膀赋予它们在空中飞行的能力。有翅昆虫有极佳的视力，并有一对在飞行中起保持平衡作用的被称作"平衡棒"的特殊稳定器。目前已知的有翅昆虫约有12万种。虽然所有的有翅昆虫都取食液体食物，但它们的进食方式各不相同。有一些吸食花、水果或腐烂食物残余的流质物质，也有一些刺入人或动物的皮肤，用尖利的口器吸血。

美丽的蝴蝶是有翅昆虫的重要物种之一

家蝇

家蝇

　　家蝇可能是地球上最常见的一类昆虫，只要有人的地方就有家蝇，甚至在北冰洋地区也能见到它们。多数家蝇体色黯淡，有暗色刚毛和细长的足。口器为海绵状，用于舐食液体或刺吸血液。家蝇常以甜味的或腐烂的东西为食，进食后会留下一块块唾液，并借此传播某些疾病。家蝇的幼虫在动物的粪便中或垃圾中成长。如果天气温暖，幼虫10天左右就可以变成成虫。

蚊子

蚊子

　　目前所知，全世界有2000多种蚊子，从热带地区到北极，遍布全球。蚊子脆弱、纤细的身体上覆盖着白色、灰色、褐色或黑色的鳞片。有的热带物种有鲜艳的色彩。蚊子的口器为细长的刺吸式。雄蚊以花蜜为食，雌蚊生有尖细的口器，靠吸食动物及人类的血液生活。它们的叮咬不仅让人产生痛痒的感觉，而且还会传播疾病。雌蚊通常在污浊的水面上产卵，所以及时清除污水是避免蚊子滋生的有效办法。

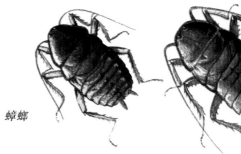

蟑螂

蟑螂

　　蟑螂的进化发展远比人类久远。蟑螂能够生活在各种环境中，有些种类的蟑螂在人类的住宅中繁衍生息。它们几乎什么东西都吃，包括厨房的残羹剩饭和丢弃物。蟑螂有着快速繁殖的能力，这也是它们能够存活至今的原因之一。一只雌性美洲蟑螂能活两年。在此期间，它能产下大约1000枚卵，卵有很硬的保护囊，称为卵包。卵经过大约45天孵化成幼虫，幼虫约一年后才会成熟。

草地蚱蜢

　　草地蚱蜢分布较广，它们能在各种条件恶劣的草地中生存。它们的"叫声"是夏季里最奇特的声音之一。同大多数蚱蜢一样，几乎只有雄性草地蚱蜢才会鸣唱。叫声是它们用后足摩擦前翅发出的。它们每条足面向身体的一侧都有一排小钉状的突起。当它们上下移动后足时，钉状突起就会摩擦翅膀坚硬的边缘，从而发出声音。

★ 动 物 小 档 案 ★	
科　属	蝗科
栖息地	草丛中、瓜藤、豆类和绿色树木等植物上
分　布	除极寒地带外，广布世界各地，尤以热带地区种类最为丰富
食　物	各类小型昆虫
生殖方式	卵生
寿　命	6～10个月

蝗虫

　　世界上有两万多种蝗虫。它们都有很大的眼睛，可以密切提防天敌；有强有力的后腿，遇到干扰后能立即跳跃离开。它们以植物的叶子为食，进食时用横着移动的颚将之咬断并咀嚼。蝗虫一般隐藏在植物丛中，同伴间靠声音相互联络。许多种类的蝗虫都能伪装成植物的样子。热带的蝗虫通常是有毒的，一般有鲜亮的色彩。

丝状触角

较大的复眼

强壮的后腿

坚韧的前翅

蝗虫

螳螂与成人手掌大小对比

细长的触角

螳螂

大而向前的复眼提供精确的视觉

大而有力的前肢

前足有刺

大刀螳螂

螳螂

　　螳螂的长颈上有一个扁三角形的头，颈可以向任何方向转动，因而可以向任何方向窥视。它们还有一对复眼和一套完整的跟踪瞄准系统，使得猎物很难从它们的眼前逃脱。螳螂一旦发现目标，就如箭一般射出"大刀"——前足，从猛扑到捕获只需要0.5秒钟，而且百发百中，因此被称为"捕虫神刀手"。值得一提的是，有些雌螳螂交配后会吃掉雄螳螂。

蜻蜓和豆娘

蜻蜓目的蜻蜓和豆娘为人们所熟知。这类昆虫的头部都生有咀嚼式口器、较短的触角以及很大的复眼。豆娘的头部横宽，两复眼远离；蜻蜓的头部呈圆形，两复眼接近。豆娘的双翅大小基本相等，而蜻蜓的后翅比前翅宽阔。停息时，豆娘的四翅叠立于体背，蜻蜓的四翅则平展；豆娘一般等待猎物的到来，而蜻蜓则在空中捕捉猎物。

翅痣

复眼

透明的翅膀靠纤细的翅脉支撑着

长长的腹部

蜻蜓

古老的巨型蜻蜓

古老的昆虫

蜻蜓在有翅昆虫中是最原始的一类。从距今2.8亿年前的化石标本中可以得知，在古生代后期，地球上就曾有一种超大型的蜻蜓，它们的双翅展开可达70厘米左右，像鹰一样。

蜻蜓与成人手掌大小对比

敏锐的大眼睛

蜻蜓的头顶有一对亮晶晶的大眼睛，这就是复眼。复眼给了它们非常敏锐和宽广的视觉。因为眼睛大，而且生在头部最前端，并且它们的每一只复眼都是由1万多只小眼组成的，所以蜻蜓能在飞行时看清身体周围的一切物体，便于侦察一切动静。

棕色的翅基

较宽扁平的腹部

普通蜻蜓

除蝇、蚊外，蜻蜓也捕食蝴蝶

巡逻

长成后的雄蜻蜓，经常在池塘、小河等地占据地盘。它们的地盘很大，不仅包括水池、河流以及附近地区，而且也包括森林、原野等领域。为了划清界限，雄蜻蜓经常在已定好的路线上往返飞行，这叫作巡逻飞行。雄蜻蜓的领域性很强，一有其他的雄蜻蜓或别的种类的蜻蜓侵入，它们就会立即追赶驱逐。同时，地盘内也是雌雄蜻蜓交尾的地方。

捕食

　　蜻蜓捕食时经常是一边飞行，一边寻找猎物。它们的猎物通常是在空中飞舞的蚊、蝇等小昆虫。蜻蜓的视觉相当敏锐，一碰上猎物，就会立即冲上去攻击。它们用6只脚把猎物钩住，并送入口器中啃食。据统计，一只蜻蜓1小时能捕食840只蚊、蝇。

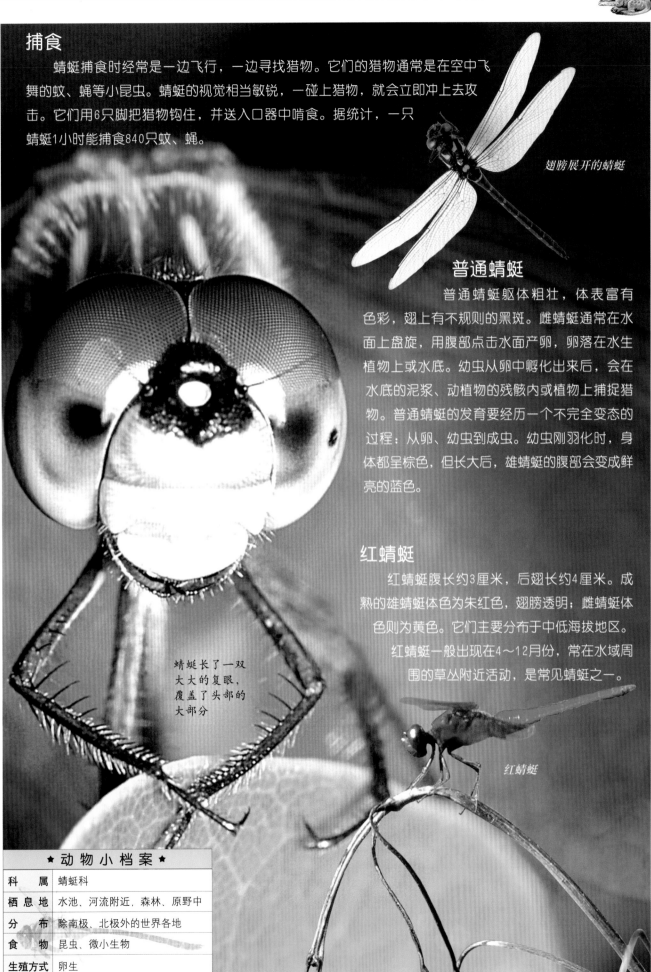

翅膀展开的蜻蜓

普通蜻蜓

　　普通蜻蜓躯体粗壮，体表富有色彩，翅上有不规则的黑斑。雌蜻蜓通常在水面上盘旋，用腹部点击水面产卵，卵落在水生植物上或水底。幼虫从卵中孵化出来后，会在水底的泥浆、动植物的残骸内或植物上捕捉猎物。普通蜻蜓的发育要经历一个不完全变态的过程：从卵、幼虫到成虫。幼虫刚羽化时，身体都呈棕色，但长大后，雄蜻蜓的腹部会变成鲜亮的蓝色。

红蜻蜓

　　红蜻蜓腹长约3厘米，后翅长约4厘米。成熟的雄蜻蜓体色为朱红色，翅膀透明；雌蜻蜓体色则为黄色。它们主要分布于中低海拔地区。红蜻蜓一般出现在4～12月份，常在水域周围的草丛附近活动，是常见蜻蜓之一。

蜻蜓长了一双大大的复眼，覆盖了头部的大部分

红蜻蜓

★ 动物小档案 ★

科　　属	蜻蜓科
栖 息 地	水池、河流附近，森林、原野中
分　　布	除南极、北极外的世界各地
食　　物	昆虫、微小生物
生殖方式	卵生

蜻蜓

紫红蜻蜓

　　紫红蜻蜓腹长约3厘米，后翅长约3厘米，雄虫复眼为鲜红色，体色大致为紫红色，翅脉紫红色，翅基部有橙红色斑纹，其余部分透明无色。雌虫体色为黄色，腹部背线黑色。紫红蜻蜓主要分布在海拔2000米以下的地区，成虫出现于4～12月，常在池塘和小溪附近活动。

霜白蜻蜓

　　霜白蜻蜓腹长约4厘米，后翅长约4厘米，复眼呈墨绿色。雄虫胸部呈蓝灰色，腹部红色，翅膀无色透明，翅基处有深褐色斑纹。霜白蜻蜓的幼虫个体为黄褐色。它们常栖息于静水区域中，通常在水田、池塘、沼泽、水沟、小溪旁等地出现，属于常见的蜻蜓之一。

鬼蜻蜓

鬼蜻蜓

　　鬼蜻蜓体长可达10厘米，当它们从我们身边飞过时，我们甚至能听见有如轰炸机般轰隆隆的声音。鬼蜻蜓体形巨大，脚上的刚毛长得就像铁钩子一样，非常吓人。鬼蜻蜓雄虫复眼为绿色，额部上方与唇基处各有1条黄斑，胸部有2条黄斑，侧面有2条大黄斑。与雄虫相比，雌虫体形更大，而且它的腹部长有明显的黄斑，翅基还有棕色斑纹。

皇蜻蜓

　　皇蜻蜓是欧洲个头最大、飞行速度最快的蜻蜓。皇蜻蜓的翅膀展开后将近14厘米长，它们像猎鹰一样，多数时间在水域或沼泽上空盘旋，寻找食物。由于它们的样子看上去非常勇猛，所以有人又称之为"猎鹰蜻蜓"。

秋椒蜻蜓

秋椒蜻蜓

　　秋椒蜻蜓的幼虫在水池中过冬，到了夏初即羽化为成虫，并迁居到山区。进入山区后，秋椒蜻蜓先饱餐一顿，而后群集在山顶上，在广阔的天空中不停飞舞。秋天来临时，它们又结群下山，到水田或池塘中产卵，产卵之后，它们很快就死了。产在水中的卵孵化后，又会经历同样的过程。

阔翅豆娘

阔翅豆娘

阔翅豆娘是豆娘中体形较大的一类。其翅形从基部逐渐加宽，因而没有明显的翅柄。它们的翅为暗色，雄虫的翅基处有亮丽的红色标记，有些地方还长着黑色条带。阔翅豆娘通常将卵产于多种水生植物的组织内。一只雌虫一次最多可产300枚卵。

蓝豆娘

蓝豆娘个头较小，身体纤细，静止时翅膀常常叠放在背上，看上去十分娇弱，但实际上它们非常健壮，适应环境的能力也比较强，普通蓝豆娘能在零下30℃的北极苔原地区生活。成年普通蓝豆娘经常以生活在植物上的小昆虫为食。它们将卵产在水生植物的茎中，卵孵化后成为幼虫，幼虫通常要在水下待一年左右。

叠放在背上的翅膀

蓝豆娘

白粉豆娘

★ 动物小档案 ★	
科　　属	豆娘科
栖息地	各种水域附近
分　　布	欧洲、亚洲、北美洲
食　　物	体形较小的昆虫
生殖方式	卵生

白粉豆娘

白粉豆娘是豆娘中体形最小的一类，约有2厘米长。雄虫未成熟之前，体色以黄绿色为主，腹部末端呈橙色；成熟后，腹部末端的橙色部分变为黑色，头、胸部会生出浓密的白粉，故名为白粉豆娘。雌虫未成熟之前，体色为红色，成熟之后变为绿色。

透明的翅膀靠纤细的翅脉支撑着

巨豆娘

细长的腹部由许多节连接而成

巨豆娘

巨豆娘有很长的腹部，因此又有"直升机豆娘"之称。巨豆娘翅的前缘长有翅痣，以及延伸数个翅室的斑带，前后翅的斑带时有差异。在繁殖季节，有些种类的雄巨豆娘还会看护卵，直到卵孵化出来。

狭翅豆娘

顾名思义，狭翅豆娘的翅膀一般比较狭窄，因而这类豆娘的身躯也显得较为细长。这类细长型的豆娘多呈淡蓝色，有黑色斑，停息时，狭窄的翅平行折叠在躯体上。狭翅豆娘的雄虫的体色通常比雌虫更艳丽，后者体色偏灰或呈绿色。

蚂蚁

蚂蚁和蜜蜂、黄蜂属于同一类动物。蚂蚁的胸部和腹部之间生有细细的"腰"，并且通常生有蜇针。蚂蚁没有翅膀，但有许多种类在繁殖季节会长出翅膀。蚂蚁食性较杂，有的是食肉动物，有的是食草动物，还有一些属于食腐动物。蚂蚁多数群居。群体中通常只有一个雌性能够产卵，被称为蚁后，其余成员则履行着其他各种不同的职责。

褐蚁

★ 动 物 小 档 案 ★	
科　　属	蚂蚁科
栖 息 地	从雨林到沙漠的陆地
分　　布	除南北极的世界各地
食　　物	动植物和叶状真菌
生殖方式	卵生
寿　　命	25～30年

尾部喷出的蚂蚁酸可杀死昆虫

狭窄的腰

长长的触角

蚂蚁

食肉军蚁

蚂蚁一般被认为是动物王国中的弱者。但是，蚂蚁家族中的食肉军蚁却比狮子、老虎等猛兽更可怕。食肉军蚁常常由几十万或几百万只组成一支浩浩荡荡的大军。在行进途中，它们几乎横扫一切，将庄稼、荒草、树皮啃食一光，甚至所遇到的大小动物都无一幸免。这种蚂蚁有巨大的颚，很像一把锋利的剪刀，能将昏睡不醒的大蟒蛇和拴着的羊在几个小时内啃食干净。所以，人们称这种食肉军蚁为"棕褐色的小魔鬼"。

食肉军蚁是动物界中最可怕的动物之一

蚂蚁与成人手掌大小对比

大蚁

大蚁生有硕大的颚和有力的螯针，个头很大，非常凶猛。受到威胁时，它们会径直冲向敌人，有时能从地面上跳起30多厘米。大蚁生活在较小的群体中，每个蚁群的成员通常不到1000只。同多数蚂蚁一样，大蚁群中也有收集食物、建造蚁穴的工蚁和保卫蚁穴的兵蚁。它们通常以花蜜和其他昆虫为食。

蚂蚁生活的巢穴

南美切叶蚁

南美切叶蚁生活在热带雨林地区。它们会在地下挖洞，建造宽敞的蚁穴。晚上，南美切叶蚁会待在穴中，黎明时蜂拥而出，爬到树顶切取树叶。一般情况下，切叶蚁会沿着地面上早已经踩出来的老路回家，有时也会遵循开路蚂蚁留下的气味返回家园。南美切叶蚁并不吃切下的树叶，而是把这些树叶作为种植真菌的肥料。

南美切叶蚁

裁缝蚁

裁缝蚁是生活在热带地区的一类蚂蚁。它们的建巢方式十分奇特，先将植物的叶子并拢后做成一个个的小室，然后用有黏性的蚁丝将两片叶子粘在一起。蚁丝是由裁缝蚁的幼虫制造的。做巢时，每只工蚁叼着一只幼虫，幼虫在两片叶子间的缝隙中来回爬动，在上面留下弯弯曲曲的丝线，将树叶缝住。裁缝蚁主要以树上的小昆虫为食。受到惊扰时，裁缝蚁极具进攻性。

裁缝蚁

贮蜜蚁

生活在干燥地区的昆虫必须寻找一种合适的方法帮助自己度过干旱季节，贮蜜蚁利用种群中工蚁贮存的水分和食物轻松地解决了这一问题。它们终生生活在地下，倒挂在蚁穴之中。雨季，工蚁的肚子内装满花蜜和一种以树汁为食的昆虫制造的蜜露。干旱季节，它们排出食物，帮助蚁群渡过难关。

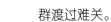

蜜蜂及其他蜂类

蜜蜂是所有昆虫中最高级的物种。它们都有窄而透明的翅膀，在胸部和腹部间有细细的"腰"，并通常生有螫针。它们多数以花蜜为食，生活在有组织的社会群体中，有复杂的行为和高效的联系方式。群体中通常只有一只雌性蜂产卵，称"蜂后"，其余成员大部分是工蜂。其他蜂类如青蜂、胡蜂等也有高效的社会群体，它们在很多方面与蜜蜂极为相似。

轻薄透明的翅膀
多毛的胸部
大型复眼
光滑的腹部

蜜蜂的身体结构

舞蹈传信息

蜂群中，负责寻找蜜源的工蜂为了采集百花蜜，能飞到几千米远的地方。当找到蜜源后，它们会迅速飞回蜂巢，通过舞蹈向其他工蜂传达蜜源的信息。蜜蜂不同的舞姿所代表的含义也不一样。如蜜蜂跳"8"字舞时头向下，说明蜜源背着太阳方向，跳圆形舞，说明蜜源离蜂巢不太远。

蜜蜂与成人手掌大小对比

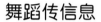

表示蜜源在附近

舞蹈中的信息

表示蜜源在远处

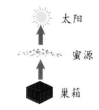

太阳

蜜源

巢箱

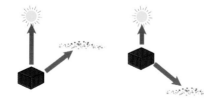

蜂巢由工蜂腹部蜡腺分泌的蜡筑成

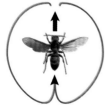

蜂巢

特殊的巢室

蜂巢由六边形的巢室组成，筑于树洞或养蜂人提供的蜂箱里。它们的巢往往分为几个小室。巢室里有卵、幼虫，还有它们储存的食物——花粉和花蜜。蜂房边缘悬挂着一个特殊的巢室，是供培育未来的蜂后而建的。蜂后巢室里的幼虫被喂以王浆，享受特殊的待遇。而工蜂幼虫只有几天被喂以王浆，之后就被喂以花粉和花蜜。

胡蜂

　　胡蜂生性残暴、毒辣，体色为黄、黑相间，非常醒目；大颚犹如虎牙一般；腹部末端生有高度危险的螫针。胡蜂的食物主要以昆虫、其他小动物及植物果实为主。当它们捕捉猎物时，先以螫针刺入对方体内，使其麻痹，然后再掳回巢中供幼虫取食生长发育所需的营养。胡蜂的螫针非常危险，但它们通常不会主动攻击人类。

胡蜂

青蜂

　　青蜂在世界上分布广泛，大多数的青蜂种类有明显的金属蓝、绿、红色或这些色彩的组合。坚硬、具有凹痕的躯体保护它们不受蜜蜂和黄蜂的蜇刺。这类颜色鲜艳的小昆虫喜欢在阳光明媚的日子里在地上匆忙地上下爬动，用触角敲打脚下的地面。青蜂常把其他蜂类的巢穴当作寄养后代的地方，当它们闯入其他蜂类的巢穴时，便用身上的甲鞘保护自己。

当蜜蜂降落在花朵上时，花粉就粘在了身上

胡蜂是一种有社会性行为的昆虫类群

切叶蜂

　　切叶蜂由于常从植物的叶子上切取半圆形的小叶片带进蜂巢内而得名。其外形与蜜蜂极相似，但腹部生有一簇金黄色的短毛。切叶蜂常把蜂巢建在空心的树干中，或在建筑物的缝隙中，甚至在反扣的花盆中。

地花蜂在辛勤地采集花粉

切叶蜂正在切开树叶

★ 动 物 小 档 案 ★	
科　　属	蜜蜂总科
栖 息 地	沙漠、雨林、林地
分　　布	除南北极的世界各地
食　　物	花蜜和花粉
生殖方式	卵生

地花蜂

　　地花蜂不同于蜜蜂，它们多数为独居动物，从不群居。春季，雌蜂在松软的土壤中挖洞产卵，并在其中储存食物（以提供孵化后的幼虫所必需的营养物质），将洞口封好后飞走。幼虫自我孵化，最后变成成蜂从地下爬出来。地花蜂有上百种，多栖息在草坪上和干燥的地下。

□ 蝴蝶

　　蝴蝶的种类相当多，有些颜色黯淡，不太引人注意，但多数蝴蝶生有颜色鲜艳的翅膀。蝴蝶身上有一层细小的鳞片，鳞片扁平，相互交错，如同屋顶上的瓦片。许多种类的蝴蝶以花蜜、水果以及植物的汁液等为食。它们生有长管状的口器，可以伸入花中觅食，因此我们常见到有蝴蝶在花丛中翩翩飞舞。蝴蝶是喜欢阳光的昆虫，多见于气候温暖的地区。

这只艳丽的蝴蝶刚刚从蛹中蜕变出来

生命周期

　　蝴蝶的卵孵化之后，会经历幼虫、蛹、成虫三种变化。春夏时期，这种生命的循环会出现好几次。它们有适应环境的各种特性，通常以蛹的形态度过寒冷的冬天。

蝴蝶与成人手掌大小对比

翩翩起舞的蝴蝶

虎凤蝶

幼虫

卵

蝴蝶的发育过程

蛹

成虫

虎凤蝶

　　虎凤蝶是一种极善飞行的蝴蝶，它们的每个后翅上都有一条长长的"尾巴"。虎凤蝶翅膀的颜色也很特别，上有白、黄、橘、红、绿或蓝色的条纹、斑点或斑块，飞舞时显得非常绚烂。在繁殖季节，雌蝶会把卵产在植物组织内，幼虫就在寄主植物上化蛹。虎凤蝶在全世界分布广泛，特别在温暖的地区尤为常见。

燕尾凤蝶

燕尾凤蝶分布在除南北极以外的世界各个地区。这种蝴蝶因为后面的翅膀延伸出去，像燕子的尾巴一样，因而得名。燕尾凤蝶的色彩各异，多数蝴蝶在其黑色、蓝色、绿色等背景上，有黄色、橙色、红色或者蓝色的花纹，且雌性蝶和雄性蝶都有随着季节更替而变化的色彩。很多种类的燕尾凤蝶还长有其猎食者不喜欢的色彩，借以保护自己。

触角　　燕尾凤蝶

复眼

足

像燕尾一样的尾巴

青带凤蝶

玉带凤蝶

青带凤蝶

青带凤蝶是最常见的中型凤蝶，飞行速度很快。青带凤蝶的翅膀中央有许多浅蓝的斑点，很整齐地排列成一条直线。这些斑点由上而下逐渐变大，就像一条青色的带子。雌性青带凤蝶在形态、色彩上无明显特征。雄性青带凤蝶后翅内部生有密密的白色长毛。青带凤蝶生活于平地至中海拔山区，有访花及地面吸水的习性，成虫除冬季外全年可见。

玉带凤蝶

玉带凤蝶又被称作白带凤蝶、黑凤蝶等。其得名是因为雄蝶翅中部有一串如玉带般横贯全翅的白色斑纹。玉带凤蝶通体黑色，胸背有10个小白点，成两纵列。雄蝶前翅外缘有7～9个黄白色斑点；雌蝶后翅近外缘处有半月形深红色小斑点，有的后翅外缘内侧有横列的深红色半月形斑。它们的幼虫以桔梗、柑橘类、花椒等芸香科植物的叶为食，因此一直被当成农业生产的害虫。

★ 动 物 小 档 案 ★	
科　　属	蝶科
栖 息 地	雨林、山脉和沙漠
分　　布	除南极洲之外的各洲
食　　物	毛虫、绿色植物、含糖的液体等
生殖方式	卵生
寿　　命	不到1年

绿带翠凤蝶

绿带翠凤蝶又名琉璃翠凤蝶。其前翅表面有鲜艳的金绿色鳞片，前翅外缘由金绿色鳞片密集形成带状纹，并与后翅中部密集的金蓝色鳞片带状纹相连接。这种蝴蝶常沿山溪水道飞行，主要分布于日本，朝鲜，中国东北地区、河北以及北京各地。

绿带翠凤蝶

阿波罗绢蝶

阿波罗绢蝶以其秀丽清雅的外形而备受人们喜爱。它们的白色翅近半透明状，每个前翅有五个大黑斑，后翅各有一个大而鲜明的红斑，红斑中心为白色，边缘围以黑边，更增添了绢蝶的娇美。阿波罗绢蝶生活在高山地区，有很强的耐寒力。有时它们会在雪线上活动，飞翔时缓慢，紧贴地面，因而较易捕捉。

阿波罗绢蝶

金斑喙凤蝶

金斑喙凤蝶雌雄的形态不同。雄蝶体、翅黑色，布满浓金绿色鳞片，前翅中有一条金绿色横带，后翅有一显著尾突，中区有明显的近五边形金黄色斑块。雌蝶无金绿色，后翅五边形，尾突细长。

黑脉金斑蝶

黑脉金斑蝶

黑脉金斑蝶，又称王蝶，是一种黑色与橙色相间的大型蝴蝶。它们的飞行能力让人惊叹。在北美，它们每年要在墨西哥的冬季住所和南方遥远的繁殖地之间来回飞行3000多千米。夏末，黑脉金斑蝶返回南方以躲避寒冷的冬天。它们常会挤在同一棵树上过冬，互相争抢栖身的地方和晒太阳的机会。黑脉金斑蝶能从它们所吃的马利筋等植物中吸取毒汁并储藏在体内。它们体表鲜艳的颜色常对敌害起到一定的警戒作用。当难以将敌人吓走时，它们会选择与敌人同归于尽。

橄榄油蝴蝶

橄榄油蝴蝶在求偶时，能够发出特殊的气味召唤同类，这种求偶方式在生物学上被称为"集会"。每到繁殖季节，雄性橄榄油蝴蝶靠自身产生的一种化学物质散发的浓烈气味吸引雌性蝴蝶的注意。一对蝴蝶一旦碰面，它们就会在一株植物上交尾，这株植物会为将来的蝴蝶后代提供足够的营养。

花一样美丽的蝴蝶

菜粉蝶

菜粉蝶可能算不上是世界上最漂亮的蝴蝶，但却是生命力最顽强、数量最多的蝴蝶之一。它们的幼虫以卷心菜及类似的植物为食，因此是这些农作物的害虫。菜粉蝶原产于欧洲，由于它们的繁殖速度十分迅速，又加上其顽强的生命力，使得它们的数量大增。今天，除南极洲之外，各大洲都能见到这种蝴蝶。

菜粉蝶的一生

春暖花开，菜粉蝶从蛹中蜕变而出

它们以蛹的形态度过整个冬天

雌菜粉蝶在叶面上产卵

交尾

透亮的卵壳中孕育着新生命

幼虫吐丝结茧变为蛹

幼虫随着身体的长大要蜕皮

刚孵化出的毛虫会将卵壳吃掉

浅色翅上的暗色斑纹

橙色尖翅粉蝶

橙色尖翅粉蝶

橙色尖翅粉蝶是菜粉蝶的亲缘动物。其雄蝶的前翅翅尖呈鲜橙色，雌蝶的翅膀呈白色和灰色。橙色尖翅粉蝶以类似卷心菜的植物为食。它们的毛虫对农作物危害较大。刚刚孵化后的毛虫比较残忍，它们以同类为食，把同类吃光后则吃植物。

粉蝶的体色常以白、黄色为基调，饰有黑、红、黄等色彩的斑纹，多数种类的翅膀表面覆盖粉状细小鳞片。图为雨后红点粉蝶来到湖边喝水的情景

菜粉蝶

眼蝶

　　这类颜色黯淡的大蝴蝶是黄昏棕蝶的近亲。眼蝶一般在草地上产卵，有时它们也在飞行中产卵。眼蝶毛虫呈嫩绿色，这种体色便于它们在觅食时进行伪装。眼蝶前翅上有眼点，这也是它们名字的由来。它们的眼点太小，不能将敌人吓跑，但眼蝶常用它们当诱饵，引诱鸟类去啄击眼点而放过它们的身体，从而获得逃生的机会。

眼点是眼蝶进行自卫的一种秘密武器

眼蝶

凤蝶

凤蝶

　　凤蝶色彩鲜艳，常以黑、黄、白色为基调，饰有红、蓝、绿、黄等色彩的斑纹，部分种类更具有灿烂炫目的蓝、绿、黄等色的金属光泽。它们形态优美，许多种类的后翅有修长的尾突；多数凤蝶成虫下唇须退化，触角端部逐渐加粗。凤蝶在全世界，特别在较温暖的地区分布广泛。这个科包含的凤蝶有世界上最大的蝴蝶——亚历山大鸟翼蝶，非常稀有珍贵。

紫泽银丝灰蝶

　　紫泽银丝灰蝶的翅膀正面呈蓝紫色，有金属光泽，后翅臀角有橘红色斑；翅反面呈浅黄色，有显著的红褐色条斑，条斑中央为银丝线纹。停息时，它们的翅膀直立，翅臀角的黑、红圆斑看上去就像蝶的头部一样。此时如有敌害袭来，假头吸引了敌害的注意，蝴蝶则趁机逃脱。

蓝色大闪蝶

蓝色大闪蝶

　　世界上大约有80种大闪蝶，都产在美洲热带地区。蓝色大闪蝶中，雄性远比雌性漂亮。雄蝶美丽的颜色是由鳞片表面上的小隆起产生的。这些细小的隆起能以一种特殊的方式反射光线，使得它们的翅膀呈现出一种有金属光泽的蓝色，看上去光彩夺目。当它们在所栖息的雨林中来回飞行时，翅膀会在太阳下闪闪发光。而雌蝶翅膀上的蓝色通常较浅，有些物种还呈现橙色或棕色。

枯叶蝶翅膀腹面的
体色很黯淡

枯叶蝶

顾名思义，枯叶蝶可以变得如同枯叶一般。实际上，它们的翅膀背面颜色很鲜艳，在空中拍打、翻飞时显得很漂亮。当停息在树枝上时，它们的两只翅膀合拢起来，翅膀的腹面向外，显出枯叶的模样，翅膀腹面的颜色与枯叶几乎完全一致。枯叶蝶独特的停息方式使它在树上不易被敌害发现。这种在长期进化过程中形成的外表形状或色泽斑与其他生物或非生物异常相似的状态，在生物学上称作"拟态"。令人称奇的是，它们翅膀腹面的花纹甚至可以模仿所栖息树木上的叶脉结构和花纹。

88蛱蝶

在美洲热带海拔800米的山地上，有一种数字蝴蝶，它们的翅膀表面呈淡棕色。其后翅背面生有类似阿拉伯数字"88"的花纹，因而常常被称为88蛱蝶。它们是外表十分艳丽的一类蝴蝶，秋季成蝶多在草坪上空和花园中寻找花蜜和腐烂果实的汁液为食。世界上有30多种蝴蝶与88蛱蝶有亲缘关系，它们大多生活在南美洲的热带雨林里。

88蛱蝶

欧洲地图蛱蝶

欧洲地图蛱蝶的名字得自于它们棕色和橙色相间的翅膀上复杂的花纹，因为它们的花纹看上去很像地图。蛱蝶生有六条腿，但通常只用其中的四条行走。欧洲地图蛱蝶的毛虫呈黑色或棕色，身上生有黄色和黑色的长刺，这是一种很好的自卫武器，可用来吓跑敌人。

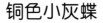

铜色小灰蝶

蝴蝶爱花是出于寻找
食物和繁殖后代的需要

铜色小灰蝶

铜色小灰蝶的毛虫呈绿色，身上生有白点和红点，通常以酸模叶、酢浆草和类似的植物为食。铜色小灰蝶繁殖非常快，如果夏季温暖干燥，一年内能繁殖三代。在非常炎热的时候，有时能繁殖四代，这就使它的数量增长较快。

□蛾

　　蛾类与蝶类同属鳞翅目，但蛾类成员的数量远比蝶类多，约是蝶类的9倍。蛾类通常体色黯淡，但也有不少鲜艳美丽的个体。它们的触角形状各异，有鞭状、羽状、丝状等。静止时，蛾常将翅膀水平展开。蛾类的卵多为绿色、白色和黄色，形状有椭圆形、扁形、瓶形、球形、圆锥形或鼓形等。蛾一般是在晚间出来飞行的，因为它们有良好的嗅觉和听觉，所以能适应夜游生活。

丝绸蛾

大蚕蛾

　　大蚕蛾体形笨重，有宽阔的翅，翅上常有显著的斑纹。雄性蛾的触角呈羽状，而雌性蛾则呈线状。大蚕蛾的翅展很大，其卵常产于乔木和灌木上。它们的口器完全失去了取食功能，因此成虫不取食。这种蚕蛾在全世界分布广泛，特别在热带和亚热带的林区比较常见。

大蚕蛾

蛾与成人手掌大小对比

美洲月形天蚕蛾

美洲月形天蚕蛾

　　美洲月形天蚕蛾身体肥大，多毛，后翅边缘呈灰白色，并有弯弯的长"尾巴"。美洲月形天蚕蛾的身体呈现一种很可怕的绿色，每个翅膀上还有一个明亮的眼点，这对于它们逃避敌害十分有利。这种飞蛾常在山胡桃和核桃等多种树上产卵，通常一年繁殖两代。

大柏天蚕蛾

　　大柏天蚕蛾的翅膀很大，足以盖住一只盘子，这在昆虫中是少见的。它们是世界上个头最大的蛾类之一。翅膀上生有褐斑，并且还有许多几乎透明的三角形的小"窗户"。大柏天蚕蛾多生活在热带雨林中，能在多种树上产卵。

大柏天蚕蛾

豹灯蛾

　　豹灯蛾颜色鲜艳，身体大而多毛。其头、胸为红褐色，前翅上生有白色和棕色花纹，后翅呈橙色，上有斑点。豹灯蛾的身上有一股难闻的味道，因而能避免被鸟类捕食。

六斑地榆蛾

六斑地榆蛾

　　六斑地榆蛾身上生有红色和黑色花纹，可用来警告捕食者它们有毒，以此获得生存的机会。六斑地榆蛾喜欢白天四处飞动，它们飞行速度很慢，而且飞得很低。六斑地榆蛾在有草的地方产卵，它们的毛虫以草地上的植物为食。

豹灯蛾

夹竹桃天蛾

　　夹竹桃天蛾是身体花纹最漂亮的蛾之一，体表绿色的斑纹使它们看上去像穿了一套迷彩装。其名字则因其幼虫主要吃有毒的植物夹竹桃而来。夹竹桃天蛾毛虫身上有醒目的眼状斑点，看起来很像两只大眼睛，其实只是它们吓唬猎食者的一种退敌方法。

夹竹桃天蛾

骷髅天蛾

　　骷髅天蛾是天蛾中个头较大的一种。骷髅天蛾因其后背上有类似骷髅的斑纹而得名。骷髅天蛾在土豆或类似的植物上产卵，它们常常要迁徙漫长的距离，到繁殖地繁殖。

尖尖的刺上往往有毒

毛虫

□ 毛虫

常见的毛虫多数为蝶或蛾的幼虫。这些幼虫动作缓慢，身体柔软，而且营养丰富。虽然毛虫的身体是软软的，但它们像其他昆虫一样也有外骨骼。为了确保后代得以繁衍，很多昆虫总是以惊人的数量进行生育，幼虫也以惊人的速度成长。

它们靠着天生的利齿大嚼蔬菜和树叶。多数毛虫是没有防御能力的。但对于敌害，它们有很多逃避的方法。

警戒色和毒刺是毛虫重要的自卫武器

毛虫身上的毒刺令小鸟们胆怯

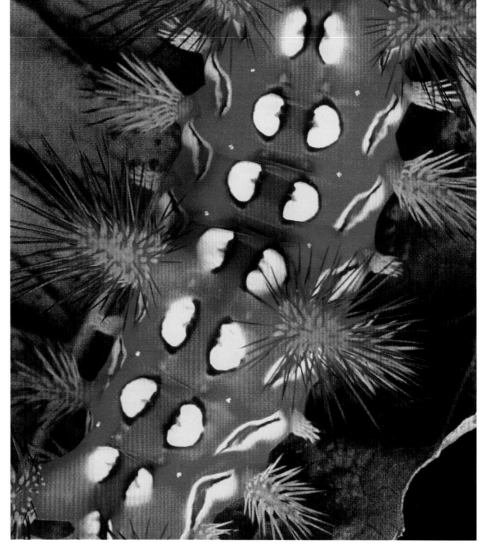

防卫

经过不断进化，许多种类的毛虫已形成和周围环境类似的体色和形态，使敌人不易发现，借此保护自己。有些毛虫以鲜艳的颜色，或令人畏惧的花纹，或讨厌的气味来吓跑敌人。有人发现，绒蛾幼毛虫受到威胁时，就会摆出吓人的架势来把鸟儿吓退。但毛虫这样做的效果并不是很好，最后能存活的毛虫，通常不到原来数目的10%。

饮食

毛虫破卵而出后的第一餐往往是吃自己的卵壳。在开始以叶子为食之前，卵壳给毛虫提供了极有价值的养料。毛虫吃掉了成百片叶子，经过几次蜕皮后，身体越长越大，为进入蛹的阶段打好了基础。玉带凤蝶幼虫为了不被鸟儿吃掉而选择只在夜里进食。在不到8小时的时间内，它们可以吃掉一片比自己身体长两倍多的叶子。白天，它们会在一个最不引人注意的地方呼呼大睡。

金凤蝶毛虫

不够敏锐的视觉

视觉

昆虫的眼睛有两种：单眼和复眼。单眼只可感受光线明暗，复眼则由数百只透镜般的小眼组成，具有超常的视力。毛虫无须费力地去找寻食物——它们经常被食物包围着。所以它们并不需要太好的视觉，单眼对于它们已经足够用了。

腹足

像所有的昆虫一样，毛虫的胸部长着三对足。但毛虫还长着五对叫作"腹足"的伪足。这是从腹部生出的肌肉。当毛虫进食的时候，腹足用来牢牢地抓握植物枝叶。

在几个星期之内，毛虫的体重会增加100倍

毒刺

凤蝶毛虫

团体生活

有些种类的毛虫是过团体生活的。很多毛虫一起进食，一起长大。此外还一起筑巢御寒，并保护自己，防卫敌人的侵害。如天蚕蛾将卵集中产在栎树的树皮上，春天孵化出来的毛虫，便一起爬到树叶较繁茂的地方进食。

天蚕蛾的卵

强壮的颚可以把食物咬碎

鲜艳的体色可以让敌人退却

□甲虫

　　甲虫是昆虫家族中较大的一群，大约有30万种。从极地到雨林，几乎各种地带都有它们的踪迹。所有的甲虫都生有坚硬的前翅，称为鞘翅。鞘翅合拢时，并在一起能将甲虫的腹部盖住，并像外壳一样罩住后翅。这样，甲虫就可以四处爬动，而不会损伤用来飞行的后翅。

敏感的触角能感知身体
周围的障碍物

坚硬的鞘翅保
护着后翅和柔
软的腹部

甲虫

正在捕食的龙虱

甲虫与成人手掌大小对比

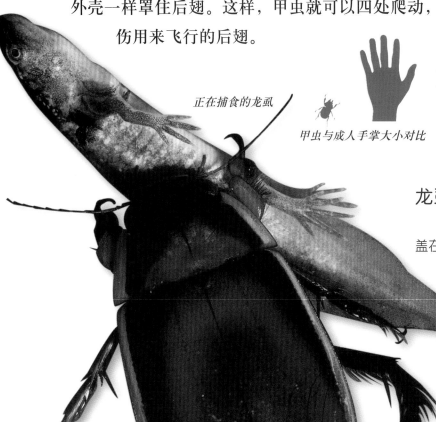

龙虱

　　龙虱是一种大型甲虫。静止的时候鞘翅覆盖在后翅上面，膜质的后翅有飞行能力。在鞘翅和腹部背面之间有一个扁平的气腔，当龙虱吸足气潜入水中时，会在腹部尾端形成一个气泡，使龙虱能够长时间在水下活动。龙虱通常在夜间捕食。它们潜伏在水草中，等小鱼游过来时，会突然扑上去，将猎物捉住。

埋藏虫

埋藏虫

　　埋藏虫是"大自然的清道夫"。因为它们的嗅觉很灵敏，当附近有小动物死去时，它们能很快地找到尸体的位置，然后在飞行时用翅膀的振动声为信号，招来大批的同伴，巧妙地将尸体埋起来，同时在尸体上产下卵。埋藏虫种类较多，有些种类全身为黑色，有些则为黑色与红色相间。

吉丁虫是昆虫家
族中的一员

锹甲

　　锹甲头大，上颚发达，长相很吓人，但对人类和其他动物并不构成威胁。锹甲大部分是黑色或褐色，一般生活在林地里，在热带地区较常见。它们主要以树液或其他液体为食。雄锹甲是一种好斗的昆虫，它们常为争夺异性而打斗。在这种情况下，它们就很容易被鸟类等天敌掠食。

雄锹甲非常好斗

锹甲

龟甲

　　龟甲有像乌龟壳一样的胸部，还有坚硬的鞘翅。这些部位向上隆起，保护着它们的头和足。龟甲通常体色鲜艳，有时还有金属光泽。绿龟甲的颜色翠绿，当它们趴在植物的叶子上时，很难被人发现。这类甲虫主要以植物的叶子和嫩芽为食。

甲虫

独角仙

　　独角仙俗称兜虫，属于大型甲虫。它们的身体粗壮，体壁坚硬，样子好像一辆黑褐色的坦克，爬行时神气活现。雄虫的头顶上长有一个像犀牛角那样的长角，触角分节，末端又分叉成许多片，呈鳃叶状；前胸背板处还有1个棘状突起。独角仙食性很杂，广泛分布在世界上的很多地方。

天牛

　　天牛身体呈长圆筒形，背部略扁，触角很长。天牛以色彩美丽著称，但很多种类或多或少呈棕褐色，或披花斑，和树干的颜色相近，具有隐匿和保护的作用。

三对长足强大有力，末端均有一对利钩，是攀爬的有力工具

独角仙

后翼与腹部被坚硬的鞘翅保护起来

巨大犀金龟

　　雄性巨大犀金龟是世界上身体最长的甲虫。那对巨大的"角"占它们身长的一半。巨大犀金龟的两只"角"上下排列：上面的一只同胸部联结，下面的一只同头部联结。巨大犀金龟的角并不是武器，而是用来吸引雌性的工具。雌性比雄性小得多，角也较短。巨大犀金龟以果实为食，只见于美洲热带地区。

巨大犀金龟

步甲属夜行性甲虫

花金龟

　　花金龟是一种强壮、体形略方而微扁的甲虫，许多种类有明亮的体色，并常常有光泽。它们的头部有大小不等的突起物，而雄性的通常更发达。它们的卵一般产于腐烂的植物、干的动物残骸或地面上。幼虫取食腐烂的植物、粪便和木材；成虫则多数取食植物汁液、花粉和果实等。

蜣螂

　　蜣螂俗称屎壳郎。它们的体长约为5厘米，全身黑色，胸部和脚上有黑褐色的长毛，身上有一层硬硬的壳。它们的头顶长着一个大铲子似的唇基，用来刨土和收集其他动物的粪便。正如它们的名字那样，屎壳郎以动物的粪便为食。它们的前腿粗大，头部呈铲形。这种身体结构方便它们运输食物。一只蜣螂可以滚动一个比它身体大得多的粪球。处于繁殖期的雌蜣螂则会将粪球做成梨状，并在其中产卵。

花金龟

花金龟与成人手掌大小对比

长有锯齿的足帮助它们更有力地推动粪球

蜣螂

铲子似的唇基

叩头虫

　　叩头虫成虫多为长形而略扁，体色灰暗，呈褐色或黑色，体表被细毛或鳞片，少数种类为鲜红色或金属色，光亮而无毛。它们的头很小，深嵌入胸腔内。叩头虫成虫生活于土中、石下或植物上；幼虫生活于土中，取食植物的种子、根、茎等。因为它们的前胸和中后胸间具铰链状结构，所以其头部和前胸可以自由活动，而动起来就像是在叩头，这就是它们名字的由来。

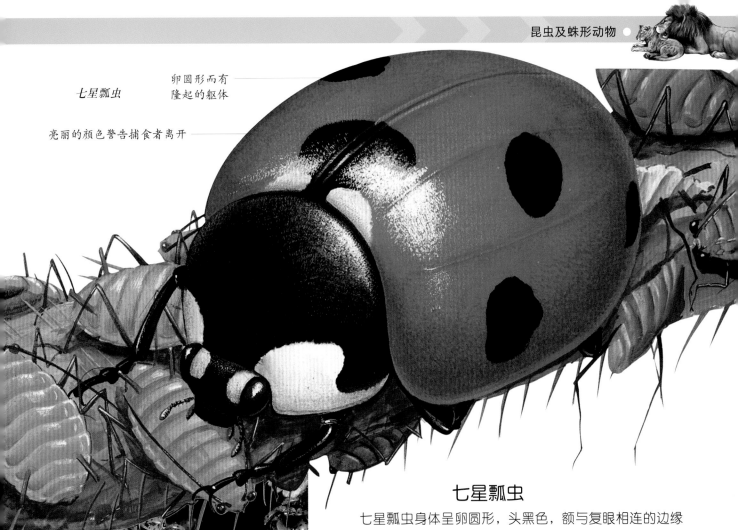

七星瓢虫

卵圆形而有
隆起的躯体

亮丽的颜色警告捕食者离开

七星瓢虫是害虫天敌，被称为"活农药"

七星瓢虫

七星瓢虫身体呈卵圆形，头黑色，额与复眼相连的边缘各有1个圆形淡黄色斑。它们的复眼为黑色，内侧凹入处有1个淡黄色小点；触角呈栗褐色，唇基前缘有窄黄条。其鞘翅或红色，或橙黄色，两翅上共有7个黑斑，因此被称作"七星瓢虫"。

萤火虫

萤火虫身体长而扁平，体壁与鞘翅较柔软，前胸背板平坦，常盖住头部。雌性腹部第6、7节有发光器，幼虫腹部第8节有发光器。发光器内有荧光素。当呼吸器官提供一定量的氧气，荧光素氧化后即发光。萤火虫常在夜间活动于林间道旁。它们所发出的光没有热量，科学上称为"冷光"。萤火虫主要以蚯蚓、蜗牛为食，同时它们又是消灭血吸虫的主力军。

萤火虫

★ 动 物 小 档 案 ★	
科　属	萤科
栖息地	潮湿温暖、草木繁盛的地方
分　布	热带、亚热带和温带地区
食　物	蚯蚓、蜗牛和小昆虫
生殖方式	卵生
寿　命	成虫只有5～15天

象鼻虫

象鼻虫因为长着很像象鼻子的长喙而得名。它们的口长在圆柱形鼻子的末端。其体壁极为坚硬，而且前翅加厚，并骨化为坚硬的鞘翅。有了这样的保护，它们的生活天地变得十分广阔。有些种类的象鼻虫可以不进行交配就能产卵繁衍后代。

象鼻虫

蝉及其同类

蝉属于同翅亚目昆虫，体形多样，大的可达80毫米。蝉的形态变化极多，多数种类有一种能分泌蜡质的腺体。它们的口器为刺吸式，能吸食植物的汁液，可危害植物的生长，有些种类还会传播植物的病害。蜡蝉、角蝉等与蝉一样，都属于有翅亚目昆虫。

蝉

突出的复眼

有光泽的膜质翅

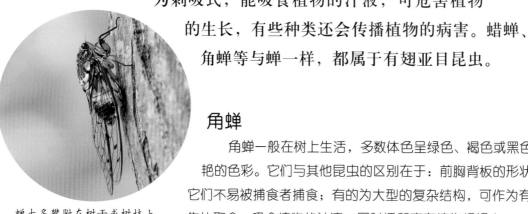

蝉大多攀附在树干或树枝上，靠吸食树干的汁液为生

角蝉

角蝉一般在树上生活，多数体色呈绿色、褐色或黑色。不过有的种类有鲜艳的色彩。它们与其他昆虫的区别在于：前胸背板的形状有的为刺突，这使得它们不易被捕食者捕食；有的为大型的复杂结构，可作为有效的伪装。角蝉通常集体取食，吸食植物的汁液，同时把卵产在植物组织内。

蜡蝉

和大多数蝉不同的是，蜡蝉的头细长并且外形奇特。在停栖时，蜡蝉的体色能与环境融为一体。如果被打扰，它们后翅上的眼斑会闪现，以阻止捕猎者。蜡蝉通常将卵产在寄主植物上，由保护性的分泌物包围着。这种昆虫主要分布在热带和亚热带地区，常见于生长植物的环境。

蜡蝉

角蝉

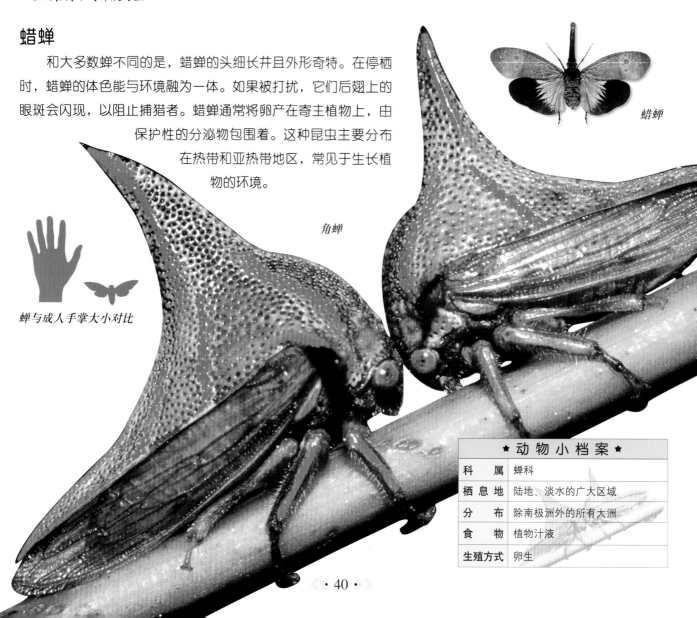

蝉与成人手掌大小对比

★ 动物小档案 ★	
科　　属	蝉科
栖息地	陆地、淡水的广大区域
分　　布	除南极洲外的所有大洲
食　　物	植物汁液
生殖方式	卵生

□ 蝎子

　　蝎子是大型蛛形纲动物，主要栖息在沙漠、草原或森林等地区，有时也会出现在人们的居室里。它们的躯干有许多节，最后一节的末尾是螫针，用来自卫或杀死猎物。螫针末端的器官十分灵敏，常可用来侦察地面的情况。它们双钳上的触须则可以准确地感觉到猎物行动所引起的空气流动。一旦发现猎物，蝎子就会将双螯前伸，尾部翘起，准备蜇刺猎物。

长蝎

　　长蝎身形细长，体色常为浅黄、暗褐色或黄色。长蝎一般不擅长挖掘，但有的在地下打洞以躲避夏天的炎热和干旱。长蝎主要分布在北美洲、南美洲、欧洲和非洲北部，常见于植被间或岩石和原木下，有的种类生活在洞穴内。

蝎子

蝎子是一种与毒蛇一样令人感到恐惧的动物，它产生的毒液对人类和其他动物来说是致命的

蝎子虽然只有几厘米长，但攻击力很强

母蝎将宝宝背在背上，准备搬到更安全的地方

蝎宝宝

　　母蝎常在隐蔽的洞穴、石头下和地下产卵，产下来的卵直接进入由母蝎前螯足围成的"孵育篮"中。大多数蝎子是卵生，但约有1/3种类的蝎子的幼蝎是从母体中直接生出来的。蝎子每胎产下的幼蝎有20～40只左右，新生幼仔呈乳白色或几乎透明状。幼蝎自出生之日起，便会爬到母蝎背上，在上面生活3～14天，然后离开，并最终独立。

蜘蛛

在森林、草原、水边、石块下及室内，甚至在地下和水面，我们都可以发现蜘蛛的痕迹。蜘蛛数量众多，遍布全世界。其外形丑陋，身体呈圆形或椭圆形，分为头胸部和腹部，小小的头和膨大的腹部以腹柄相连。蜘蛛长有8只脚和1对触须，雄蜘蛛的触须顶端还有1个精囊。其腹部后端生有3对纺织器，蜘蛛丝就产自那里。

漏斗蛛

漏斗蛛身体多毛，有长足；头胸部有8只眼；腹部为卵圆形，有暗色条带、V形纹或斑点。腹部最后端的两个吐丝器分两节，比前端的吐丝器长。它们常将扁平的网的边缘做成漏斗状，并潜伏于此，故名漏斗蛛。漏斗蛛见于多种环境，包括草地、牧场、石块下等地。

8条有力的足

触角

绒毛用于感知振动

蜘蛛

蜘蛛与成人手掌大小对比

蛛网

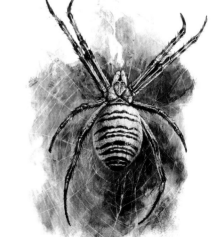

蜘蛛是一位技艺高超的编织大师，它能用蛛丝织成漂亮的蛛网

漏斗蛛

捕鸟蛛

跳蛛

捕鸟蛛

捕鸟蛛的体形较大，体表多毛，也叫食鸟蜘蛛。捕鸟蛛的体色通常从浅褐色到黑色，上有粉色、红色、褐色或黑色斑纹。它们有8只小眼，一起分布在背甲的前部。多数捕鸟蛛在夜间到地面捕食节肢动物和小型脊椎动物，如青蛙和老鼠等。捕鸟蛛有些种类生活在树上，多数在地下打洞。很多捕鸟蛛能活10～30年，有些有烈性的毒液。

跳蛛

跳蛛的身体娇小，但是却可跳出自身长度20倍的距离。它们还有8只大眼，视力范围可达360度，而且在走动和跳跃时通常会连接着一条安全线，以防走失或坠落。全世界大约有几千种跳蛛，这些跳蛛都不结网。

水蜘蛛

★ 动 物 小 档 案 ★	
科　　属	水蛛科
栖息地	池塘
分　　布	欧洲和亚洲北部
食　　物	小鱼、蝌蚪、昆虫幼虫和水蛭等
生殖方式	卵生
寿　　命	两年左右

水蜘蛛

蜘蛛是一种典型的陆栖动物，但水蜘蛛是其同类中的唯一叛逆者——它们生活在水中。当它们潜入水中时，布满全身的防水绒毛就会附着许多气泡。水蜘蛛善于在水生植物之间吐丝结网。由于网下储存了许多气泡，这样原本展开的蛛网就成了钟罩形，水蜘蛛便在网里安营扎寨，雌蛛还在其中产卵孵化。

地蛛

地蛛

地蛛是一种原始的蜘蛛，最大的体长可达1.8厘米。地蛛栖息在土中，并在土中筑巢。它们多以活的小动物为食，如面粉虫、苍蝇、小球潮虫及蜈蚣等。当有猎物从地蛛的巢上经过时，它们能感觉到巢的振动，并能迅速地从巢里咬住猎物，将猎物拖入巢中享用。

蟹蛛

蟹蛛因其急速逃走时的横向移动很像螃蟹而得名，这是一种非常漂亮的蜘蛛。它们的外形很好看，或乳白色，或柠檬色，腿上还有粉红色的环，背上镶着深红的花纹，有时在胸部还有一条淡绿色的带子。同时，蟹蛛还是一个筑巢高手，它们的巢像个顶针，袋口上还盖着一个又圆又扁的绒毛盖子，里面夹杂着一些花瓣。蟹蛛不会织网，常见于牧场和花园。

蜘蛛是许多农业害虫的天敌

第三章

鸟 Disanzhang

大自然赋予了鸟类飞翔的权利，它们拥有流线型的身体、发达的双翅、轻柔的羽衣和中空的骨骼，所以它们可以令众生艳羡地在天空中自由翱翔。所有的鸟都有羽毛和翅膀，它们没有牙齿，只有角质鸟嘴或喙。这些特征使它们的体重较轻，容易飞离地面。在翅膀的扇动下，鸟儿能使身体获得升力，呈流线型的身体可以减小空气阻力，这样鸟儿就可以轻而易举地在空中翱翔了。

鸟

　　鸟类是世界上唯一长有羽毛的动物。它们的骨骼很轻，结构精巧而完善。它们能保持高而恒定的体温，减少了对环境的依赖性。它们大多具有快速飞行的能力，能主动迁徙以适应多变的环境。它们具有发达的神经系统和感官，能更好地协调体内外环境的统一。它们具有筑巢、孵化、育雏等较为完善的繁衍方式，从而保证了后代较高的成活率。

雨燕的飞行能力非常强，飞行时速可达200千米

能够展翅飞翔是鸟与其他动物最大的区别

鸟类的主要特征

　　鸟类的主要特征表现在：全身披有羽毛；鸟的嘴不同于哺乳动物的嘴，它生在头的尖端，很坚硬，是角质的，称为角质喙；前肢变为翼；心脏分为二心房和二心室，动脉血和静脉血完全分开；体温一般在42℃，而且不随环境变化；新陈代谢旺盛，能在空中飞翔，可做较远距离的迁徙，以适应环境变化；能鸣叫，感受器发达；体内受精，体外发育（孵卵、育雏）。

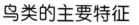

各种各样的羽毛

鸟的羽毛

　　鸟的绝大部分身体被羽毛覆盖，羽毛不仅使鸟保持恒定的体温，更重要的是能让鸟飞行。羽毛是从鸟皮肤上的毛囊长出来的，各部分以一种特殊的方式组合在一起，很容易修整。鸟类的羽毛大致可分为四种类型：体羽、绒羽、尾羽和翼羽。体羽覆盖全身，组成鸟光滑的流线型表面；绒羽蓬松，可以使暖空气不至于很快散去；尾羽和翼羽较有力，用于飞行。鸟羽毛的颜色也是各种各样的，能帮助同种鸟类彼此相识，还有助于它们吸引配偶、伪装自己或是恐吓敌人。

鸟喙

鸟喙是鸟嘴的学名。鸟喙有很多作用，最主要的是捕食、整理羽毛和筑巢。一些鸟，如鹦鹉，还用喙帮助它们进行攀缘。鸟喙的形状、大小由它们所吃的食物及生存环境而定。海洋鸟类的喙粗而且直，末端尖，有利于捕捉、撕裂鱼类食物。雀类以种子为食，它们的喙呈圆锥形，小而尖，便于啄开种子的硬壳。

修长弯曲的喙可在泥沙或缝隙里寻找食物

具有强劲的飞行肌

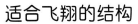

羽毛紧贴鸟体，使空气更容易通过

鸟的身体结构非常适合飞行

适合飞翔的结构

鸟类的骨架是力量和轻巧的完美结合。为了减轻重量，很多鸟类的主要骨架都是中空的，即使不是如此，其中也会含有大量空气。鸟类的翅膀和腿骨尤为有力，而强劲有力的肌肉则附着在胸骨上一块叫龙骨突的骨头上。鸟具有能适应飞行生活的效率很高的肺和很大的气囊。

啄木鸟的喙又尖又细

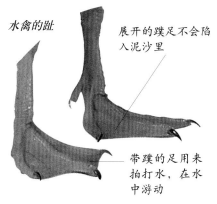

水禽的趾

展开的蹼足不会陷入泥沙里

带蹼的足用来拍打水，在水中游动

腿与脚

鸟用脚和腿四处行走或梳理羽毛。它们脚的大小和形状取决于它们的生活环境和取食方式。如树栖鸟类双腿弯曲，脚趾可以牢牢地抓住树木；鹰等猛禽的脚尖锐而有力，适于抓捕和搬运猎物；有些鸟的腿长而矫健，适于快速奔跑；鸭、鹅等水禽的趾间有蹼，可起到船桨的作用。

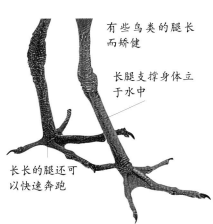

有些鸟类的腿长而矫健

长腿支撑身体立于水中

长长的腿还可以快速奔跑

□ 感觉

　　鸟主要依赖它们的视觉或听觉去发现食物或寻找配偶。鸟的眼睛很大，几乎和大脑一样大。它们的目光锐利，这能帮助它们更好地捕食、发现敌情以及飞翔。鸟类的听觉十分灵敏，相对人类而言，它们能听到更高频率的声音。

鸟类的敏锐视觉使其能够及时发现危险

视觉和听觉

　　在鸟类的感觉器官中，最发达的是在空中飞翔时起重要作用的视觉器官。有些鸟，如猫头鹰，眼睛长在头的前部，具有深度感知能力；而有些鸟的眼睛长在头的两侧，视野更开阔。鸟类的听觉十分灵敏，可以更容易发现并捕食猎物，同时也对其他鸟儿的鸣叫发出回应。鸟类没有外耳，它们的耳朵隐藏在头两侧的羽毛下面。

老鹰视力超群，在高空中一眼就能发现数千米以外奔跑的野兔

猫头鹰的眼睛又大又圆

嗅觉和触觉

　　大多数鸟的嗅觉不够灵敏，但也有少数例外。如美洲秃鹫，能够嗅到远距离之外的动物腐尸的味道；海燕则靠嗅觉在夜晚返回巢穴。有些鸟，如反嘴鹬的舌头和喙的尖端具有灵敏的触觉，它们利用触觉灵敏的喙确定猎物的方向。

鸟通过喙上的两个孔呼吸和闻味

🔲 生活习性

鸟的种类众多，不同鸟类有着它们各自的生活习性和形态特征，科学家据此把鸟类分成陆禽类、鸣禽类、游禽类、涉禽类、攀禽类、猛禽类等类型。

鸵鸟

游禽喜欢在水中取食和栖息

陆禽类

陆禽类鸟都在沙漠和草地上生活，嘴的形状扁短，胸部不突起，没有龙骨突，翅膀几乎完全退化，因此不会飞翔；双脚强大有力，善于奔跑，而且行动迅速。

游禽类

游禽类鸟喜欢在江河、湖泊、海洋等水域中活动。有的擅长游泳，有的善于潜水。游禽类鸟脚短，趾间有蹼；嘴阔而且扁平，适合在水中搜寻食物。

涉禽类

涉禽类鸟适合在沼泽和岸边生活，它们生有较长的脖子，脚和脚趾特别长，适应涉水行走，如白鹭、鹭鸶、鹤等。

攀禽类

攀禽类鸟最明显的特征是它们的脚趾有利于攀缘树木。在这类鸟当中，有专吃树皮里害虫的啄木鸟，还有常年生活在水边靠捕捉水中小动物为食的翠鸟等。

涉禽类鸟外形具有"三长"的特征，即腿长、颈长、嘴长

鸣禽类

鸣禽类鸟的数量最多。它们的个体都比较小，擅长鸣叫，能做精巧的窝巢，如百灵、画眉、织布鸟、燕子、麻雀、八哥等。

鸣禽——唐纳雀

猛禽类

猛禽类鸟的嘴和脚部很锐利，翅膀强大有力。它们性情凶猛，用利爪和钩嘴捕杀动物，是凶猛的掠食性鸟类，如秃鹫、鹰、隼、鹫和各种猫头鹰等。

鸟的迁徙

　　鸟类在一年四季之中有规律地出没，是因为它们具有迁徙习性的缘故。依据这种习性，可将鸟类分为三大类。漂泊鸟：一般没有固定的栖息场所，往往在同一地区的不同环境之间，随食物变化而改变栖息场所，如啄木鸟。留鸟：终年在同一地区生活，没有迁徙现象，如乌鸦。候鸟：由于季节不同而变更生活场所，它们冬季在南方越冬，春秋又飞往北方繁殖，如家燕、大雁等。

鸟类具有迁徙的习性

迁徙路线

　　不同种类的鸟有不同的迁徙方式和路线。北极燕鸥是候鸟中的冠军，每年都在北极和南极之间往返一次，在两极度夏。在两次繁殖季节之间，短尾剪嘴鸥按"8"字形路线由澳大利亚南部飞到北太平洋，然后再飞回。大灰莺于春夏两季在欧洲繁殖，然后迁徙到非洲撒哈拉沙漠以南去过冬。

春天到了，燕子又飞回北方

"V"形编队

　　许多鸟类迁徙时都会采取"V"形编队，这是因为鸟类迁徙的路程一般都很长，体力消耗特别大，呈"V"形编队有助于鸟类在漫长的旅途中节省体力。鸟儿在飞行过程中会有"滑流"，如果领头鸟累了，它后面的某一只鸟会自动补位，所以在迁徙途中很少有鸟儿因体力不支而掉队。

成群的候鸟春天北飞，秋天南归

迁飞中的雁群

雁群的"V"形编队

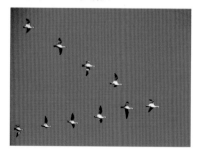

鸟类生活在不同的环境里

□ 栖息环境

　　鸟类的分布很广，它们生活在不同环境条件之中，自然而然地形成了各个生态类群，在结构、生理、习性方面，有着各自的特点。根据鸟类的栖息环境，我们把鸟类大致分为：水域鸟类、沼泽鸟类、草原鸟类、平原鸟类、林灌鸟类。

水域鸟类

水域鸟类

　　水域鸟类绝大多数羽毛丰满而紧密，趾间有蹼，善于游泳，以水中小动物为食。按栖息环境，可以把它们分成海洋鸟类和内河湖泊鸟类两大类。

林灌鸟类

　　森林小灌木丛为林灌鸟类提供了丰富的食物来源，同时也是它们的隐蔽场所和营巢地点。这些鸟类大多翼较短、宽而钝，小翼羽发达，能自由地在树林中起飞和降落；大多数种类都能抓住树枝，牢固地栖息在上面。

平原鸟类

沼泽鸟类

　　这些鸟类的脚和趾均细长，适于在泥泞中行走，有些种类的趾间具蹼膜，能使身体避免下沉；嘴均细长，适于在泥土、沙滩和沼泽中觅食。较为常见的有苍鹭、白鹭、灰鹤等。

沼泽鸟类——白鹭

平原鸟类

　　你在宽广的平原上，经常可以看到平原鸟类在天空中自由地飞翔。平原鸟类的种类颇多，主要包括栖息在村镇、耕地、菜园等环境中的鸟，如一些鹰类和乌鸦、戴胜、喜鹊、麻雀等。

草原鸟类

　　辽阔的大草原，孕育着许多不同种类的鸟，有隼形目的草原雕、鹤形目的大鸨、鸽形目中的沙鸡以及雀形目中的百灵、小云雀等。

☐ 飞行方式

　　鸟类的飞行方式多种多样。最常见的是拍翅飞行和翱翔。红隼飞行时拍翅多而翱翔少，在空中常会定点拍翼悬停。为了节省体力，某些鸟，如海鸥和秃鹫，能借助上升的气流翱翔，而较小的鸟则是在两次振翅之间向前滑行。少数鸟，如蜂鸟和红隼等可以在原地来回盘旋。

善于飞行的军舰鸟

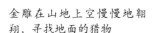
金雕在山地上空慢慢地翱翔，寻找地面的猎物

展翅滑翔的信天翁

蜂鸟是世界上体形最小的鸟，但却身怀绝技，它是已发现的所有鸟类中唯一能倒着飞行的鸟

适于飞行的鸟翅

　　鸟的翅膀不同，适于飞行的方式也不同：鹰、秃鹫等长而宽的翅膀适于在天空翱翔；信天翁长而窄的翅膀适于滑翔；雉的翅宽而圆，适于做短程快速飞翔；燕子的翅尖而窄，适于快速飞行。

滑翔和翱翔

　　有的鸟能借助波涛或峭壁上产生的上升热气流向上滑翔，如海鸟。大型猛禽，如鹰或秃鹫，也是利用天然的上升热气流飞入高空的。它们翼形宽阔，能长时间不扇动翅膀而在空中翱翔。

盘旋

　　有的鸟会盘旋，还能直上直下地飞，甚至会背向飞行，如蜂鸟。它们之所以有这种能力，是因为它们的每只翅膀都会转圈，并能通过双翅的上下拍击获得额外的力量。

□ 鸟巢与鸟蛋

　　筑巢是鸟的天性，鸟巢各式各样，筑巢的大部分工作由雌鸟完成。筑造鸟巢的材料多种多样，但这些材料必须能支撑鸟巢并保证居室温暖。鸟蛋的颜色和形状因产卵地点以及需要伪装的程度而有差异，没有两个蛋是完全相同的。

金雕把巢筑在险峻
的山崖上

各式各样的鸟巢

　　鸟类所筑的巢可谓动物界中最精致的。鸟使用的筑巢材料多种多样。燕子称得上是大师级的能工巧匠，它们的巢是用其口中产生的天然黏合剂——唾液黏结成形的。啄木鸟、鸮和山雀都在树洞中安家，但只有啄木鸟是靠自己的辛勤劳动啄出树洞来，另两种鸟则利用旧树洞或天然形成的树洞安家。

蜂雀的巢

猫头鹰在树洞
里做窝

形形色色的鸟蛋

　　有些鸟一季只生一窝蛋，但数目很多；而有些鸟一季生几窝蛋，但每窝数目较少。雌杜鹃会把蛋生在别的鸟的巢中，杜鹃蛋看起来和养母的蛋非常相似，养父母抚育小杜鹃如同己出。鸵鸟蛋是所有鸟蛋中最大的，有15厘米长，1.7千克重。而蜂鸟的蛋只有黄豆大小。

杜鹃把蛋产在别的鸟的巢中

鸟蛋的颜色

　　鸟蛋的颜色和形状是由鸟的生存环境决定的。栖息在树洞中的鸟不易被捕食者发现，它们通常生白色的蛋；在露天的旷野筑巢的鸟容易暴露踪迹，因而生带有保护色的蛋，以避开捕食者，这种蛋通常带有斑点。

形形色色的鸟蛋

繁殖

　　鸟类的繁殖包括求偶炫耀、筑巢、产卵、孵化和育雏等，内容丰富多彩。鸟类的种类不同，其性成熟的年龄也不相同。大多数鸣禽的性成熟时间比较早，出生一年后即可从事繁殖活动；鹭类、雁类的性成熟需要2～3年；鹰类和大多数海鸟需要4～5年。

恩爱的疣鼻天鹅

求偶

　　每当繁殖季节来临，有些种类的雄鸟就会长出颜色更加鲜艳美丽的羽毛，而后在雌鸟面前表演各种舞蹈，以此吸引雌鸟前来交配，如孔雀。有些种类的雄鸟则向雌鸟炫耀自己筑巢或捕食的本领。

雌鸵鸟把卵产在一起

生育

　　鸟类在择偶成家之后，就要生儿育女了。鸟类都是卵生的，由于种类不同，卵的数量也不同：一般小型鸣禽每次产4～6个卵；企鹅类每次只产1～3个卵。不同体形的鸟，孵化期是不同的：小鸟为13～15天；中型鸟类21～28天；大型鸟类时间会更长。例如，鹌鹑的孵化期为21天、山雀约需15天、野鸭27～28天。

小鸵鸟破壳而出

在巢中跳求偶舞的白鹳

小鸟出壳

　　为了破壳而出，小鸟用喙顶部的一个尖尖的"卵齿"凿开蛋壳。这个卵齿在小鸟被孵出之后很快就消失了。有些鸟类的同窝蛋一起孵化，也有些同窝蛋孵化时间不一样，要间隔几天的时间，有的甚至隔二十几天。

□ 成长

　　雏鸟孵化出来之后，亲鸟会不辞辛苦给它们喂食。鸟类的雏鸟根据孵出的幼体是否发育完全，分为早成雏和晚成雏。早成雏在孵出时已经充分发育，当绒羽干燥后，就跟随亲鸟觅食，这是大多地栖鸟和游禽共有的特征。晚成雏出壳时眼盲体虚，不能行走，亲鸟要在巢内喂养后才能使其完成发育过程，猛禽、攀禽类幼鸟都是晚成雏。

蜂鸟每天要吃大量的花蜜

喂食

　　雏鸟需要几周或几个月的时间才能长大，在这期间它们要依靠双亲的喂养和保护。亲鸟在育雏期间十分繁忙，每天要用近20个小时四处觅食。亲鸟衔食归来踩动树枝或巢时，幼雏就会伸出头张口反应，显示口腔内特别鲜明的颜色，如红色和黄色，以激发亲鸟的喂食本能。

杜鹃靠养母喂食

觅食

　　不同种类的鸟有不同的觅食方法。绣眼鸟、太阳鸟喜食花蜜，它们经常倒悬身体吸吮花朵里的花蜜。大多数鸟在白天觅食，只有猫头鹰等少数鸟类在夜间寻食，因为它们的眼睛在夜晚比在白天看物体更准更清楚，一旦看到有鼠、蛙等猎物，它便像箭一样猛扑下去，用钩状爪将其抓住。燕子和雨燕在飞行中张嘴兜捕飞虫。大多数猛禽，如雕在空中飞得很高以寻觅食物，而后向下猛扑，用它锋利的双爪把猎物抓住。

雕会为了保护宝宝而与敌人搏斗

第四章

非雀形目鸟类 Disizhang

世界上有将近一半的鸟类属于非雀形目鸟类。非雀形目鸟类有的生活于淡水或海水里，有的栖息于地面、树上或灌木丛中；有的飞行能力很强，有的不擅飞行。一般而言，非雀形目鸟类的巢比较简单，产卵形式也大不相同，有些甚至直接在地面或岩石上产卵。它们的幼鸟大部分出生时不能独立生活，但有些幼鸟一出生就全身长满羽毛，能奔跑和独自取食。它们彼此间的鸣声也大不相同，有些种类也和雀形目鸟类一样，能发出复杂、悦耳的鸣声。

不会飞的鸟

　　经历了几百万年的进化，有一些鸟逐渐丧失了飞行的本领，如几维、鸸鹋、鸵鸟和企鹅等。在陆地上，这些鸟靠着强有力的腿行走或奔跑。企鹅的腿短，在陆地上不能疾行，而是靠着类似鳍状肢的翅膀在海水中疾行。这些鸟大多体形较大，长有长腿或长颈，生活在开阔地带。

几维

美洲火鸡

火鸡

几维

　　几维的头很小，眼也小，头颈部长满羽毛，体羽呈柳叶状，嘴长，且下部弯曲成圆筒状，鼻孔在喙的端部，并有硬的嘴须，触觉和听觉十分敏锐。它们多栖息在山地密林中，喜群居，主要以蠕虫、昆虫和落地浆果等为食，属夜行性鸟。目前，几维仅分布在新西兰。

鸸鹋

　　鸸鹋的体形较大，主要生活在较开阔的半沙漠、草原和林地等环境。鸸鹋是澳大利亚个子最高的鸟。在棕灰色羽毛的映衬下，暗蓝色的喉部看起来十分显眼。它们的翅膀短小，隐藏在长而蓬松的体羽下。鸸鹋善跑，奔跑的时速可达50千米。鸸鹋以种子和昆虫为主食。

火鸡

　　火鸡学名吐绶鸡，原产自北美洲。火鸡雄鸟喉咙下的白色垂肉在繁殖期间会变成火红色，因而得名。火鸡具有体形大、生长快、抗病力强等特点，因而是全世界普遍养殖的动物。

鸸鹋

生活在南极的企鹅

□ 鸵鸟

　　栖息在空旷原野上和沙漠中的鸵鸟，平均身高约2.5米，是世界上最高大的鸟，同时也是唯一的二趾鸟。鸵鸟的奔跑速度最高可达每小时90千米，如果陷入困境，它们会把脚爪当作武器。在繁殖期，雄鸵常以不断扇动双翅、晃动颈部的炫耀姿势占据领地。

非洲鸵鸟

美洲鸵鸟

　　美洲鸵鸟栖息在南美洲开阔的平原上。与其他种类的鸵鸟相比，它们的体形较大，羽毛都是棕色的。当其在开阔的草原上奔跑时，也会像飞行一样把翅膀张开，以获得上升气流的助力。美洲鸵鸟会游泳，喜群居。在繁殖季节，雄鸵之间常为争夺配偶而互相争斗。

美洲鸵鸟

非洲鸵鸟

　　非洲鸵鸟体形较大，高可达2米以上。它们的头小，颈长，嘴短而平，眼睛较大。成年鸵鸟雌雄羽色各异，雄鸵体羽黑色，颈部裸露呈肉红色，杂有棕色绒羽；雌鸵及幼鸵的体羽为灰褐色。非洲鸵鸟的腿特别发达，跑起来强劲有力，同时也是重要的防卫武器。其脚只有两趾，趾下生有厚厚的肉垫，适合在沙漠中奔跑。目前，非洲鸵鸟主要分布在非洲西北部和东南部。

美洲鸵鸟

鸵鸟与成人大小对比

鸵鸟

颈部很长

翅膀丰厚，但是已经退化，无法飞翔

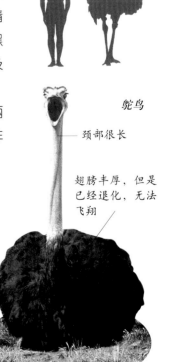

★ 动物小档案 ★	
科　　属	鸵鸟科
栖 息 地	空旷的原野和沙漠
分　　布	非洲、南美洲
食　　物	植物的叶、花、果实、种子及其他小动物
生殖方式	卵生
寿　　命	30～60年

企鹅

　　企鹅是海洋性鸟类，身体呈流线型，两翼退化成桨状，主要用于划水，没有飞行能力。其羽毛短而弯曲，紧密地贴在身上，表面呈鳞状。大多数企鹅的颈和腹部为白色，嘴端有明显的钩状伸出。企鹅主要分布在南极洲，在陆地和水域中生活，以鱼类为食。它们通常在地面筑巢，每次产卵1～3枚，雌雄企鹅轮流孵卵。

幸福的一家

企鹅很擅长游泳和潜水

企鹅与成人大小比较

阿德利企鹅

阿德利企鹅

　　阿德利企鹅是一种小型企鹅，体长只有70厘米左右。它们善游泳和潜水，走起路来摇摇摆摆，还能将腹部贴在冰面上滑行。它们多在远离南极海岸的冰冷水域中觅食，猎食磷虾，也吃小鱼。通常，在南极的夏天，它们会在拥挤的群体中筑巢。繁殖期，每只企鹅都会返回原巢址，寻找原配偶。一对企鹅每年一般会哺育两只幼鸟。

冠企鹅

冠企鹅

　　冠企鹅也是一种小型企鹅，重2～3千克。其明亮的黄色羽毛冠从头部的两侧耷拉下来，就像两道下垂的眉毛。因为它们的聚居地大多是在海边的岩缝或陡坡之处，所以它们是所有企鹅中的攀越能手，它们走路时总是双脚往前跳，一步可以跳30厘米高。冠企鹅经常迅速攻击对它们有威胁的任何人或动物。它们以各种鱼类、软体动物和甲壳动物等为食，在地面筑巢，全年均可繁殖。

★ 动物小档案 ★	
科　属	企鹅科
栖息地	海洋中、多岩石的岛屿、海岸
分　布	南极洲
食　物	甲壳类动物、鱼、软体动物
生殖方式	卵生
寿　命	10～20年

帝企鹅

　　帝企鹅是最大、最重的一种企鹅，体长最长可达120厘米，体重可达50千克左右。帝企鹅喜结群，善游泳和潜水，但行走笨拙。在追捕鱼类时，帝企鹅靠鳍状翅膀的推动前进，时速可达265米。它们在冰雪上活动时，时常以腹部触地，凭借鳍状翅像雪橇一样向前滑行，非常可爱。

企鹅喜欢群居

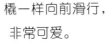

帝企鹅

帽带企鹅

　　帽带企鹅身高72厘米左右，体重4千克。其最显著的特征是脖子底下有一道黑色条纹，像海军军官的帽带，显得威武、刚毅。因此有人称之为"警官企鹅"。帽带企鹅的繁殖季节在冬季，雌企鹅每次产2枚蛋。蛋由雌、雄企鹅轮流孵化。雏企鹅2个月后即可下水游泳。

巴布亚企鹅

巴布亚企鹅

　　巴布亚企鹅体长60～80厘米，其眼睛上方有一块明显的白斑。巴布亚企鹅非常胆小，当人们靠近时，它们会很快地逃走。通常，它们会在南极洲和亚南极地区的岛屿上筑巢繁殖。幼鸟先后换羽两次。其天敌主要是贼鸥、海豹。

黄眼企鹅

　　黄眼企鹅的名字意味着它们有一双不同寻常的橙黄色的眼睛。这是继帝企鹅和国王企鹅之后的第三大企鹅，身长70～80厘米。它们主要生活在新西兰南岛的东南海岸。成年黄眼企鹅的头顶上、脸颊上和下巴上都有淡黄色的羽毛；围绕着眼睛，甚至头部和颈部等处还有一个宽宽的黄色羽毛带。其身体上半部其他位置的羽毛颜色都是青蓝色，身体下部则是白色。

帽带企鹅

国王企鹅

　　国王企鹅身长90厘米左右，外形与帝企鹅十分相似，但身材比帝企鹅"娇小"些。它们的嘴巴细长，脖子下的红色羽毛非常鲜艳，并向下和向后延伸出很大面积。国王企鹅主要以近海乌贼和鱼为食。

□ 游禽

游禽是对喜欢在水中取食和栖息的鸟类的总称。游禽种类繁多，包括雁类、鸭类、鸥类等。游禽常选择有湖泊的地方休息，善于游泳和潜水。它们的嘴大多宽阔而扁平，适于捕食鱼、虾等食物。其巢穴呈平盘状，可浮在水面上。

海鸥

雪雁是游禽的一种

海鸥

海鸥具有纤细的嘴，头圆而平。海鸥的骨骼是空心管状的，里面充满空气，这不仅便于飞行，而且还具有测量气压的功能，能及时预知天气的变化。海鸥还是很好的导航员，有经验的海员都知道：当海鸥群集在海滩、岩石周围，时飞时落，叫声嘈杂时，附近就会有暗礁。

海鸥的飞行速度与风力有关，风力越大，海鸥的飞行速度就越快

燕鸥

燕鸥

燕鸥是鸥科中的一种中型水禽，一般体长三四十厘米，体重为150克左右。燕鸥是海鸥的同类，但和海鸥有点差异，它起飞时只需要很小的力量就可以飞翔。有的燕鸥到海洋捕食，有的则在海岸近处捕食。它们多栖息于海岸岛屿，有的为夏候鸟，有的为冬候鸟。

绿头鸭

绿头鸭是大型浅水鸭，是世界上分布最广的野鸭之一，从北极的边缘到各大洲的湖泊，几乎所有的淡水水域都有它们栖息的身影。成年绿头鸭全长约57厘米，雄鸟十分容易辨认，从远处看，头、胸和尾近似黑色，与浅灰色的身躯构成对比。雌鸟和幼鸟身上有褐色斑块，嘴上有橙色斑。到了繁殖季节，雄鸭头部为亮绿色，而雌鸭全年都为棕色。绿头鸭集群活动，性好动、机警，属杂食性动物，以植物、昆虫等为食。

雪雁

雪雁有两种截然不同的颜色：一种除了黑色的尾尖，周身为白色；另一种则为蓝灰色。雪雁一般栖息在离水不远的苔原、原野、农田和沿海低地。它们喜结群，生性胆小，善游泳和飞行。每年6～7月繁殖期间，成千上万只雪雁会集中筑巢产卵，情景十分壮观。

信天翁

信天翁体形粗胖，嘴较长而侧扁，前端向下弯曲成钩状，比较锐利。其颈部较长，翅膀较发达，长而窄，尾羽较短，脚位于身体的后部，飞行时向后仰，紧贴于尾羽的两侧。信天翁是滑翔高手，有风的时候，它们展开长长的翅膀，能乘着风势和气流变化自由滑翔，连续几个小时不用拍打翅膀。

外表笨拙的信天翁是滑翔高手

信天翁的求偶过程

①繁殖季节来临，雄鸟发出叫声，引起雌鸟注意

鸳鸯

鸳鸯属雁形目，鸭科，为冬候鸟。鸳鸯为雌雄异色，雄鸟的羽毛鲜艳华丽，头后有羽冠，眼后有白色眉纹，翅上有一对竖立的栗黄色扇羽，极为醒目；雌鸟头、背灰褐色，无羽冠及扇羽。鸳鸯栖息在树上，在陆地上觅食，而平时则在水中游弋、嬉戏。

炫耀时冠羽竖起

像帆一样的翅膀

鸳鸯

②雌雄双双展翅起舞，雄鸟头上扬，发出叫声，仪式结束

海鹦

海鹦

海鹦，又名角嘴海雀、海鹦鹉，产于北大西洋。海鹦天生喜爱群居，正在育雏的雌海鹦是鸟群的中心，它们受到大家的保护，所以很少受到食肉鸟类的侵袭。海鹦的翅膀非常柔弱，不能飞行，但在水下，它们却立刻变成一个凶猛疯狂的猎手。海鹦拥有像鱼一样的潜水能力，能潜入水下20多米处捕鱼。

正在滑翔中的信天翁

军舰鸟

长而有钩的喙

军舰鸟飞行能力超强，经常夺取其他海鸟所捕获的食物

军舰鸟

军舰鸟是一类大型的海鸟。军舰鸟翅膀细长，还有很长的叉形尾巴。其飞行的速度特别快，技巧高，且飞行时间长，除非是要睡觉和筑窝，否则它们不会在地面上停留。它们可以毫不费力地在高空翱翔，经常像闪电一样俯冲下来，捕捉那些惊慌失措的鲣鸟或其他海鸟丢下的鱼。

鹈鹕

鹈鹕是一种大型的游禽，又名塘鹅，在世界上共有8种，大多分布在欧洲、亚洲、非洲等地。鹈鹕是沼泽地区一种常见的水鸟。它们具有小小的眼睛，长长的脖子，以及与众不同的喙。鹈鹕以水生动物为食，鱼类是它们特别爱吃的食物。鹈鹕有大大的并且具有弹性的囊，用它一次能捉住数条鱼。

雄鸟用鼓起红色的喉囊来吸引雌鸟

鸬鹚

鹈鹕的喉囊里能容纳大量的食物

鸬鹚

鸬鹚别名"鱼鹰""水老鸦"，善于游泳和潜水，常立于水中枯枝、岩石等处窥探、寻觅食物。确定鱼的位置后，它们会潜入水中追捕猎物，然后将鱼带到水面，吞进宽大的咽喉。

天鹅

天鹅属雁形目，鸭科，小天鹅是其中最常见的一种。天鹅身体修长平展，体态优雅娴静，尤其是美丽修长的脖颈，纯洁无瑕的身躯，给人一种庄严感、神圣感。天鹅为雌雄双栖，形影不离，若其伴侣被击杀，另一只天鹅常常是单身独居而不再婚配。天鹅属候鸟，冬天会向南迁徙。

天鹅群

黑颈天鹅

黑颈天鹅是最为珍贵的一种天鹅。它们主要分布在南美洲，栖息在沼泽、湖泊和潟湖中。它们喜集群，生性胆小，以水生植物及少量昆虫为食。黑颈天鹅严格遵守"一夫一妻"制，若找不到合适的对象，它们会独守终身。这也是导致黑颈天鹅弥足珍贵的原因之一。更特别的是，一般天鹅只是将宝宝带在身边游水，而黑颈天鹅会将宝宝背在背上游水。

天鹅

疣鼻天鹅

疣鼻天鹅也叫哑声天鹅、瘤鼻天鹅、赤嘴天鹅。疣鼻天鹅在水中以植物、软体动物和其他水底生物为食。它们经常伸出长长的颈，并且前置身体吞食食物。疣鼻天鹅善飞行，且经常在水面上停留。

黑天鹅

黑天鹅

黑天鹅产自澳大利亚，且分布极广，海边和内陆湖泊都有它们的踪迹。它们的翅尖是白色的，其他地方均为黑色。黑天鹅喜欢群居，经常上千只地结伴栖息。

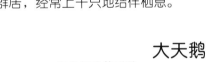

姿态优雅的天鹅

大天鹅

大天鹅是一种体形高大的白色天鹅。它们嘴和脚都呈黑色，嘴基有大片黄色，飞行时叫声独特，联络叫声如响亮而忧郁的号角声。大天鹅繁殖于北方湖泊的苇地，结群南迁越冬。

★ 动物小档案 ★	
科 属	鸭科
栖息地	湖泊、水库和河流
分 布	淡水区域，主要在北半球
食 物	植物的叶和茎干，漂浮着的莎草或灯芯草
生殖方式	卵生
寿 命	20～25年

□ 涉禽

涉禽是指那些适应在沼泽和水边生活的鸟类。它们的外形常具有"三长"特征，即腿长、颈长、嘴长，适于涉水行走，不适合游泳，休息时常一只脚站立。涉禽大部分是从水底、污泥中或地面获得食物。鹭、鹳、鹤和鹬等鸟都属于这一类。

火烈鸟

火烈鸟

火烈鸟是世界著名的大型涉禽。其羽毛为朱红色，远远看去，就像一团熊熊燃烧的烈火，故得名。它们外貌高雅端庄，站立时细长的脖颈弯曲成优美的"S"形。火烈鸟为群体觅食，最多时达100万只，主要以浅水中的小型甲壳动物、蠕虫和软体动物为食。

准备起飞的火烈鸟

朱鹮

朱鹮是珍稀禽类。它们有着洁白的羽毛，在翅及尾处略呈粉红色，脑后有较长的羽冠。整个头部没有羽毛，露出鲜红的皮肤。朱鹮体形较大，长而黑的嘴在末端下弯。春夏时节，朱鹮一般在高大的树木上休息及夜宿，到秋冬季就成小群地向低山及平原做小范围游荡。

朱鹮

黑鹮

黑鹮体长约60厘米，属大型涉禽。它们腿部呈珊瑚红色，体羽为灰褐色，身体内侧羽毛为白色。黑鹮喜欢在较干燥的平原耕地、干河堤等处活动，偶然也到沼泽地沿着泥泞的河岸活动。它们的习性类似朱鹮，但较少结群，通常成对或以家族活动，偶尔也会单独行动。当从地上起飞时，它们会发出奇怪的叫声；在繁殖季节，它们的鸣声会变得更加响亮而特别。

美洲红鹮

美洲红鹮羽色鲜红，且它们总是成群地在沙滩、咸水湖、红树林和沼泽里觅食，并一起在沼泽中的大树上过夜，因此十分显眼。它们的喙细长弯曲，以泥滩中的蟹类、软体动物和沼泽地中的小鱼、蛙和昆虫等小动物为食。其叫声高亢而忧伤。当美洲红鹮一齐飞起时，就像一片红云飘起，景象非常壮观。美洲红鹮目前只分布于拉丁美洲的哥伦比亚到巴西的部分沿海地带，是世界上珍稀而名贵的鸟类。

反嘴鹬

美洲红鹮

反嘴鹬

在涉禽中，反嘴鹬的喙是唯一陡然上翘的。它们的羽毛以黑、白二色为主，细长的腿为灰色。飞行时，从下面能看到它们的体羽全白，有黑色的翼上横纹及肩部条纹。飞行中，它们还经常发出清晰似笛的叫声。反嘴鹬的繁殖地在中国北部，冬季则结群到中国东南沿海、西藏以及印度越冬。

反嘴鹬在散步

小青脚鹬

小青脚鹬属小型涉禽，体长29～32厘米。它们的脚较短，呈黄色、绿色或黄褐色，趾间局部具蹼。繁殖期它们主要栖息于稀疏的落叶松林中的沼泽、水塘和湿地上，非繁殖期主要栖息于海边沙滩、开阔而平坦的泥地、河口沙洲和沿海沼泽地带。小青脚鹬常单独在水边沙滩或泥地上活动和觅食，觅食时常低着头，嘴朝下，在浅水地带来回奔跑。它们性情胆小而机警，稍有惊动便立即起飞。

鹬是一种涉水禽鸟

黑翅长脚鹬

黑翅长脚鹬，又名长腿娘子，因为它们的腿是鸟类中最长的。其头和羽冠皆白，杂以黑色；后颈少数羽毛有黑端；上背、肩和两翅为深黑色羽毛，并泛有金属般的绿光。黑翅长脚鹬主要生活在江边或湖畔，

黑翅长脚鹬

在浅水处结小群觅食水生动物，并把巢建在开阔的泥地上。

□ 鹤

　　鹤类是珍贵的大型涉禽鸟类，大多栖息在水边或沼泽地上，生有长颈和长腿。鹤类一向以体态优美、行动潇洒而著称于世。全世界的鹤类家族共有15种，中国有记录的达9种，几乎占鹤类种数的2/3，是世界上拥有鹤类种数最多的国家，享有"鹤类乐园"之称。

丹顶鹤

　　丹顶鹤是世界上最大的珍稀鹤类，栖息在广阔的河滩沼泽地带。它们的飞行能力卓越，迁徙路线和觅食地点通常固定不变。每年春天，小群的丹顶鹤从南方陆续迁来。交配期间，雌雄鹤不断翩翩起舞，或引颈高鸣，声音可传到两千米之外。

鹤与成人大小对比

丹顶鹤

白鹤

白鹤

　　白鹤是一种大型迁徙涉禽，周身洁白，唯有在飞翔时两翅呈黑色，故又称为"黑袖鹤"。成年白鹤身姿优美，有棕黄色长刀状的喙和粉红色的长腿。飞行时，它们颈部上扬，长腿拖在身体后面，姿态十分优美。白鹤实行"一夫一妻"制，每次繁殖时产两个卵，但只能养活一只幼鸟。白鹤喜食水生植物和贝、螺类食物，因而主要栖息在水边和沼泽地。白鹤全体通白，外形看上去十分高雅，就连它们的舞姿也非常飘逸脱俗。在风和日丽的天气，每当中午和下午，这些天生的舞蹈家在饱食后常会大显身手，翩翩起舞。

跳舞的鹤

★ 动物小档案 ★	
科　属	鹤科
栖息地	水边或沼泽地上
分　布	世界五大洲，其中以亚洲东部的中国、日本、俄罗斯、朝鲜半岛、蒙古种类最多
食　物	植物的茎块、昆虫、种子、小型哺乳动物、爬行动物
生殖方式	卵生
寿　命	20～30年

鹭

鹭的种类较多，世界各地都可见到它们的足迹。它们有许多适于在浅水域涉水生活的特征，即喙长、颈长和腿长，鹭的不同种类体形差别较大，羽毛颜色也各异。鹭飞翔时颈缩成"S"形，素来以姿态优美备受人们喜爱。它们的食物主要是小鱼及其他水生动物。

大青鹭

鹭是一种机警而聪明的动物

白鹭

白鹭又称鹭鸶，是一种非常美丽的水鸟。它们长着笔直而细长的腿，颈优雅地弯曲着，全身披着洁白如雪的羽毛，真如一位纯洁的雪衣仙子。到了繁殖季节，白鹭枕部便生出两条狭长而柔软的矛状羽毛，长达10余厘米，轻盈飘垂着，犹如两条辫子。白鹭喜欢在湖泊、沼泽和潮湿的森林中生活，属于涉禽类。它们主要以小型鱼类、哺乳动物、爬行动物、两栖动物和浅水中的甲壳动物为食，通常将巢穴筑在树上、灌木丛中或者地上。

牛背鹭

在鹭类中，只有牛背鹭是以飞蝗、流石蚕蛾的幼虫、蜘蛛为主食。因为它很会抓水牛走过后飞起的飞蝗且经常停留在牛背上，所以叫作牛背鹭。牛背鹭体小，但很健壮，短颈，喙粗大。它们的羽毛以白色为主，头、颈、胸及背上饰有橙黄色羽毛，嘴和眼等裸露部分为橙色。到了冬季，牛背鹭的橙黄色羽毛脱落，羽毛完全变成白色。

白鹭

白鹭的羽毛看起来非常美丽

牛背鹭

□ 鹳

鹳类都是大型水鸟，在高树或岩石上筑大型的巢，以鱼为主食，也捕食其他小动物。它们的嘴巴和双脚都很长，飞行时常作翱翔姿势，显得十分轻快。它们在溪流、池塘和沼泽的浅水中漫游，捕食蛙和其他小型生物，也会在草地和稻田里觅食。

白鹳

喙长而粗，颜色鲜红

休息时，单腿独立

白鹳

白鹳与鹭是亲缘动物，身长约110厘米，分布于欧亚大陆。栖息在欧洲的白鹳，口喙呈红色；而栖息于中国和日本的白鹳，口喙则呈黑色。在繁殖期，雄鸟会把口喙弄得"咔嗒、咔嗒"响，并昂起口喙，如行大礼般上下摆个不停；而雌鸟也会答以相同的动作。白鹳主要生活在沼泽和潮湿的地方，以昆虫、鱼、青蛙和小型鼠类等为食。

黑鹳

凹嘴鹳

黑鹳

黑鹳生活在开阔沼泽、湖泊、河流的浅水区以及水田中，以鱼、虾、蛙、蟹等为食。黑鹳为候鸟，夏天在北方繁殖，秋天飞往南方越冬，迁飞时结群活动，平时单独活动。繁殖季节，黑鹳成对活动，在大树或悬崖上的石隙中筑巢；通常每窝产卵3～5枚，雌雄鸟共同喂养幼鸟。黑鹳不会发出叫声，但能用上下嘴快速叩击发出"嗒嗒嗒"的响声。

白鹳常常在有树木的池塘边或沼泽的浅水里觅食

□ 陆禽

　　陆禽是对在地面上生活的鸟类的总称。这些鸟一般体格健壮，翅膀尖为圆形，不适于远距离飞行。它们的嘴短钝而坚硬，腿和脚强壮而有力，爪为钩状，很适于在陆地上奔走及挖土寻食。陆禽主要以植物的叶子、果实及种子等为食，大多数用一些草、树叶、羽毛、石块等材料在地面筑巢，巢比较简单。雉类、鹑类和鸠鸽类都属于陆禽。

普通松鸡

雄

红原鸡

　　红原鸡是家鸡的祖先，目前已在世界各地被广泛饲养。雄红原鸡看起来很像家养的公鸡。它们发出的声音十分刺耳。雌红原鸡比家鸡苗条一些，通常为棕色。现在饲养的红原鸡的数量比野生的要多出许多倍。

白腹锦鸡

　　白腹锦鸡雄鸟全长约140厘米，雌鸟约60厘米。雄鸟头顶、背、胸覆金属翠绿色羽毛，羽冠为紫红色，后颈披肩羽为白色，具黑色羽缘。它们的尾羽很长，有黑白相间的云状斑纹，这也是其最显著的特征。白腹锦鸡为植食性鸟类，主要分布在中国西南山区，常出没于灌丛矮树间，随季节变化有较明显的迁移行为。

红原鸡

白腹锦鸡

大眼斑雉

大眼斑雉

　　大眼斑雉是东南亚最美丽的鸟之一，主要见于泰国、马来西亚和印尼。它们都有蓝色的头部和灰棕色的身体。雄鸟还有巨大的尾羽，上面饰有眼状的斑点。在求偶时，它们会展示这些斑点，竭尽全力地吸引异性，但是，在完成这些工作后，它们既不筑巢，也不抚养后代。

孔雀

孔雀是世界上著名的观赏鸟。雄孔雀羽毛大致为翠蓝色及翠绿色，具有鲜明的金属光泽；其脸部裸露发蓝，头部翠绿色冠羽竖起。雌鸟一般无长尾，色彩也不及雄鸟艳丽。雄鸟的羽毛移动时，羽毛上闪亮的"眼睛"会随着位置的变化而改变颜色。孔雀不善飞行，遇到危险时，则利用它们那强健的双脚急速逃走。世界上的孔雀主要有蓝孔雀、刚果孔雀和中国的绿孔雀等。

孔雀是最美丽的鸟类之一

★ 动 物 小 档 案 ★	
科　　属	雉科
栖 息 地	森林、林地、农田、公园
分　　布	中国、刚果、印度、斯里兰卡、巴基斯坦以及其他人工放养地区
食　　物	谷物、浆果、昆虫、小型爬行动物
孵 化 期	26～30天
寿　　命	20～25年

绿孔雀

绿孔雀主要分布在我国云南南部，栖息于海拔2000米以下的河谷地带，以及疏林、竹林、灌丛附近的开阔地，多见一雄伴多雌行动。雌鸟羽毛以褐色为主，带绿色光，无尾屏。雄鸟体羽为翠绿色，头顶有一簇直立的羽冠，尾羽至尾屏可达1米以上，羽上有众多的由紫、蓝、黄、红色构成的大型眼状斑，开屏时显得异常艳丽。

蓝孔雀

雄性蓝孔雀羽色艳丽，头部冠羽呈扇形，尾屏的眼斑羽惹人注目，颈部鲜亮奇异的蓝色使其在色彩世界中独占一席；尾部长有强健的肌肉，这使它们能把华美的长尾展开。平时，雄孔雀的尾屏折叠拖在身后。当它们发现雌孔雀时，就会把尾屏展开，形成由绿色和蓝色组成的耀眼的拱形，并微微地抖动。

孔雀与成人大小对比　　蓝孔雀

尾屏可达160厘米长

尾屏由近150根羽毛组成

与用于飞行的羽毛不同，孔雀的尾羽没有连在一起

孔雀

□ 鸽子

鸽子经常出现在花园中和公共建筑的附近，除了最大的品种，它们都是能力超强的飞行家。在幼雏孵出的头几天，它们会像哺乳动物一样，用一种"乳汁"喂养幼雏。这种"乳汁"是鸽子的嗉囊中分泌的一种乳白色的物质，富含蛋白质。它们饮水的方式也不同寻常：它们把喙伸入水中，不需仰头即可饮水。

信鸽会不远万里为人类传递信息

维多利亚皇鸽

维多利亚皇鸽是鸽族中最大的成员之一。它们的色彩艳丽而又稀有，在扇形的冠上带有一些镶着蕾丝花边的羽毛。维多利亚皇鸽栖息在热带雨林中，以地上的甲虫、蚯蚓、蜗牛和掉落到地面的果实为食。和大多数家鸽一样，维多利亚皇鸽成为人类狩猎的对象，数量正在急剧减少。

和平的象征——鸽子

维多利亚皇鸽

原鸽

暗蓝色的原鸽是世界上所有家鸽的祖先。原鸽体长有29～35厘米，分布于欧洲、非洲北部和中亚地区，栖息于平原、荒漠和山地岩石地带，一般成群活动，以各种植物种子和农作物为食。原鸽通常在靠近大海的悬崖平台上筑巢。在野生环境下，原鸽每次能产2枚卵，通常每年能产卵2～3次，孵化期为17～18天。原鸽飞行速度较快，飞行高度较低。

家鸽

家鸽身体矮壮，头小，行走时头部总要前后摆动。家鸽大多是素食者，以植物的叶子、种子和水果为食。它们都是能力超强的飞行家，一发现危险，就会快速拍打翅膀，飞向空中。家鸽通常在树上、岩石上或地上，用木棒和小树枝做巢。

□ 猛禽

　　猛禽一般体形较大，性格凶猛，具有适应捕猎生活的特征，如锐利的脚爪和喙，敏锐的视觉，强大有力的翅膀。猛禽主要包括鹰、鸢、雕、隼、鹞等。它们一般在白天活动，多停留在树上或岩崖等处，伺机捕食。猛禽的巢常筑在高大的树上或岩洞中。绝大多数猛禽以鼠类等为主食，是灭鼠能手。

苍鹰

　　苍鹰，俗称"鸡鹰"或"黄鹰"，是一种生活在北美及欧亚大陆的中型猛禽。其体长一般50厘米左右，雌性体形略大。苍鹰上体苍灰色，眼上方有白色眉纹，肩羽和尾上覆羽有灰白色横斑，飞羽及尾羽上有暗褐色横斑；下体胸、腹及覆腿羽均有黑褐色横斑。苍鹰是民间驯鹰的主要对象，其幼鸟常被驯养为猎鹰。

苍鹰

雀鹰

　　雀鹰，俗称"鹞子"，体形比苍鹰稍小。成鸟上体青灰色，尾羽较长，有明显的深褐色横斑。雀鹰飞翔时主要靠扇翅和短距离的滑翔交替进行，并常在空中盘旋飞翔，飞行有力而灵巧，耐力很强。雀鹰常低飞，并在树林和灌木丛中做快速的特技表演，捕捉失去警觉的猎物，有时也会经过短暂而迅速的追逐而将猎物捕获。雀鹰常捕食小鸟等动物，也能被驯养成猎鹰。

雀鹰

猎鹰是猎人的好助手，可以帮助人们捕捉野鸡、兔子等

淡色歌鹰

　　淡色歌鹰是一种大型鹰，有长翅和长尾，一般栖息在干旱的荆棘丛或半沙漠等开阔地带。它们捕食猎物时，往往先站在栖木上等候，然后迅速起飞猛扑猎物。它们的飞行动作非常完美。飞行结束后会降落在另一根栖木上，或盘旋着回到起飞的地方。淡色歌鹰常成对生活，而且每对都占据一定的领域。

淡色歌鹰

黑翅鸢

蜂鹰

　　蜂鹰别名蜜鹰、雕头鹰，多见于东北及云南、四川，属大型猛禽。成年蜂鹰全长65厘米左右，体色差异较大，有暗褐色型和棕色型。蜂鹰常栖息于密度不大的森林或林缘，巢筑于高大乔木上。它们的巢主要以枯枝叶为材料，有时会占用苍鹰的旧巢。蜂鹰有迁徙的习性，通常在海南岛、台湾越冬。雌鹰多在5月下旬到6月产卵，每次2～3枚，孵卵期30～35天。

黑翅鸢

　　黑翅鸢是一种小型猛禽，其眼睑有黑斑和须毛，前额为白色，到头顶逐渐变为灰色。黑翅鸢的羽色个性鲜明，容易与其他猛禽相区别：上体为淡蓝灰色，肩部大部分为黑色，下体为白色，有深棕色和暗褐色纵纹。

泽鸢

泽鸢

　　泽鸢是一种主要分布在南美洲等地的猛禽，体长有40～45厘米，常栖息在沼泽地带。泽鸢非常挑剔，它们几乎只吃一种食物，那就是淡水蜗牛。它们那细长坚硬的喙能很成功地撬开蜗牛的壳。泽鸢通常沿着沼泽地和芦苇塘低飞，寻觅食物，一发现蜗牛，就用一只爪把猎物抓起来，然后带到栖息地享用。

□ 鹫

鹫是体形较大的猛禽。其中南美神鹰（康多兀鹫）是世界上最大的猛禽，也是最大的飞禽之一。美洲鹫头颈裸露并有肉瘤。这种猛禽以动物残骸为食，而不去捕捉活的动物。鹫的视力极好，它们在高空翱翔，密切注视地面的猎物。飞翔时，宽阔的双翅伸展成一条直线，利用上升气流较长时间地翱翔在空中。

鹫

兀鹫

兀鹫与成人大小对比

正在晒太阳的秃鹫

秃鹫

秃鹫是一种大型猛禽，广泛分布于温带和热带地区。它们的身体呈黑褐色，头和颈部裸露的皮肤呈铅蓝色，头顶生有褐色绒羽。其小小的圆头上有一双大眼睛，利嘴像一个大铁钩，让人望而生畏。大多数秃鹫食性较广，以腐肉、垃圾和排泄物为食，很少吃活的动物。

兀鹫

凭借长而宽大的翅膀，兀鹫能够在天空翱翔几个小时，搜寻地面上的动物尸体。兀鹫没有有力的足和锋利的爪。它们只是借助上升的热空气在天空盘旋或者栖息在树枝上，期待着发现腐肉。也有些兀鹫依靠灵敏的嗅觉来找寻腐烂的动物尸体。

红头美洲鹫

又长又宽的翅膀有很强的飞行力

强有力的飞行肌

尖锐的钩嘴

弯钩形的爪子能够用来撕扯猎物

红头美洲鹫

体形庞大的红头美洲鹫是猛禽家族中唯一用嗅觉来寻找食物的成员。它们的体羽为暗黑色，头部无毛，呈红色，上面覆盖着苍白色的隆起，嘴部也为苍白色。红头美洲鹫经常在空中翱翔盘旋低飞，用鼻子来寻找食物。但它们在动物尸堆里美餐后，一定会飞到很远的河里洗个澡。

裸露的颈

膨胀的喉囊

加州兀鹫

埃及秃鹫

埃及秃鹫以善于使用工具而闻名。当埃及秃鹫发现鸵鸟蛋时，它们会用尖锐的口喙叼着岩石碎片击破蛋壳，取食蛋里面的东西。如果附近没有适当的石头，埃及秃鹫还会不辞辛苦地飞到数百米以外的地方去找寻石头。

大脚虽具长趾和长爪，却不足以用来捕杀活猎物

★ 动 物 小 档 案 ★	
科　　属	鹰科
栖 息 地	草场、农场、沙漠、山地、森林
分　　布	除了澳大利亚，世界各地气候温暖的地带
食　　物	主要是死去的动物
生殖方式	卵生

埃及秃鹫

红头美洲鹫

加州兀鹫

加州兀鹫是一种大型的食腐鸟，常在宽阔的自然区域巡游觅食。但它们只能在暖和的天气里，借助上升的热气流向上翱翔，盘旋到所需高度；遇到寒冷多风的气候，加州兀鹫就只能在地面上活动。加州兀鹫不取食的时候会栖息在一处，不时用嘴梳理羽毛，以打发空闲的时间。

□ 雕

雕是大型猛禽，体形粗壮，翅及尾羽长而宽阔，扇翅较慢，常在近山区的高空盘旋翱翔，能捕食野兔、幼畜等哺乳动物，也嗜食鼠类。中国常见的种类有金雕和乌雕。

雕

白头海雕

白头海雕，又名美洲雕，是北美洲所特有的一种大型猛禽。成年海雕的体长可达1.2米，翼展可达2米，眼、嘴和脚均为淡黄色，头、颈和尾部的羽毛为白色，身体其他部位的羽毛为暗褐色，十分雄壮美丽。白头海雕日间捕食，常成对出猎，凭其异常敏锐的视力，即使在高空飞翔，亦能洞察地面、水中和树上的一切猎物。

雕与成人大小对比

敏锐的眼睛、尖锐的钩嘴无不透露出白头海雕的凶猛

雕在鸟类中寿命较长。金雕的寿命可达50年左右，而白肩雕则可达60年

楔尾雕

像楔形的长而坚硬的尾羽

楔尾雕

楔尾雕因尾羽类似楔形而得名。其全身羽毛呈浅褐色，颈部后面为红棕色，生有一双强壮的长满羽毛的利爪。它们都有自己的领地，且领域性极强，绝不允许其他鸟或同类侵入。它们的飞翔能力很强，可以借助上升气流飞上2000多米的高空。楔尾雕通常都是成对生活，每年6～7月产卵。这种鸟的成活率不高，雏鸟长到80～90天方可独立飞行寻食，4年后才成年。

★ 动物小档案 ★	
科　属	鹰科
栖息地	草原及湿地附近的林地
分　布	欧亚大陆、非洲和北美洲
食　物	野兔、鼠类和其他哺乳动物
生殖方式	卵生
寿　命	50～60年

金雕

金雕

金雕是雕属中体形最大的一种。它们的嘴大而有力，上体棕褐色，下体黑褐色。金雕飞行速度极快，常沿着直线或以圈状滑翔于高空。通常把巢建在难以攀登的悬崖上，巢穴内铺有草、毛皮或羽绒。金雕以捕猎野兔、土拨鼠和其他哺乳动物为食，有时也捕食家畜、家禽和一些鸟类。

鱼雕

犹如机翼般的翅膀

非洲鱼雕

非洲鱼雕是食鱼的猛禽，头和颈部都是白色的。它们常在湖泊、河流和海滨上空盘旋，时常发出很响的鸣叫声。当发现水中猎物时，它们即两脚在前，举翅向下俯冲，甚至将整个身体浸入水中，然后用两脚抓住鱼，在水面上继续飞行，最后把鱼带到树枝上或巢中吃掉。

食猴雕

食猴雕

食猴雕是全世界最大的猛禽之一，生活在热带雨林中，是典型的森林猛禽。它们的翅大而宽，末端圆，尾长，这种构造使其能在树枝间迅速而灵活地飞行。它们主要捕食森林中的猴子、飞狐和犀鸟等。食猴雕的叫声为连续的长嘘声，与强壮的体形比较起来，其叫声显得很微弱。因热带雨林逐渐消失，食猴雕已濒临灭绝。

白尾海雕

白尾海雕又名白尾雕、芝麻雕，生活在多岩石的海岸、岛屿、河湾和内陆湖泊中。它们的体形又大又重，叫声连续、短促而尖锐，可以熟练地从湖泊或海洋中捕捉鱼和鸟，也常沿着海岸找寻腐尸。白尾海雕上体暗褐色并杂有深褐色羽毛，下体褐色，羽缘稍淡；头和颈为淡褐色；脚、趾黄色，爪黑；尾纯白色，白尾海雕也因此而得名。在冬季，白尾海雕会选择气候温和的地区作为自己的领域，成对居留，雌鸟的体形比雄鸟大。

□ 隼

隼是一种令各种鸟望而生畏的猛禽。它头很小，喙粗大，前端呈钩形，很适合于撕裂、折断猎物的肉和骨。翼端呈尖形，是鹫鹰类中最适于捕获猎物的体形。隼有强壮的腿和锐利的趾爪，而且视力极佳，飞行速度极快，一旦发现猎物，就猛扑过去，然后它们便可以美食一顿。隼通常在山上或崖壁上繁殖。

游隼

正在俯冲的游隼

美洲隼

游隼

游隼属隼科，是一种猎鸟，曾广泛地分布于全世界，现在数量已经很稀少。游隼体长33～48厘米，背部呈蓝灰色，腹部是白色或黄色，上面有黑色的条纹。它体格强健，飞行速度尤其是冲刺速度很快，通常从空中俯冲向其他鸟进行攻击。游隼栖息在靠近水边的岩石高山上，在悬崖峭壁上筑窝并繁殖。

红隼

红隼以啮齿类动物和昆虫为食。它们的视力极好，经常在空中盘旋，搜寻地面上的老鼠、蝗虫、甲虫等猎物。发现猎物后，红隼先慢慢下降，然后猛扑过去。红隼也常在城镇和郊区捕捉麻雀，带到树上去吃。它们一般选择视野较宽广处歇息，飞行幅度小，但扇翅很快，并交替滑翔，有时则借助上升的气流飞翔。但红隼常遭欧洲八哥和燕科鸟类的群起围攻。

美洲隼

美洲隼体形较小，但飞得很快，栖息时尾羽还不停地上下摆动。它们常常在空中盘旋，并垂直扑向猎物，偶尔也在栖木上等候。美洲隼夏天以昆虫为主食，冬天则大量捕食鼠类和小鸟。它们常将巢建于洞穴和裂缝里，有时也利用其他大型鸟建在树上的旧巢。

长而有力的翅膀

红隼和成人大小对比

细长尖利的爪

红隼

尾羽起到平衡身体的作用

鵟

体形粗壮的鵟，双翅宽而钝圆，尾部宽阔。鵟生活在农田、山丘、林间空地和森林边缘，常在空中连续翱翔数小时搜寻猎物，或停栖在树上和电线杆上等候，一发现猎物即猛扑而食。它们食性很广，能吃野兔，也能吃蚯蚓，有时也吃一些动物尸体。

大眼睛

普通鵟

翅大而宽

用来抓取猎物的爪强劲有力

普通鵟

普通鵟性情机警，视觉敏锐，善于飞翔，每天大部分时间都在空中盘旋滑翔。翱翔时，宽阔的两翅左右伸开，并稍向上抬起，呈浅"V"字形，短而圆的尾羽呈扇形展开，姿态极为优美。普通鵟主要以各种鼠类为食，而且食量很大。此外，它们也捕食蛙、蜥蜴、鸟和大型昆虫等动物。

鵟

红尾鵟

红尾鵟是生活在开阔地区的典型猛禽。它们常在上升的暖气流中盘旋翱翔搜寻猎物，也常停栖在较高的树上等候猎物，一旦遇到哺乳类、鸟类及较大的昆虫即加以捕食。红尾鵟体长45～56厘米，栖息于沙漠、农田、城郊、温带森林和热带雨林等各种环境中，筑巢于悬崖和树上，每次产卵1～5枚，孵化期28～35天。

灰泽鵟

灰泽鵟生活在旷野、沼泽、空旷草原和沙丘等开阔地带，以昆虫和小动物为食。捕食时，它们的双翼会稍微展成"V"字形，在低空快速滑翔，搜索地面上的食物。这种姿势可惊起小型或受伤的鸟、小型啮齿类和大型昆虫，便于它们捕食。

长翅

灰泽鵟　长尾

☐ 鸮

世界上有200多种鸮类。它们的大眼睛面向前方，耳朵的听觉功能进化完善，爪子锋利有力。许多种类的鸮的翅膀边上都生有柔软的羽毛，飞行时几乎不发出声音，这样有助于它们听到地面上猎物发出的各种声音。绝大多数鸮在白天睡觉，晚上出来猎食。仅有少数种类，如北极的雪鸮，经常在白天猎食。

鸣角鸮能发出一连串颤抖的哨音，或尖叫，或悠长而尖细。它们也因此而得名

仓鸮

仓鸮是世界上分布最广的鸟类之一。它们的腹部为灰色，天生一张心形的扁平脸。仓鸮的栖息地很广，从牧场到半沙漠地区都可见到。它们几乎全靠吃啮齿类动物维持生存。捕食时，它们通常先在离地面1～2米的空中盘旋，然后突然冲向地面猎取食物。仓鸮一般在树洞或旧建筑物里产卵，但不用任何材料筑巢。

雪鸮

雪鸮栖息在北极苔原。雪鸮从头部到脚趾都被覆以厚厚的白色羽毛，用以抵御寒冷，并在雪中形成保护色。它们在北极冰原生活和筑巢，白天和夜间都可以捕食，以旅鼠为主食，偶尔捕食野兔、鸥和鸭等大型猎物。冬天，如果旅鼠稀少，雪鸮会冒险到北极边缘去觅食。它们通常在地面上筑巢，然后产卵繁殖后代。

鸮

仓鸮上体呈棕黄色而多具纹理，白色的下体黑点密布

仓鸮

穴居鸮

翅短圆

穴居鸮

穴居鸮大多栖息在开阔多草的平原上。其宽扁的面盘和低矮的前额形成永远皱着眉头的模样。它们用纤细的腿脚和喙来挖洞以避风雨，或强占其他动物的洞穴。它们一年四季都生活在地洞中，夜间捕食，白天仅在洞穴附近活动，一受到惊扰便钻进洞中。穴居鸮以草蜢和甲虫等昆虫为食，有时捕食蜥蜴、蛇、老鼠、田鼠和鸟类。

短尾

用于奔跑的长腿

雪鸮

大角鸮

大角鸮是北美洲最大的鸮，其力量很大，足以消灭一只成年臭鼬或鸭子。大角鸮黄色敏锐的圆眼睛、长满羽毛的腿以及头上的两簇羽毛对大多数鸟类而言是很可怕的。这两簇羽毛还常被误认为是耳朵，但其真正的耳朵却藏在头部两侧的短羽之下。大角鸮有时在树洞或岩石缝隙处产卵，但它们通常占用其他猛禽丢掉的巢穴。

鱼鸮

鱼鸮

鱼鸮腿部裸露，脚趾上长有尖锐的鳞片，爪长而弯曲，适于从水中捕抓鱼类。鱼鸮有一层光滑柔软的羽毛，在拍翅飞翔时会发出微弱的声音，但这并不影响其捕鱼。它们一般成对地栖息在河边的树林中。夜间捕食时，鱼鸮先站在光秃秃的树枝上找寻猎物，一发现鱼类，便迅速飞到水面捕抓。它们也捕食蟹、小龙虾、两栖动物、爬虫类、鸟类和大型昆虫等。

大角鸮

长爪

裸露的脚适于捕鱼

横斑林鸮

横斑林鸮的眼睛为深色，能在黑暗中借着极微弱的光线捕食。与众不同的是，横斑林鸮头部两侧的耳孔不对称，开口一高一低，这种特征使它们能更准确地对声音来源进行定位。它们大多分布于落基山脉东部、墨西哥中部高原至韦拉克鲁斯和瓦哈卡，以鼠类、蜥蜴、蛙类、松鼠、野兔为食，也在一些潮湿地区猎捕螯虾和鱼类。

攀禽

吃鱼的翠鸟，吃毛虫的杜鹃，学人说话的鹦鹉以及雨燕、戴胜、夜鹰、蜂鸟等都属于攀禽。它们大多数都生活在树林中，能凭借强健的脚趾和尾羽，使身体牢牢地贴在树干上。因为它们的趾几乎是等长的，其中两趾在前，另两趾在后，这样使它们能紧紧地攀附在树枝上。攀禽中食虫益鸟比较多，如啄木鸟、杜鹃等。许多攀禽体色艳丽，长期以来就是观赏鸟。

艳丽的体色

巨嘴鸟

两趾向前

两趾向后

普通翠鸟

普通翠鸟的羽衣鲜艳，青绿色和橘黄色的羽毛使它们看起来很像热带地区的鸟类。它们的喙长而坚固，大多数尾短或适中。其娇小的体形意味着它们只能抓到比较小的鱼。普通翠鸟不用筑巢材料，只用喙和爪子在河岸挖洞为巢。它们很细心地把巢的出口朝下，这样雨水或河水就灌不进去。翠鸟的捕猎技术是非常高明的，这从它们的栖身之地中堆满的鱼骨头就可看出。

啄木鸟

普通翠鸟

翠鸟与成人手掌大小比较

翠鸟

翠鸟的捕鱼方法

笑翠鸟

澳大利亚笑翠鸟因为它们的叫声很像滑稽的大笑声而出名。笑翠鸟通常成家族地栖息在森林里，在地上捕食昆虫、蜥蜴，也擅长捕蛇。和水边的翠鸟一样，笑翠鸟在吞掉食物前，也会把猎物先摔晕再享受。它们通常在树干的空洞中筑巢。

翠鸟

★ 动物小档案 ★

科 属	翠鸟科
栖 息 地	水边、干燥的灌木丛、林地
分 布	世界大部分地区
食 物	鱼、昆虫、爬行动物
生殖方式	卵生
寿 命	2年左右

美丽的羽冠 ———

细长的嘴适 于捕食

翅不停地扇动，使之可 以在空中稍做停留

戴胜妈妈正在给幼鸟喂食

戴胜

戴胜的头顶上有一顶鲜艳的羽冠，张开时就好似一把美丽的折扇。戴胜体色灰黄，翅上长有黑白相间的斑纹，这样的一身装扮可以使它们和周围的环境融为一体，起到很好的保护作用。雌戴胜在孵卵期间，会从尾部分泌出一种黑棕色的液体，这种液体有着刺鼻的臭味，老远就能使入侵者打消捕捉的念头。

犀鸟

全世界已知的犀鸟达45种之多。它们有一张看似笨拙的喙，大并且弯曲，喙基的顶部有盔状突起。犀鸟常把家安在树洞里。在孵化期，它们会用泥和粪便将洞口堵住，仅留一个小孔。雄鸟每次就从小孔处将食物送入巢内，而雌鸟则将粪便从小孔处喷出巢外。当幼鸟独立后，雌鸟便打破洞口离开洞巢。在大约4个月的孵化期内，雄鸟会为自己的伴侣带回2万多颗果子！

犀鸟

蜂鸟

蜂鸟

蜂鸟是世界上最小的鸟类，大小和蜜蜂差不多。它们披着一身艳丽的羽毛，有的还长着一条随风飞舞的长尾巴。它们的嘴巴又细又长，像一根管子，能伸到花朵里面去吸取花蜜。蜂鸟是飞行高手。它们每秒钟可以拍动翅膀20～200次，身体可以向上、向下甚至向后灵活地运动。

啄木鸟

啄木鸟以在树皮中探寻昆虫和在大枯木中凿洞为巢而著称。它们的双脚稍短，两趾向前，两趾向后，且有弯曲锐利的爪；尾羽坚硬而有弹性，沿树干攀缘时，尾巴起着支撑身体的作用；嘴强直尖锐，像凿子一样；舌头比其他鸟的舌头长5倍，顶端长有钩状的刺。这些特别的身体构造，使它们能够抓住树干，啄食树木中的害虫。

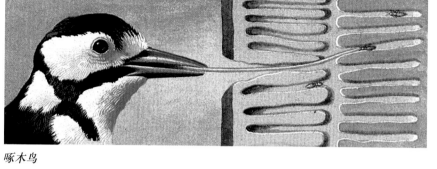

啄木鸟

★ 动 物 小 档 案 ★

科　　属	啄木鸟科
栖 息 地	森林、林地；一些开阔地带，也包括沙漠
分　　布	除澳大利亚、新西兰和南极外的世界各地
食　　物	主要是昆虫，特别是钻木的昆虫幼虫、蚂蚁和白蚁，也包括坚果、种子、水果和某些树的汁液。
生殖方式	卵生
寿　　命	25～30年

雨燕

雨燕为小型鸟类，两性相似，嘴短阔而平扁，稍曲，或纤细如针。雨燕在空中的时间比其他鸟类要多得多：它们能在空中捕捉昆虫甚至喝水。雨燕的翅膀长而纤细，脚爪很小，可以钩在粗糙的平面上，但不能栖息在高木上。雨燕的种类很多，遍布世界各地。

啄木鸟用爪牢牢抓住树干

啄木鸟凿子般的喙可以轻松地啄开树木

雨燕和成人手掌大小对比

高山雨燕

高山雨燕是一种体形较大的雨燕，主要分布在东南欧、北非、中东、中亚、喜马拉雅山脉及印度，越冬区在热带非洲。其两翼很宽，振翅频率相对较慢，尾略叉开，白色的喉及胸部为一道深褐色的横带所隔开。它们是一种罕见的季节性候鸟，叫声不如普通雨燕刺耳，栖息于多山地区。

雨燕偶尔在休息时，会用爪钩在壁上

雨燕

像剪刀似的长尾羽

烟囱雨燕

烟囱雨燕体长12~14厘米，栖息于林地、城镇等地，成群活动，以飞行昆虫为食。棕色的小烟囱雨燕最初在树洞里筑巢栖息，但现在改用谷仓和烟囱。和大部分雨燕一样，烟囱雨燕也用从半空中抓到的羽毛和树枝筑巢，并用黏液把这些东西粘到一起。

巨嘴鸟

巨嘴鸟长着一张独特而又夸张的大嘴，嘴的边缘呈锯齿状。巨嘴看似粗壮，但重量却很轻。这是因为嘴的中间布满了海绵状的骨质组织，里面充满空气，外面覆盖着一层角质硬壳，所以既坚硬又轻巧。巨嘴鸟全身披满了彩虹般艳丽的羽毛，其身体的颜色能帮助它们辨认同类，并找到如意的配偶。它们往往在树顶成群栖息，是最喧闹的森林鸟之一。

冠鱼狗

冠鱼狗上体青黑色，并生有白色斑点和横斑，头部具有明显的冠羽；下体黑色，并有黄黑色的胸纹。它们常栖息在水边的树枝上，专注地观察水面，如果发现鱼，就会迅速地潜入水中捕捉，将猎物带到栖息地，在树枝上撞晕后，才会慢慢享用。有时，冠鱼狗也会像直升机一样悬停在空中，等候水中鱼儿的出现。

夜鹰努力挥动翅膀，停在空中，以便采食水果

张开的足趾牢固地抓住树干

冠鱼狗

普通夜鹰

这种鸟通常在日落后才开始觅食，所以不太容易被发现。普通夜鹰飞行时，常可以看到它们灰棕色窄翅膀的翅翼上有白色斑点。在繁殖季节，天黑之后，雄鸟开始进行求偶飞行表演。它们通常在地面上或树墩上筑巢。但在有些地方，它们也会把巢安在平屋顶上。夜鹰每次能产两枚带保护色的卵。

巨嘴鸟是一种身体比例非常不协调的鸟，最大的全身长约70厘米，却有一张长17~24厘米、宽5~9厘米的大嘴

鹦鹉

鹦鹉是世界上最华丽、最会鸣叫的鸟类。世界上共有300多种鹦鹉，几乎全部生活在热带和亚热带雨林中。鹦鹉头圆，嘴坚硬而有力，上喙弯曲，脚有4趾，外侧的一个前趾可以向后旋转，利于攀缘。它们的羽毛艳丽多彩，有红色、白色、绿色、黄色等各种色彩。它们的嘴像把钳子，能咬碎坚硬的果壳。鹦鹉喜欢成群地生活，觅食植物的种子、果实、嫩叶等。

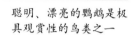

聪明、漂亮的鹦鹉是极具观赏性的鸟类之一

鲑色凤头鹦鹉

鲑色凤头鹦鹉的羽冠是鲑色的，而身体的其他部分是白色的。鲑色凤头鹦鹉可以竖起羽冠来表达情绪。

凤头鹦鹉

发现危险时，其鲜亮的鲑色羽冠就会竖立起来

鲑色凤头鹦鹉

羽色丰富的鹦鹉

凤头鹦鹉

凤头鹦鹉是鹦鹉科中的一个类群，有20多种，生活在澳大利亚、新几内亚、所罗门群岛和印度尼西亚的一些岛屿上。它们都有一个半月形的喙，蠕虫状的舌头。绝大多数凤头鹦鹉体色以白色或黑色为主，头顶上有一个很独特的羽冠。它们用这个羽冠的竖立或下垂来发出警戒信号。凤头鹦鹉的嘴是镰刀形的，而且很坚实，可以啄碎硬的果壳，还能挖出树根。凤头鹦鹉是雌雄轮流孵卵和养育后代的。它们通常在中空的树干上做窝，它们的窝一般离地约一米高。

桃红鹦鹉

　　桃红鹦鹉是一种羽毛为粉红色与灰白色相间的美冠鹦鹉。这种富有吸引力、招人喜爱的鹦鹉是澳大利亚最知名的鹦鹉。在公园和海岸上可以看到成群的桃红鹦鹉，在树木茂盛的乡村和农场更为常见。桃红鹦鹉非常爱叫，而且精力充沛，尤其当它们成千上万地在空中集结时，更是喧闹异常。在空中，它们还能极其协调地盘旋和翻转。桃红鹦鹉通常在树洞里筑巢。和其他鹦鹉不同的是，它们产卵前会用树叶和小树枝铺满洞穴。

亮丽的体色使之成为捕猎者的目标

金刚鹦鹉

金刚鹦鹉

　　金刚鹦鹉是世界上最大的鹦鹉之一，以红色金刚鹦鹉的数量最多。金刚鹦鹉的身长可达1米。它们的嘴非常坚硬，可以轻而易举地啄开大的种子和坚果，甚至能把人的手指啄断。它们主要以棕榈果等坚果、种子和水果为食。金刚鹦鹉的寿命很长，有些甚至超过50年。

经过训练，鹦鹉可以进行精彩的表演

桃红鹦鹉

紫色金刚鹦鹉

紫色金刚鹦鹉

　　在南美洲的紫色金刚鹦鹉是鹦鹉家族中最大的一种，美丽的外表及巨大的体形使它们特别引人注目。它们除了眼睛周围是鲜黄色，全身都是紫蓝色。紫色金刚鹦鹉主要栖息在靠近河岸的棕榈树上，它的喙出奇的大，这样大的喙对捡棕榈树坚果并敲碎它的坚硬外壳来说，轻而易举。

大绯胸鹦鹉

　　大绯胸鹦鹉为大型鹦鹉，全身体长约45厘米，上半身为绿色，前额眼浅黑色，翅膀绿色；翅下覆羽为葡萄红色。大绯胸鹦鹉嘴的颜色，雌、雄鸟不同，雄鸟红色，雌鸟黑色。它们下体除喉部有宽阔黑斑外，其余部分多为紫色，胸部为紫蓝色。大绯胸鹦鹉的尾呈楔状，蓝绿色，尾下覆羽、腿羽黄绿色，脚绿色。相对其他种类，大绯胸鹦鹉更善于攀缘和飞翔。它们以坚果、玉米、稻谷、浆果为食，栖息于山地常绿阔叶林、混交林、针叶林及沟谷地。

★ 动 物 小 档 案 ★	
科　　属	鹦鹉科
栖 息 地	大部分生活在森林中，有些生活在草地和灌木丛中
分　　布	世界各地的热带地区
食　　物	种子、坚果、果实等；一些种类吸食花蜜，还有些吃昆虫
生殖方式	卵生
寿　　命	小型鹦鹉8～12年，中型鹦鹉20～50年，大型鹦鹉30～60年

虎皮鹦鹉

　　虎皮鹦鹉是世界上最为常见的观赏鸟，也是鹦鹉家族中最小的一种。它们的羽色华丽，由于长期人工饲养，体色变化较多，有波纹型、黄化型、玉头型、浅色型。它们羽毛的末端都有一个黑斑，这样使全身布满黑色条纹，看上去犹如虎皮，因此得名。野外的虎皮鹦鹉一般栖息在澳大利亚内陆。

虎皮鹦鹉

鹦鹉是典型的攀禽鸟类

长尾绯胸鹦鹉

　　与其他鹦鹉相比，长尾绯胸鹦鹉的体形相对较小，身体纤细，尾巴较长。和许多长尾鹦鹉一样，长尾绯胸鹦鹉的主色为绿色，但雄鸟的颈部有一细条黑红色环纹。这种长尾鹦鹉在非洲和亚洲都是比较罕见的品种。现在，它们成功地在北美洲和欧洲安家落户。

彩虹鹦鹉

彩虹鹦鹉

　　彩虹鹦鹉不吃种子和水果，而是吃花粉和花。它们的舌头上有一些浮起的尖状颗粒，使舌头像刷子一样便于舔食食物。它们的羽毛色彩丰富，有蓝、黄、绿色，还有这几种颜色的混合色。特别是颈上的羽毛，像一圈圈华丽的彩虹。和其他短尾鹦鹉一样，它们也在日出时出去觅食。

鹦鹉口舌灵巧，不仅能模仿人类说话、唱歌，甚至还能模仿二胡、小号的演奏声

□ 杜鹃

杜鹃，别名"布谷鸟"，是攀禽中的一大类，在世界上分布广泛。杜鹃不喜结群，甚至在繁殖季节也不会像别的鸟类那样成双成对地出现，交配毫无固定对象可言，甚至可能多次与不同的对象交配。杜鹃多穿梭于林间地带，特别是在松树林中，捕食各种危害松树的毛虫。它们中的大多数不营巢、不孵雏，而是利用其他鸟类喂养、抚育子女。

杜鹃

杜鹃自己不做巢，而是喜欢把卵产在其他鸟的巢里，它们产卵前要先寻找适当的鸟窝

小杜鹃一旦孵化出来，就会把巢里的其他卵拱出巢外

趾长，能牢牢抓住树枝

鹰鹃

鹰鹃

鹰鹃是典型的巢寄生性杜鹃。其体色为灰褐色，很像猛禽；尾部次端为棕红，尾端为白色；胸部有白色及灰色斑纹；腹部有白色及褐色横斑。鹰鹃多栖息在阔叶乔木上，喜食毛虫。它们的鸣声响亮，根据叫声便可将其辨别出来。鹰鹃分布于东南亚地区，在中国主要分布于南方各地。

养父母辛苦地抚养杜鹃的孩子，还以为那是自己的宝宝呢

蓝冠蕉鹃

蓝冠蕉鹃的羽色非常柔和，背部为漂亮的蓝色，另外还有一个蓝色的羽冠，鸣叫时羽冠展开，直耸于头顶。蓝冠蕉鹃不善飞翔，却极善奔跑。不过，更多的时候，它们还是愿意待在树上。同其他鸟类不同，这种鸟能像鸽子那样，采用直吸式喝水。

尾羽较长，能起到很好的平衡作用

蓝冠蕉鹃

杜鹃与成人手掌大小对比

第五章 ■

雀形目鸟类 Diwuzhang

Encyclopedia of the
Animals

　　雀形目为中、小型鸣禽，两性同色或异色，异色时，雄鸟羽毛较为艳丽。这类鸟嘴形不一，但一般均较小而尖利；颈部较短；鸣管发达；翅长短适中，外形不一；脚较强健，细而短，多为四趾，三趾向后，均在同一个水平面上，趾间无蹼，后趾和中趾的长度大致相等。它们遍及世界各地，种类及数量较多，其中有人们所熟识的雀、百灵、燕、伯劳、画眉、莺、黄鹂等鸟类。在雀形目鸟类中有鸟类中的歌唱家，但它们的幼鸟通常不会唱歌。

鸣禽

　　鸣禽约占世界鸟类的五分之三。鸣禽的外形和大小差异较大，小的如柳莺、山雀，大的如乌鸦、喜鹊。它们大都有发达的鸣管，在繁殖季节里鸣声最为婉转和响亮。在大多数种类中，一般雄鸟是主要的鸣叫者。鸣禽的巢结构都相当精巧，如云雀、百灵的皿状巢，柳莺、麻雀的球状巢。

鸣禽

伯劳

伯劳

　　伯劳是一种体形中等的鸟类，身长大多只有28厘米左右，体重也较轻。但从性情上讲，它们却属于较为凶猛的一类。它们的头部较大，喙短而粗壮，能捕食蜥蜴、松鼠等小型动物。依据羽色不同，伯劳又可分为棕背伯劳、红尾伯劳等许多种类。

喜鹊

　　喜鹊通体除了两肩和腹部为白色，其余部分都是黑色的。它们的叫声是鸟类中少有的带有颤音的乐音。喜鹊非常机警，它们常成对外出觅食，总是一只取食，另一只在高处守望。如有异常情况，守望鸟就发出惊叫，然后双双飞走。喜鹊是杂食性动物，以昆虫等为食，也吃些植物。它们的分布地区很广泛，除南极洲，各大洲都可看到它们的身影。

尽管喜鹊体形较大，但常被其他小鸟欺负

带有黑尖的白色飞羽

喜鹊

大山雀

　　大山雀是山雀中最大的品种，分布很广，而且颜色各异，但通常都有黑色的头部，以及带有黑色条纹的鲜黄色腹部。大山雀在寻找昆虫和种子时，经常身体倒挂，像在表演特技。它们大多会为冬天储存食物，在寒冷的天气还经常光顾其他鸟类的餐桌。和其他山雀一样，它们在洞中筑巢，通常每年孵化两次。

赤腹山雀

喜鹊与成人手掌大小对比

乌鸦

乌鸦

乌鸦体长在50厘米左右，羽毛大多为黑色且有光泽。乌鸦有20多种，包括寒鸦、渡鸦、家鸦、食腐鸦等。乌鸦是杂食性动物，它们的食物中大约四分之三是害虫。它们喜欢集体活动，有时甚至上万只乌鸦集中在荒野啄食腐肉。乌鸦是一种智商极高的鸟，能发出300多种不同的鸣叫声，并且有极高的语言天赋。

黄鹂

黄鹂别名黄莺、黄鸟。其体形较小，嘴较粗，与头等长，尖端呈短钩状。黄鹂羽色艳丽，有黄、红、黑、白诸色，雌雄相似。它们单独或小群栖息在丘陵及平原的疏林大树间，生性着怯隐蔽，主要在树上觅食昆虫、浆果。它们也常在清晨觅食鸣唱，鸣声复杂多变。

黄鹂

红交嘴雀

红交嘴雀

红交嘴雀，别名交喙鸟、交嘴鸟。雄交嘴雀是红色的，雌交嘴雀是茶青色的。它们出色的交叉喙上长着锋利的尖，这种交叉喙在吃青绿不熟的球形果时显得非常有效。它们用脚爪抓住球果，交叉的喙把球果弄开，就能吃到里面多汁的果肉。红交嘴雀常冬季游荡，且部分鸟结群迁徙。飞行迅速而带起伏。它们建立的巢呈碗状，由落叶松和云杉细枝以及苔藓、地衣等编织而成。雌性红交嘴雀产卵时，一窝3～5枚，蛋壳色为污白而带浅绿，缀以紫灰色底斑及红褐色和黑色的斑点。

鹩哥

鹩哥栖息在低山丘陵和山脚平原地区的树林里。它们经常结群在树枝上觅食果实，捕食昆虫等。它们的喙和爪子是橙色，自眼至后头有鲜黄色肉质垂片。其叫声响亮，能模仿多种音调。

鹩哥

明显的白色翼斑

脚较强健，分四趾，三趾向前，一趾向后，适合抓握树枝

戴菊

戴菊是最小的鸣禽之一，体长只有8～11厘米。戴菊长着白绿色的身体，翅膀上具黑白色图案，头部有鲜黄色或橙色的羽冠；上体全橄榄绿至黄绿色；下体偏灰或淡黄白色，两胁黄绿。戴菊主要栖息在松柏林里，在树枝上不断跳跃捕食昆虫。它们能用苔藓和蜘蛛网做成杯状的巢，并把巢挂在树枝上。它们的巢小，因此每次雌戴菊产下的5～10个卵都要排成两层。

百灵

百灵体形较小，嘴细而呈锥状。它们的脚强健有力，后爪长直，褐色的羽毛中夹杂斑纹。百灵主要栖息在广阔的草原上，冬天它们常大群集结在地面上奔驰觅食，晴天中午喜欢在地面享受沙浴。百灵善鸣，鸣声婉转。

百灵

燕子

体形不尽相同的燕子都有着流线型的苗条身材，剪刀似的尾巴。它们一生的大部分时间都在空中度过。燕子的飞行技巧十分高超，能上下翻飞，并在半空中捕捉昆虫。多数燕子要进行长途迁徙越冬。燕子每年繁殖两窝，大多在5月至6月初和6月中旬至7月初，第一窝产卵4～6枚，第二窝少些，为2～5枚，卵乳白色，雌雄共同孵卵。

燕子

芦苇莺常被杜鹃捉弄，为杜鹃抚养子女

芦苇莺

芦苇莺体形较小，嘴细而尖，翅短圆，羽色单纯，性格谨慎，主要吃昆虫，分布在欧洲、非洲、亚洲和大洋洲。芦苇莺通常栖息在芦苇丛中，很不容易被发现。它们的巢为杯形，吊挂在3～4棵芦苇茎上。

欧歌鸫

画眉

画眉别名金画眉，主要生活在亚洲南部、大洋洲及非洲地区。画眉有多个种类，体长约22厘米，主要以昆虫和种子为食。它们喜欢栖于丘陵麓地，也到平原灌木丛及竹林中活动。画眉生性机警，善隐匿，飞翔疾速。这种鸟能歌善斗，鸣声抑扬多变。

画眉与成人手掌大小对比

弯月形的羽冠

太平鸟

太平鸟

太平鸟的身体为灰棕色，翅膀和尾巴的尖上有黑色和黄色。它们常结群在树木近梢、落叶枯枝上跳跃，不时成群落至附近结果的树上啄食。飞行时鼓翼疾行，轨迹呈波状。太平鸟夏天吃昆虫，冬天吃浆果。

北美红雀

雄北美红雀是北美洲最绚丽的鸟类之一，长着穗状的羽冠和鲜红色的艳丽羽毛。和大部分鸣禽不同，雌北美红雀和雄北美红雀都歌唱，而且数年保持同一种唱腔。北美红雀主要栖息在林区、灌木丛和公园里。它们吃昆虫和植物种子，在冬天也常掠食其他鸟的食物。

七彩文鸟

胸前的颜色非常显眼

北美红雀

七彩文鸟

七彩文鸟别名华锦鸟、胡锦鸟。其头部羽色有黑、红、黄之别。其幼鸟体色初期为灰色，下部较淡，腹白，背部为橄榄绿，胸部呈葡萄色，成熟后面部会变成红色或黄色。这是一种在野外集群生活的鸟，它们常到地面觅食，受惊时立刻群飞至枝叶茂盛的树上。

北美红雀蛋

织布鸟正精心地编着巢

织布鸟

在鸟类中，织布鸟是杰出的"建筑大师"。它们能用树纤维、草片等编织出精美异常的巢。织布鸟体形较小，喙很厚。它们主要生活在树木稀少的草原上，以谷粒和昆虫为食，也用草筑巢。

VISUAL BOOKS

文心/主编

动物世界
大百科

2 两栖动物·爬行动物·鱼类

天 地 出 版 社 | TIANDI PRESS

目录 CONTENTS

130–145

第八章
蜥蜴

蜥蜴主要包括变色龙、壁虎、巨蜥和鬣蜥等。遇到危险时，许多蜥蜴能使尾巴脱落，暂时逃避故人的追捕。

146–157

第九章
蛇

世界上约有2700多种蛇，它们没有腿，但爬行速度却很快，而且爬行时身体会不停地扭动。

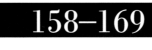

158–169

第十章
毒蛇

世界上有600多种毒蛇，它们可以通过毒牙将毒液注入猎物的体内。常见的毒蛇主要有眼镜蛇、蝰蛇等。

眼镜蛇

170–179

第十一章
鱼

鱼类分布在世界各地的海洋和各种淡水环境中，分为无颌鱼、软骨鱼和硬骨鱼3种类型。

鱼的身体结构

鱼类的骨骼

鱼类的洄游

180-185

第十二章
无颌鱼及软骨鱼

无颌鱼是最原始的鱼类，它们没有上下颌。大多数软骨鱼都是活跃的捕食者，它们以其他鱼类为食，上下颌都长着锋利的牙齿。

186-203

第十三章
硬骨鱼

硬骨鱼包括鳍条在内的骨架都是由硬硬的骨头构成的。大多数硬骨鱼生活在大海里，也有一些生活在淡水中。

第六章 ■

两栖动物

Encyclopedia of the
Animals

Diliuzhang

两栖动物始见于3亿～6亿年前，鱼类是它们的祖先，它们大多既能活跃于陆地，又能游动于水中。两栖动物主要包括青蛙、蟾蜍、蝾螈及人们不太熟悉的蚓螈。所有的两栖动物都有潮湿的皮肤，但个头儿没爬行动物那么大。有些两栖动物完全生活在水中，而大多数以陆地生活为主，仅在产卵的时候才回到水中。两栖动物大多产下的是具有胶状护膜的卵，但也有些两栖动物是卵胎生。

□ 两栖动物

"两栖"这个名称来源于希腊语，意思是
"两种生活"。两栖动物从幼虫发育到成熟，
需要经历一系列的变形。它们的身体结构、感官功
能决定了它们能适应两种完全不同的生活环境。
所有两栖动物都是"冷血"的，这意味着它们的体
温会随着环境的变化而改变。

网样蟾蜍

眼和耳

大多数蛙类、蟾蜍和蝾螈都有
良好的视力。洞穴蝾螈因长期生活
在黑暗的环境中，逐渐丧失了眼睛
的功用，但陆地生活的蝾螈需要有
良好的视力，以便发现行动缓慢的
猎物。许多两栖动物都有极灵敏的
听力，帮助它们分辨求偶的鸣声和
正在靠近的敌害。

炯炯有神的眼睛密
切注视着周围可能
出现的危险

蝌蚪的形体清
晰可见

卵

呼吸

大多数成年两栖动物能通过皮肤和肺呼吸。它们皮肤下的黏液能保持其
体表的湿润，让氧气能较轻易地通过。大约200种蝾螈没有肺，它们的呼吸
只能通过皮肤和嘴进行。两栖动物的幼体要通过鳃呼吸。

通过触觉，两栖动物能感知温
度和痛楚，能对刺激做
出反应

保持皮肤的湿润是呼吸畅通的一个重要条件

感觉

两栖动物有5种主要的感觉：
触觉、味觉、视觉、听觉和嗅觉，
但它们也能感知紫外线和红外线，
以及地球的磁场。它们还可以通过
一种叫侧线的感觉系统感觉
外界水压的变化，了解
周围物体的动向。

正在游水的蟾蜍

游水

蛙和蟾蜍在游动时身体不能弯曲，但它们的脚都有蹼，游动时，能通过后腿的不断蹬水推动身体前进。它们的幼体——蝌蚪则靠尾巴的左右摆动来游动。蝾螈和蚓螈游起来很像鱼，呈"S"形运动。许多蝾螈和水蜥有发育良好的尾巴，很适合游水。

避免敌害

两栖动物是许多肉食动物的理想食物，因为它们没有皮毛、羽毛和鳞片。许多两栖动物的皮肤上都有色彩和斑点，这使它们具有很好的伪装本领，以隐藏在栖息环境中不被捕获。还有一些两栖动物遇到侵袭时会遁水而逃。而某些成年两栖动物生有毒腺，这些毒腺能分泌出难闻的物质，阻碍或击退捕食者的进攻。

蛙的成长

蝌蚪

繁殖

大多数两栖动物都在水中进行交配产卵。每年春天，许多青蛙、蟾蜍和蝾螈从它们的冬眠地迁移到几千米远的池塘、小溪去繁殖。两栖动物的幼虫在成年之前要经过一系列变化，这一过程称之为蜕变。蝌蚪是青蛙和蟾蜍的幼体。它们看上去和成体完全不同，通过鳃和呼吸孔呼吸。渐渐地，它们发育出了肺，长出了腿，并脱落了尾巴，最终成年。

长出后腿

长出前腿

天蓝丛蛙通过分泌毒液保护自己

成为成年个体

尾巴变短

□ 蛙类

世界上大约有4300种不同类型的青蛙和蟾蜍。它们是两栖动物中分布较广的一族。它们的栖息地不仅有湖泊、沼泽和其他湿地，而且还包括草地、山地甚至沙漠。蛙类属无尾目，此目的主要特征是：身体短宽，四肢较长；幼体有尾，成体无尾；跳跃行进；幼体为蝌蚪，从蝌蚪到成体的发育中需经变态过程。

蛙

蛙的产卵

蛙一般都在水中产卵、受精，卵孵化后变成蝌蚪，在水中生活，然后变成幼蛙，登陆活动。斑腿树蛙产出的卵好像一团白色的肥皂沫，又像一团奶油，附在水草上。而鸣声悦耳的弹琴蛙，在产卵前还会先筑一个泥窝，然后把卵产在里面。

进食

所有成年蛙和蟾蜍能完整地吞下它们的食物。它们大多数吞吃昆虫、蛞蝓、蜗牛和蠕虫，但也有很多能吃鼠、鸟、幼蛇，甚至还能捕食同类。蛙和蟾蜍相比是个更活跃的猎手，常常通过轻弹它们长长的黏湿的舌头捕捉飞虫。蟾蜍经常在捕食时慢慢爬行，然后快速攫取猎物。

蟾蜍静静地等待猎物的出现

蟾蜍的食物

蛙与成人手掌大小对比

刚孵出的小蝌蚪

保护色

有些蛙类可以根据身处环境的变化来改变身体的颜色。春夏季节，树蛙的体色鲜嫩翠绿，与周围的树木浑然一体。等到秋季来临，它们就会逐渐变成和树木、枯枝、落叶一样的黄褐色。这就是树蛙在长期的进化过程中，为了生存而演化出的自我保护本领。

树蛙

奇特的眼睛

青蛙的眼睛看起来非常奇特。例如，红眼树蛙的瞳孔是垂直的，善于夜视和迅速对光线变化做出反应，像猫眼一样。而且青蛙看不见静止的物体，但一旦有活动的物体从青蛙面前掠过，就休想逃出它的大眼，因此，青蛙对于运动中的猎物往往是十拿九稳，手到擒来。

红眼树蛙

蛙鸣探秘

蛙鸣声是各不相同的，而且含义丰富。春天，雄蛙的鸣叫声响亮异常，这是年满两岁的成年雄蛙在发求偶信号。当蛙们划分领土时会发出震耳欲聋的蛙鸣，表明它们讨论得十分激烈。在各种蛙的鸣叫声中，以虎蛙最特别，它们的鸣叫有点像麻布的撕裂声。另外，北美牛蛙的叫声很像黄牛叫。

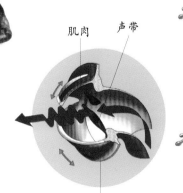

肌肉　声带

软骨　　青蛙发声示意图

蛙的冬眠

蛙类由于产热和散热的调节机能不完善，它们的体温会随环境温度的改变而变化，通常适宜在10～20℃的温度下生活。当寒冷的冬季即将来临时，多数蛙使用后肢挖掘洞穴，然后潜入洞穴中，利用土壤的温度和湿度保护身体，开始漫长的冬眠。

蛙的冬眠

□ 青蛙

　　青蛙体形较小，后腿有力，没有尾巴，后脚趾之间有蹼相连，既可用来跳跃，也可用来拨水游动。青蛙通常靠跳跃行进，既可生活在地面上，也可生活在树木上。青蛙成年后，能吞下像昆虫和蚯蚓这样的小动物。青蛙很少离开潮湿的地方，因为它们必须使皮肤保持湿润。通常，它们会返回水中产卵。

青蛙的大眼睛对活动的物体非常敏感

牛蛙

牛蛙

　　牛蛙原产在北美，之所以叫牛蛙，是因为它们那"哞哞"的鸣声很像牛叫。牛蛙的体表有绿色或棕色的色纹，但雌雄牛蛙的体色不一。其体长约20厘米，常常栖居在池塘、河流、沼泽和水田等处，以鱼、昆虫为食。牛蛙的胃口很大，能捕食各种昆虫、软体动物、小鱼，甚至还能捕捉小鸭等水禽。

青蛙

虎纹蛙

虎纹蛙

　　虎纹蛙在中国主要分布在长江流域及以南地区，也产于南亚和东南亚。因为它们的身上有明显的斑纹，看上去好像老虎身上的斑纹，故得名"虎纹蛙"。虎纹蛙体大而粗壮，体长可达12厘米，体重可达250克，是稻田中体形较大的蛙。

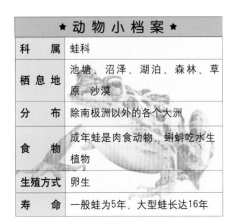

★ 动 物 小 档 案 ★	
科　　属	蛙科
栖 息 地	池塘、沼泽、湖泊、森林、草原、沙漠
分　　布	除南极洲以外的各个大洲
食　　物	成年蛙是肉食动物，蝌蚪吃水生植物
生殖方式	卵生
寿　　命	一般蛙为5年，大型蛙长达16年

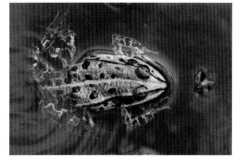

准备捕食的虎纹蛙

花姬蛙

　　花姬蛙体形很小，皮肤较光滑，背面为粉棕色，缀以黑棕色及浅棕色重叠相套的似"∧"形排列的斑纹。后腿及胯部多为柠檬黄色或绿黄色，腹部为白色。雄蛙咽喉部还密集深色小点，雌性色较浅。花姬蛙常栖息在稻田附近的土窝里或草丛中，跳跃能力极强，鸣声很大。它们主要以蚂蚁、椿象等昆虫为食。

长趾蛙

　　长趾蛙分布在中国广东、海南岛等地。长趾蛙吻部长而尖，体形修长，两脚长而纤细，善于跳跃。其背面为绿色或棕色，有黑色斑点，有4～5条浅色纵行线纹，一条在背正中，两侧背褶上各有两条，看上去非常醒目；四肢有深棕色横纹，腹面略带黄色。

长趾蛙

毛蛙

　　通常，蛙的皮肤都是光滑而湿润的，毛蛙的体侧和脚上却覆盖有绒毛，而且成年雄蛙的绒毛比雌蛙和幼蛙的更茂密、粗长。毛蛙绒毛的根部连有神经末梢，是蛙的感觉器官，每逢繁殖季节，雄蛙要耗费大量的体能，若没有这些"体毛"助一臂之力，毛蛙就会呼吸困难，无法满足其特别时期的生理需求。

林蛙

　　林蛙体长有4～7厘米，体背多为灰褐色，鼓膜处有三角形黑斑，背侧褶不平直，在颞部形成曲折状。林蛙主要栖息在林木繁茂、杂草丛生、地面潮湿的环境内，有些种类还可以生活在海拔3000～3500米的山地森林或高山草甸中，可谓是"登山家"。每年秋分前后，林蛙下山入水，开始漫长的冬眠。

后肢长而纤细，适于跳跃

粗皮林蛙

趾间有蹼，适于跳跃和游泳

四肢有深棕色横纹

豹树蛙

　　与其他蛙不同的是，豹树蛙有滑翔的本领，它们飞腾到空中是为了移动到不同的树上，或下至地面以进行交配。它们的四肢有宽松的皮肤，脚趾长而有蹼，这些特征都有利于其在空中滑翔。其趾端的吸盘可使它们在树干或叶片上进行高难度的降落。豹树蛙利用前肢与后肢趾间的蹼，还可以在空中做出转身180°的高难动作。

红眼树蛙

　　红眼树蛙生活在热带雨林里。雌蛙将卵产在池塘边悬下来的大树叶上。蝌蚪孵化出来后，就跃入水中，然后爬到树上。红眼树蛙比生活在水中的蛙瘦长，长长的腿更有利于跳跃，脚趾上有能分泌黏液的吸盘，能牢牢地抓住树叶和树皮。

豹树蛙

红眼树蛙

趾端有大型而且发达的吸盘，以便附于光滑表面

绿雨滨蛙

　　绿雨滨蛙又叫绿树蛙，它们是澳大利亚分布最广的青蛙之一，经常能在花园里看到它们。和其他树蛙相比，在干燥的环境中，它们也能生存得很好，因为它们有厚厚的皮肤。

瞳孔纵向细长，似猫眼

体色一般为浅翡翠色，不同环境下为蓝绿色至红褐色

角蛙

　　角蛙与青蛙形成鲜明的对比，它的肤色具有美丽的色彩和斑纹。通常，它的背部呈现出绿色及暗红色的花纹，头部有角状突起，外形狰狞可怕。雌性体形比雄性大。大的雌蛙体重可达480克，体长约14厘米。角蛙性情粗暴，具有攻击性，它是蛙中的魔鬼，许多性情温和的蛙通常是它们的口中之物。

绿雨滨蛙

泽蛙

　　泽蛙体长有4～6厘米，属于中型蛙。泽蛙对环境的适应力很强，只要是有水有遮蔽的环境，都可能见到它们的踪迹。泽蛙普遍分布在平地及低海拔山区的稻田、沟渠、水池、草泽等静水域中。它们的上下唇有深色纵纹；背部有许多长短不一、不规则排列的棒状肤褶；体色及花纹多变，为青灰色、褐色或深灰色，有的还杂有明显的红褐色或绿色斑纹。

泽蛙

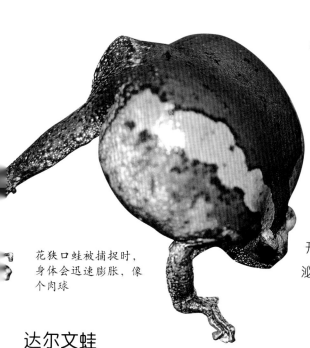

花狭口蛙被捕捉时，身体会迅速膨胀，像个肉球

花狭口蛙

　　花狭口蛙又名亚洲锦蛙，广泛分布于中国广东、广西、云南等地区。它们体形肥胖，平均体长约7厘米；皮肤厚，较光滑，也有一些圆形颗粒；背部为棕色，从两眼中间至体侧到胯部有一个深咖啡色的大三角形斑，看起来很像一个花瓶。花狭口蛙会爬树，能藏身于树洞中，也善于挖掘。它们常生活在开垦地，尤其是池塘、水槽附近的地面。当遇敌害时，全身能分泌一种有毒的乳状液体。

达尔文蛙

达尔文蛙

　　这种小型蛙生活在南美洲的大部分地区，常在树丛里跳来跳去。它们抚育幼蛙的方式与众不同。繁殖时节，雌蛙产下20～30枚卵之后，雄蛙就伏在卵上，一直等到蝌蚪即将孵化出来时，再用舌头把它们卷起咽下去。卵会落到雄蛙的声囊里，小蝌蚪就在那里面生长。当蝌蚪长到大约一厘米长，变态完成后，雄蛙便张开嘴，让小蛙跳出去。

玻璃蛙

玻璃蛙

　　玻璃蛙大约有60种，它们生活在热带雨林中、溪流沿岸和云雾笼罩的山上。它们多数有半透明的皮肤，因此，我们可以很清晰地看到它们的一些内脏器官。它们在浅塘边悬垂下来的树叶上产卵。当卵孵化后，蝌蚪会落入水中。有一种玻璃蛙的蝌蚪是亮红色的，它们藏在被水淹没的泥土里和腐烂的叶子里。

雨蛙

　　雌性雨蛙的体形较大，长约4厘米，而雄蛙只有3厘米左右。雄蛙趾的末端有吸盘，趾间有蹼。雨蛙白天多伏在靠近树根的洞穴或岩石缝中休息，晚上栖息于灌木上。

箭毒蛙

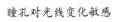

瞳孔对光线变化敏感

有吸盘的趾能抓住光滑的物体

雨蛙

蛙类

箭毒蛙

　　箭毒蛙是众多有毒蛙类中毒性最强的一种。别看它们身上布满鲜艳的色彩和花纹，体长也只有1～6厘米，但它们能从皮肤腺里分泌出一种剧毒。一只箭毒蛙的毒液足以杀死两万只老鼠！由于箭毒蛙毒液的毒性极强，生活在南美丛林中的印第安人常把它们的毒液涂抹在箭头上，用以打猎。

囊蛙

　　这种产于南美洲的蛙有着与众不同的哺育幼蛙的方式。雄蛙帮助雌蛙将卵集中放在雌蛙背上的育儿袋里，育儿袋上面盖着一层皮肤。雌蛙就和这些卵一起生活3～4个月。当蝌蚪能够自立生活的时候，雌蛙重新回到池塘中，用后脚将蝌蚪推入水中。

奇异多指节蛙

奇异多指节蛙

　　奇异多指节蛙又叫菱缩蛙。因为其成蛙身长7厘米，但是蝌蚪却长达25厘米，故名"奇异"。成年蛙一生的大部分时光都生活在水中，干旱季节，它们会将自己埋在泥穴中安然度过。奇异多指节蛙多分布于南美洲从哥伦比亚到阿根廷一带的低地水域。

蟾蜍

蟾蜍

蟾蜍又名癞蛤蟆。它们的皮肤表面有疣，具有防止体内水分过度蒸发和散失的作用。它们行动笨拙，不善游泳，绝大部分时间生活在陆地上，只在产卵时才会回到水里。当被敌人袭击时，它们会从耳后腺射出毒液。蟾蜍是农作物害虫的天敌。冬季到来后，它们会钻入烂泥内冬眠。

海蟾蜍

这是世界上最大的蟾蜍。野生状态下，雌蟾蜍的重量常常超过1千克。它们几乎不怕任何食肉动物，因为它们皮肤里的液腺能产生剧毒。海蟾蜍通常在黄昏时进食，主要以昆虫为食，也吃蜥蜴、青蛙和小的啮齿动物。因为天敌很少，所以它们繁衍得很快。

海蟾蜍

绿色蟾蜍

绿色蟾蜍

绿色蟾蜍的身上大部分为淡褐色相间的花纹图案，看起来像穿了迷彩服一样。在温暖的地区，它们常常居住在房屋附近。成年绿蟾有时会聚在街灯下，吃那些落在地上的昆虫。绿色蟾蜍的叫声很像蟋蟀。它们通常在池塘和较浅的湖泊里产卵。

美洲蟾蜍

美洲蟾蜍的居住范围很广，是花园和场院里的常客。在夜间，它们能吃掉许多花园害虫，例如昆虫和蛞蝓。早春，雌蟾蜍会在任何地方产卵，不管是沼泽，还是池塘，产下的卵多达8000枚。

★ 动 物 小 档 案 ★	
科　属	蟾蜍科
栖息地	白天多潜伏在石下、土洞内，以及草丛和农作物间，傍晚在池塘、沟沿、河岸、田边等处活动
分　布	除马达加斯加、波利尼西亚和两极外，遍布世界各地
食　物	蚂蚁、蚊子、苍蝇、小甲虫、蚯蚓等昆虫
生殖方式	卵生
寿　命	一般10余年，长寿的有30多年

蟾蜍蜕皮前会静静地待上一段时间，看起来就像发呆一样

红腹蟾蜍

生活在东亚的红腹蟾蜍受到捕食者威胁时，就会翻转身体，露出鲜艳的腹部。这时，聪明的袭击者就会退却，因为这种蟾蜍的皮肤能分泌出一种难闻的、有刺激性的液体。

苏里南蟾蜍

苏里南蟾蜍身体扁平，脑袋呈三角形，皮肤上布满了肉瘤，是南美洲最与众不同的两栖动物之一。这种蟾蜍的繁殖方式很独特：雌蟾蜍产卵后，雄蟾蜍用身体把卵压入雌蟾蜍背上海绵状的皮肤里，保护卵不被食肉动物吃掉。3～4个月后，一些形体完全长成的小蟾蜍就会孵化出来。

红腹蟾蜍

苏里南蟾蜍

非洲爪蟾

非洲爪蟾生活在非洲南部的池塘和湖泊里。与其近亲苏里南蟾蜍一样，它们一生都在水中度过。它们的身体肥硕、扁平，头尖尖的，呈流线型。这些特点同它们那大大的蹼足一样，有助于在水中滑动。特别的是，它们的眼睛和鼻孔都朝上。非洲爪蟾常将卵产在地下。其蝌蚪以微小植物、幼虫和其他小动物为食。

非洲爪蟾

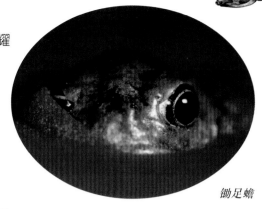

铃蟾

　　铃蟾这种小蟾蜍呈不引人注意的灰绿色，但是在其腹下却是耀眼的鲜红色，并且还有黑色图案。如果遭到袭击，它们就会将头拱起，把腿抬高，展示这些醒目的标记，向对方发出警告：我是有毒的，袭击我是很危险的事情。铃蟾生活在沟渠和池塘里，通常浮在水面上。

锄足蟾

蟾蜍在草丛中挖洞冬眠，等春雨一过就会醒来

锄足蟾

　　锄足蟾是挖掘地洞的行家。在每一只锄足蟾的后脚上，都有一条隆起的硬皮，可以像铲子一样挖掘松软的沙质土壤。锄足蟾生活在干燥地区，它们常常一连几个月躲在地下。如果下雨了，它们会爬到地表，在那里交配、产卵。这些卵只需两周的时间就能变成小蟾蜍。

中华大蟾蜍

　　中华大蟾蜍是蟾蜍中体形较大的一种，成年中华大蟾蜍体长8～10厘米，通体暗铜绿色，有光泽，背上长满疙瘩。它们采用体外受精，整个春季，中华大蟾蜍在长有水草的浅水里产卵，一只雌蟾蜍约可产卵30000枚。

中华大蟾蜍

欧洲黄条蟾

　　欧洲黄条蟾很容易被辨认，因为在它们的背上，有一条亮黄色的条纹。它们的叫声特别响亮，听起来像一台轰鸣的机器。虽然叫声每次只持续几秒钟，但在寂静的夜晚，即使位于2000米以外，也能听到它们的声音。这种蟾蜍经常生活在近海的沙质地区。

如果遭遇猫的袭击，蟾蜍的耳后腺会射出毒液，使猫口吐白沫，痛苦不已

蟾蜍

□ 蝾螈

　　蝾螈是很害羞的动物，通常藏在潮湿的地方或水下。它们的皮肤光滑而有黏性，尾巴很长，头部钝圆。它们中许多种类终生在水中生活，而另一些则完全生活在陆地上，有的在潮湿黑暗的洞穴中生活。蝾螈终生有尾，属有尾目。与其同属一目的有鳗螈、钝口螈、洞螈等。

火蝾螈

尾巴在蝾螈防卫时起重要作用

蝾螈与成人手掌大小对比

外形和蜥蜴相似，但躯干呈圆筒状

防卫

　　为阻止掠夺者，如鸟类和蛇类的攻击，蝾螈有许多防御战术。有些蝾螈保持防卫姿势，举起尾巴，直立下颌，以恐吓敌人；许多蝾螈用艳丽的色彩来警告捕食者——我们是很厉害的；有些蝾螈在遭到攻击时能脱落尾巴，趁机逃生。

短短的后足

三线长尾河溪螈

★ 动物小档案 ★	
科　属	蝾螈科
栖息地	大多生活在陆上潮湿的地方，有些种类生活在淡水中
分　布	全球温暖淡水和沼泽地区
食　物	蠕虫、蛞蝓、青蛙、老鼠
生殖方式	卵生
寿　命	10～15年

繁殖

　　陆栖蝾螈在陆地上产卵，幼体的发育在卵内就会进行。当孵化出来后，幼体看上去就像成体的微缩版。水栖蝾螈在水中产卵，卵孵化后成为像蝌蚪一样的幼体，最终幼体将失去鳃，变成成体的样子。但有些水栖蝾螈不能完全发育成熟，尽管能达到生理成熟并能繁殖，但仍保留一些幼体时的外貌。有些蝾螈不产卵，可以生下完全成形的幼体。

栖息地

蝾螈体表那层多孔的皮肤能让水和空气通过，它们要靠皮肤呼吸和吸收水分。因此，大多数蝾螈居住在潮湿的地方。它们仅在夜晚爬出。水栖的蝾螈住在小溪、湖泊、池塘和洞穴。陆栖种类则躲藏在岩石、圆木下或穴居土里，甚至有些蝾螈还会爬到树上去。

生活在水中的蝾螈

无肺蝾螈

大多数蝾螈都通过皮肤和肺呼吸，但也有大约250种蝾螈根本没有肺，它们被称为无肺蝾螈。无肺蝾螈通过皮肤呼吸。水栖类蝾螈居住在湍急的溪流里，因为那里的水中富含氧气。而一些陆居种类的无肺蝾螈必须一直保持皮肤的湿润，这样氧气才能通过皮肤上面的一层水进入血液中。

无肺蝾螈

后腿5趾

黑斑肥螈

前腿4趾

火蝾螈身上的黄条纹和黄斑似乎在向敌人发出警告：我的皮肤有毒，吃掉我会烧坏你的嘴巴和眼睛

黑斑肥螈

黑斑肥螈体形肥壮，头部扁平，躯干至尾基部浑圆，尾后端侧扁。黑斑肥螈全身皮肤光滑，或背部略有细粒；背部和体侧青灰带黑，散布着深色小圆斑点；腹面呈橘黄或橘红色。

红蝾螈

红蝾螈

对红蝾螈来说，不管在水中，还是离开水，它们都很自在。在泉水、林区和潮湿的草地上，都能见到它们。当它们成熟后，身体是鲜艳的红色，不过，随着年龄的增大，颜色会变暗淡一些。成年后没有肺的两栖动物大约有200个属种，红蝾螈是其中之一。

红瘰疣螈

红瘰疣螈皮肤粗糙，头上嵴棱隆起明显。背部和体侧棕黑色；头部、四肢、尾部周围及嵴棱、瘰粒均为棕红色或棕黄色；腹部有的以棕黑色为主，有的颜色较浅。这种蝾螈分布在中国云南，数量十分稀少，大多栖息于山林及稻田附近，过着陆地生活。

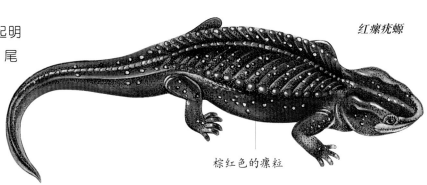

红瘰疣螈

棕红色的瘰粒

火蝾螈

色彩艳丽的火蝾螈一般生活在陆地上。它们的皮肤多有毒，呈现黄色和黑色的图案。火蝾螈生活在森林里和其他潮湿地区。它们夜里出来，通常在雨后去捕食蚯蚓等猎物。它们在陆地上交配，雌性火蝾螈会在池塘和溪流里直接产下幼螈。

火蝾螈身上有鲜明的黄条纹和黄斑

虎纹钝口螈

虎纹钝口螈栖息在北美洲各处，从平原到湿地，到处都有它们的踪迹。它们是北美最大型的陆栖蝾螈，体长可达40厘米。虎纹钝口螈很贪吃，甚至连别的两栖动物也不放过。跟其余家族成员一样，虎纹钝口螈也过着穴居生活。它们会自己挖洞穴居住，或住在其他动物的洞中。

虎纹钝口螈

虎纹钝口螈有如虎纹一样的斑纹

美西螈

美西螈成体背面黑色，有黄色斑纹和条纹。由于栖息场所的不同或水温太低，有的幼体未成熟就具有生殖能力，且终生保持幼体状态。美西螈的四肢和足较小，但尾颇长；背鳍由头、背向后延伸至尾末端，腹鳍从两个后肢中间延伸到尾末端。它们主要以蚯蚓、蝌蚪和水生昆虫幼体为食。

鳗螈

　　鳗螈的身体像鳗一样细长，脚短小，栖息在水中。它们白天隐藏在水草间或洞穴中，到了夜间才出来活动，以蜗牛、鱼、虾等为食物。鳗螈幼体长成后，鳃逐渐消失，只留下鳃裂呼吸空气。鳗螈的眼睛很发达，它们喜欢生活在光亮的地方。

鳗螈

巨鳗螈

　　巨鳗螈分布于美国东南部和墨西哥东北部。其身体全长可达60～70厘米，体形呈圆柱状，主要生活在水池的泥沼中。巨鳗螈平时隐蔽在水生植物的根部，常到水面呼吸，偶尔也到陆地上活动。巨鳗螈主要以昆虫等为食。它们能翻掘泥浆，埋藏在泥下度过干旱期。

巨鳗螈

东方蝾螈

　　东方蝾螈主要分布于中国长江以南地区，栖于山麓水潭中或水流缓慢的山涧里。东方蝾螈皮肤裸露，背部为黑色或灰黑色，皮肤上分布着稍微突起的痣粒。东方蝾螈在水中非常活跃，常在水底和水草下面活动。入冬之后，东方蝾螈常隐伏在水底潮湿的石窟内或石缝间，一般不露出水面。

蚓螈

　　蚓螈定居在地面的松枝落叶层和松软的土壤里。它们头钝、眼睛小，善于挖掘。同所有两栖动物一样，成年蚓螈是食肉动物。它们通常先用脑袋推开土壤，然后依靠触觉来寻找食物。体形小的蚓螈吃昆虫、蜈蚣和蠕虫，体形大的蚓螈能够对付青蛙和蛇。有的蚓螈直接生出幼螈，但多数蚓螈以卵生繁殖后代。

东方蝾螈

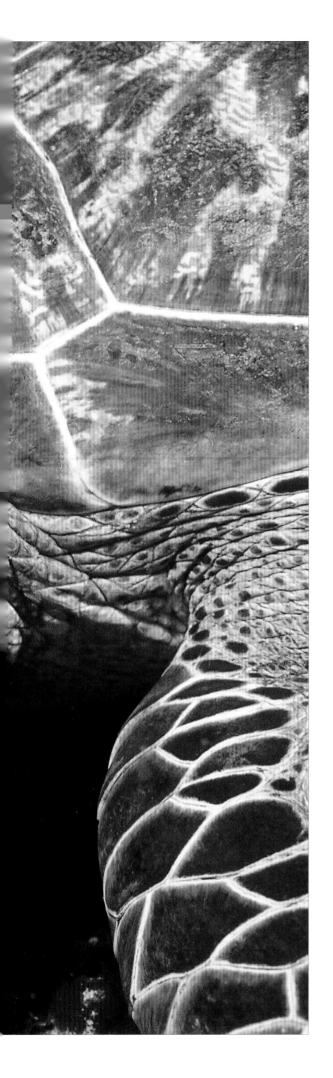

第七章 ■

爬行动物

Encyclopedia of the
Animals

Diqizhang

　　爬行动物是第一批真正脱离水而征服陆地的脊椎动物，它们曾在恐龙时代的中生代时期获取了地球的统治权，在那个久远的年代里，地球上没有任何一种其他生物可以超越它们，因而爬行动物是统治陆地时间最长的动物。如今大多数爬行动物的类群已经灭绝，然而幸存下来的物种仍是非常繁盛的一群，其种类仅次于鸟类而排在陆地脊椎动物的第二位。爬行动物有着干燥、长满鳞片的皮肤和硬骨骨骼，大部分爬行动物住在温暖的地方，因为它们要靠太阳的热度和地表的温度来保暖。

□ 爬行动物

爬行动物的体表都覆盖着保护性的鳞片或坚硬的外壳，它们的卵都有一层防水壳，这两个特点使它们可以离开水生活在干燥的陆地上。爬行动物可以在多种陆地环境中生存，但通常生活在温暖的地方，因为它们要靠阳光来取暖。蛇、蜥蜴、龟和鳄鱼都是爬行动物。

鳄鱼

爬行动物的种类

在生命进化的过程中，爬行动物占有极其重要的地位。主要有以下几类：龟鳖目（龟、鳖等）、喙头目（包括两种楔齿蜥）、蜥蜴目（草蜥、壁虎等）、蛇目（蝮蛇等）和鳄目（短吻鳄、长吻鳄等）。

蛇

—— 叉状的舌头在空中能感觉到十分微弱的气味

鳞片皮肤

爬行动物体表那层又硬又厚的鳞通常由一种叫作角朊的角质层组成。这层鳞片皮肤可以防止水分的蒸发，并保护它们不受一些捕食动物的侵害。随着季节的转换，这层鳞片皮肤也会蜕去。它们每蜕一次皮，就会长大一些，同时长出新的皮肤。

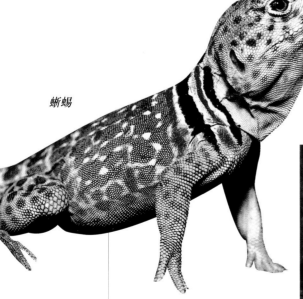
蜥蜴

皮肤粗糙，并有鳞片

壁虎

体温调节

爬行动物通常都是冷血动物。这意味着它们必须依靠阳光或地表的温度来保持体温。当爬行、游走在冷热不同的环境中时，它们可以很好地控制自己的体温。爬行动物都很喜欢晒太阳，这样它们可以吸取足够的热能用以捕食和消化。当然，当温度过热时，它们也会躲到阴凉的地方乘凉。

鳄鱼常爬到岸上温暖的地方晒太阳，一动不动地待上很久

这条大蟒正在吞食一只老鼠

食物

大部分爬行动物，诸如蛇和鳄鱼，都是肉食动物。很多种类的蜥蜴均以昆虫为食，但也有一些蜥蜴是素食动物，如鬣蜥只吃海草等植物。龟类是杂食动物，它们常吃植物或诸如昆虫这样的小动物，海龟则吃海鱼、海绵、海草和小蟹等。

繁殖

大多数爬行动物是卵生繁殖。它们通常在软土或沙滩上挖洞作为产蛋的小窝。一些爬行动物会一直看护它们的蛋，直到全部孵化为止。大多数爬行动物的蛋都有一层软壳，不过，乌龟、鳄鱼和壁虎蛋的壳是比较硬的。也有一些爬行动物能直接生下它们的后代，如蛇蜥，它们的蛋在母体内直接发育。

龟正在用前肢挖沙，以当产房

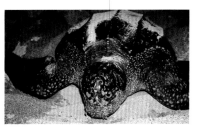

小乌龟正努力地爬出蛋壳

感官

爬行动物都靠它们对光、气味和声音的感觉去捕食和避开敌害。如蜥蜴和蛇，靠舌头能感知周围环境的细微变化；很多蜥蜴的头上长有一个纤小的感光器官，可以调节自身的体温。壁虎是夜间的捕虫高手，但在白天，它们的眼睛的虹膜会眯成一条缝，把大部分光线挡在视网膜之外，从那条虹膜的细缝中，它们也能看清周围的一切情况。

小龟要靠阳光来保持体温

龟的繁殖

爬出蛋壳后的小龟

□ 龟

世界上的龟共有数百种，有淡水龟、海龟和陆龟几大种类。龟的身体长圆而扁，背部隆起，有坚硬的龟壳保护着身体的各个器官。它们的四肢粗壮，趾有蹼爪，头、尾和四肢都有鳞，且均能缩进壳内。陆龟一般都有短粗的腿和钝钝的爪子，而海龟的腿扁平，像鳍一样。淡水龟和海龟的腿既可以游泳，也可以行走，有时甚至还能用来进行攀爬。

龟

头部可以自由伸缩

龟甲坚硬，由若干六角形组成

龟

蹼爪

长寿的秘密

　　龟应该是地球上最长寿的动物了。科学家认为，这与它们性情懒惰、行动缓慢、新陈代谢慢有关。龟类长寿无疑与它们的生活习性、生理机能密切相关，但确切的原因还有待进一步研究。

龟与成人手掌大小对比

生活习性

　　龟的上下颌处没有长牙齿，但有较硬的角质鞘，可用于切开、撕裂及压碎食物。龟属杂食性动物，主要以小鱼、小虾及一些昆虫为食，同时也吃植物嫩叶、浮萍、稻谷、麦粒等。它们有发达的嗅觉和听觉，对地面传导的振动极为敏感。当气温低于10℃时，龟就要进入冬眠状态了。

龟的嘴非常有力，可用于撕咬食物

行动迟缓的陆龟

呼吸

与其他爬行动物移动肋骨带动肺部呼吸的方式不同，龟是通过颈部和四肢肌肉伸缩将空气压入肺中，并将废气排出体外进行呼吸的。海龟还能通过喉部和腹部的一个小孔辅助呼吸。

海龟

海龟主要分布在热带海域，常在平静的海湾出没。海龟的四肢粗壮笨重，呈桨状，背甲覆盖有角质盾片，但它们的头和四肢不能缩入壳内。与陆栖龟不同的是，大部分海龟的背壳都比较平滑。海龟主要以软体动物和甲壳类动物为食。它们通常在沙滩上产卵，并用沙子将卵盖住。除了产卵和晒太阳，海龟一般很少上岸。

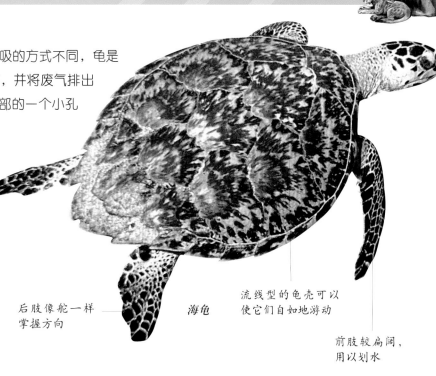

后肢像舵一样掌握方向

海龟

流线型的龟壳可以使它们自如地游动

前肢较扁阔，用以划水

平滑的龟壳

绿海龟

船桨一样的前肢

绿海龟

绿海龟一生几乎都在大海里度过。和其他海龟一样，它们的壳很平滑，呈流线型，前肢像翅膀一样摆动，把海水向后推，使身体前进。绿海龟主要以海草和海藻为食，它们用边缘尖尖的下颌小口咬下食物。绿海龟的巢经常建在遥远的地方。成年海龟会游1600多千米的路程去繁殖。

玳瑁

玳瑁是绿海龟的"堂兄弟"。在海洋龟类中，它们的个头儿最小，身长仅有50厘米左右。它们的背甲是红棕色的，带有黄色斑纹，像覆盖屋顶的琉璃瓦一样，美丽悦目。玳瑁主要生活在热带、亚热带海洋中，经常出没于珊瑚礁里，中国南海的西沙群岛和台湾、澎湖列岛的数量较多。

玳瑁

★ 动 物 小 档 案 ★	
科　属	包括海龟科（海龟）、龟科（陆龟、鳄龟）等
栖 息 地	陆龟通常在陆地上生活，海龟通常在海中生活，鳖通常在淡水中和陆地上生活
分　布	温带和热带的海洋与陆地
食　物	普通的龟吃植物、蠕虫、贝类；海龟吃鱼、海绵、海草和蟹类
生殖方式	卵生
寿　命	不同龟种寿命长短不一，有的龟能活100岁以上，有的龟只能活15年左右

鳞龟

鳞龟是一种小海龟，龟壳又宽又圆。大西洋鳞龟的龟壳呈灰色，长60～80厘米。它们主要分布在墨西哥湾，有时会随着海湾的潮流漂泊到欧洲地区。太平洋鳞龟分布在太平洋和印度洋的温暖水域，与大西洋鳞龟的区别在于：它们的体形更大，身体呈绿色。

鳞龟

棱皮龟

棱皮龟

棱皮龟主要分布在热带海洋中。在众多龟类中，棱皮龟堪称"龟中之王"。它们的四肢肥大，巨大的前鳍状肢看上去像是翅膀，两端之间的长度可达2.5米。这些结构可以帮助它们在波涛汹涌的海水中来去自如。棱皮龟的龟甲极具流体力学的线条美，它们还有一个结构特殊的伪甲壳，可以让它们在深水中自由游动，并能抵御冰冷的海水。

淡水龟

在淡水中生活的龟，足上都生有蹼，外壳很轻很平，便于在水中游动。淡水龟能够在水中停留很长时间，有些甚至能在水下休眠几个星期。它们能够用皮肤、喉部的黏膜和身体背部的开口呼吸，有些种类也能用肺呼吸。

红耳龟是一种常见的淡水龟

象龟

象龟是主要生活在南太平洋厄瓜多尔科隆群岛的一种巨龟，是陆栖龟中的王者。它们的体形异常巨大，腿粗壮得似大象腿，且它们一生都在快速而持续地生长。最大的象龟背甲可达1.5米。

象龟

绿毛龟

生长于淡水中的绿毛龟以身上长满柔软的"绿毛"而闻名。在水中，这些绿毛漂动着，看上去美极了。其实，绿毛龟背上的绿毛不是龟身体里长出来的，而是一种能牢牢地附生在其背上的藻类植物，这些植物使龟看上去好像长了绿毛一般。

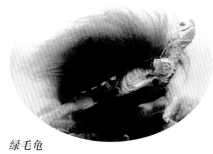

绿毛龟

鳄龟

鳄龟长相奇特，体形较大，它们的头部不能完全缩入壳内；腹面有大块鳞片；趾间具有蹼和有力的爪；尾巴较长，几乎是背甲长度的一半，上面覆盖着环状鳞片；腿部非常发达，甚至可以直立起来。鳄龟属水龟类，主要生活在淡水中，也可生活在含盐较低的咸水中。鳄龟是龟类中最凶猛的一种，攻击性强。

鳄龟

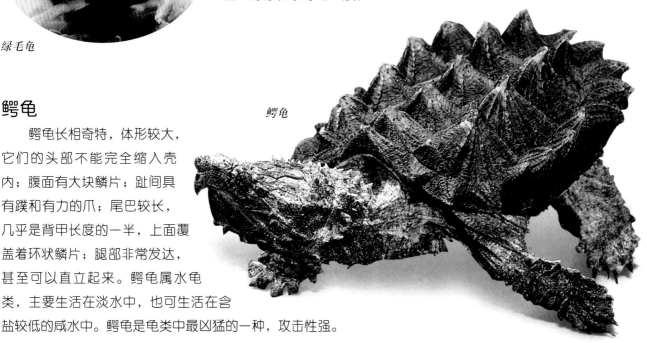

美洲淡水泥龟

美洲淡水泥龟是生活在密西西比盆地淡水中的龟种。它们都有一个带节的壳、一个长而尖的脖子和一条长长的尾巴。它们不是四处游动去寻找食物，而是潜伏在河底或湖底张大嘴巴，并摆动着舌头后面一小块粉色的、像虫子一样的组织引诱猎物。

豹龟

豹龟喜欢在半干燥、带荆棘的草原上生活。但在一些地势陡峭的地方也能发现它们的踪迹。豹龟会在天气炎热的季节夏眠。很多时候，它们都会躲在豺、狐狸或蚁熊等遗弃的洞穴中。豹龟生活在草原上，以分布广泛的各种草类为食。

这只龟正在草地上散步

锦箱龟

　　锦箱龟也叫西部箱龟。这种龟主要栖息于林地、草丛。锦箱龟属杂食性动物，食量很大。它们的成长比较缓慢，需要5年以上才能达到成熟期。

锦箱龟

辐射陆龟

辐射陆龟

　　辐射陆龟分布于马达加斯加岛南部，栖息于近似热带草原的干燥森林中。这种陆龟的背甲呈圆顶状，各盾板未隆起，背甲及腹甲均具有放射状斑纹。它们主要以水果及青草为食。

凹甲陆龟

　　凹甲陆龟是热带及亚热带陆栖龟类。它们喜欢生活在环境干燥的地方，生活的区域一般有月桂属、蕨类等为数众多的植物。凹甲陆龟分布在海拔较高的丘陵或斜坡上，生活的地方一般离水源较远。每当雨季来临时，它们就会集体出来饮水。

凹甲陆龟是热带及亚热带陆栖龟种

淡水龟

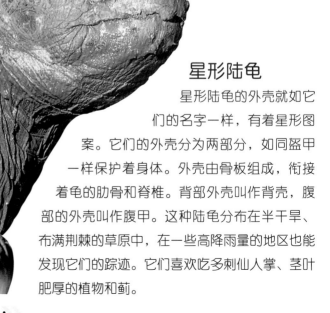

星形陆龟

　　星形陆龟的外壳就如它们的名字一样，有着星形图案。它们的外壳分为两部分，如同盔甲一样保护着身体。外壳由骨板组成，衔接着龟的肋骨和脊椎。背部外壳叫作背甲，腹部的外壳叫作腹甲。这种陆龟分布在半干旱、布满荆棘的草原中，在一些高降雨量的地区也能发现它们的踪迹。它们喜欢吃多刺仙人掌、茎叶肥厚的植物和蓟。

鳄鱼

　　鳄鱼是世界上最危险的爬行动物。它们都有像盔甲一样的鳞片，还有长着长长的尖牙的上下颌。鳄鱼喜欢栖息在沼泽的滩地或丘陵山涧乱草蓬蒿中的潮湿地带。它们入水能游，登陆能爬，体壮力大。除了捕食，鳄鱼很少走动。但在白天，它们常爬到岸上来晒太阳。

鳄鱼身体的大部分潜在水中，只有眼睛和鼻子露出水面，等待猎物出现

颌和牙齿

　　鳄类动物的颌很有力。在抓住猎物后，锋利的牙齿能深深地刺入猎物的身体，并迅速将猎物撕裂。与众不同的是，鳄鱼的旧牙会定期脱落。新牙在旧牙下方发育，到长成的时候，就把旧牙挤出去，成为新牙。

鳄鱼发现猎物，将身体全部隐入水中，慢慢地游向猎物

　　　　适于水中游动的尾巴

鳄鱼

　　　　鳞片盔甲

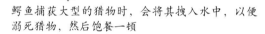

鳄鱼捕获大型的猎物时，会将其拽入水中，以便溺死猎物，然后饱餐一顿

鳄鱼捕食的过程

防卫

　　鳄鱼在遇到敌人需要逃跑的时候，会潜入水中。在水中，它们的鼻孔和耳朵会被一个特殊的皮片盖住，起到防水的作用。它们的眼睛上有一层透明的眼睑，闭合下来，就形成了眼睛的保护膜。鳄鱼的喉咙里还有一个额外的皮片，这个皮片可以防止水进入到它们的肺里。

嘴张大有助于调节体温

★ 动 物 小 档 案 ★	
科　　属	鳄科
栖 息 地	河、湖、湿地、沼泽、海洋、雨林
分　　布	澳大利亚、亚洲、非洲、美洲热带地区，少数分布在温带
食　　物	肉食性，各种大、中、小型动物
生殖方式	卵生

因为鳄鱼不能咀嚼食物，所以它们用牙将猎物的肉撕碎后再吞食

尖牙

猎食

　　鳄鱼以鱼类、水鸟、螺、虾、水蛇等为食，也会捕食各种陆生动物。它们咬合力很强，还会利用尾巴来捕食。当发现猎物时，它们会立即用有力的尾巴猛扫，将猎物打晕，然而再把猎物拖入水中慢慢享用。

幼鳄刚钻出蛋壳

母鳄鱼守在卵旁边，寸步不离

繁殖

　　鳄鱼是一种卵生动物。雌鳄鱼长到12岁左右开始生儿育女。鳄鱼在水中交配，在陆地上产卵。产卵时，每只母鳄会挖一个30～40厘米深的土坑，产下16～80枚卵，之后用泥土将卵掩埋好。幼鳄在快出壳时，会发出轻微的尖叫声。这时，母鳄会迅速挖开沙土，帮助小鳄钻出地面。

幼鳄的成长

　　刚出生的幼鳄非常弱小，所以母鳄会整天陪伴并保护它们。同一窝幼鳄在刚出生的一段时间里会一起生活。它们交流的方式是相互碰撞和鸣叫。

　　每窝幼鳄共同生活14～21天后，开始同其他窝的幼鳄接触。幼鳄长大后，会离开成年鳄群，建立起一个新的等级分明的群体。

幼鳄在母鳄的陪伴下成长

等级森严的团体

　　通常，同性别和同年龄的鳄鱼会组成不同的团体而共同生活。在鳄鱼群体中，体形最大、居住在领地时间最长、最具攻击性的雄性鳄鱼通常享有最高的权力。具有领导权的鳄鱼只要竖起头部和尾部，将身体夸张性地张开，在原地静止不动，就足以吓得其他成员迅速逃跑。

凶猛的鳄鱼首领

马来鳄

马来鳄

马来鳄的嘴一张开，就露出了寒光凛凛的一排排锯齿状的牙齿。马来鳄的两个鼻孔长在上颚的前端，吸一口气后闭住鼻孔，可以潜入水中很长时间。马来鳄异常凶猛，会主动攻击岸边栖息的动物。

湾鳄因其攻击性极强而闻名

尼罗鳄

尼罗鳄是非洲最大的淡水捕食者。它们常常先将猎物拖入水中，等猎物溺水而死后再食用。它们多捕食那些在河边饮水的动物，还可以杀死像斑马那么大的猎物。由于尼罗鳄的胃并不大，所以它们很少能独自将整只猎物吃完，通常是几只鳄鱼在一起分享战利品。这种集体进食的现象在爬行动物中是很少见的。

湾鳄

湾鳄是世界上最大、最危险的鳄鱼。湾鳄善于游泳，生活在东南亚、澳洲北部和新几内亚的某些河口和沿海水域。它们的身体呈淡橄榄色，体形庞大，其雄鳄身长能达10米。

尼罗鳄

侏儒鳄

侏儒鳄

侏儒鳄主要分布在西非和中非，体长只有两米。侏儒鳄生活在雨林中的河流和沼泽里，它们经常爬上树干晒太阳。与其他鳄鱼不同的是，它们不仅在背部，而且在腹部也长有盔甲似的鳞片。

印度食鱼鳄

侏儒鳄与成人大小对比

正在吞食的鳄鱼

印度食鱼鳄

印度食鱼鳄是淡水鳄，分布于印度、巴基斯坦、孟加拉国、缅甸和尼泊尔的宽阔河流中。它们的吻部特别细长，上面长满了小而尖的牙齿，是很理想的捕鱼工具。和其他鳄鱼相比，食鱼鳄在水中待的时间较长，因此它们的后脚上长了蹼。

扬子鳄

扬子鳄又名中华鳄，主要分布在中国安徽、浙江、江西等地的部分地区。它们生活在水边的芦苇或竹林地带，以鱼、蛙、田螺和河蚌等为食，体长约有两米，背部呈暗褐色，腹部呈灰色，皮肤上覆盖着大的角质鳞片。扬子鳄一般独居，爱夜间活动，喜欢日光浴，有冬眠行为。

扬子鳄

密河鳄

密河鳄分布在北美洲东南部，它们生活在淡水河流或沼泽的浅水中。雄鳄较大，长达4米以上，雌鳄却不到3米。密河鳄的背面呈暗褐色，腹面呈黄色，吻扁而阔，上面平滑。在水中游泳时，它们将眼和鼻孔露出水面，缓缓移动，遇危险时则将全身埋于水底的泥沙之中。

密河鳄

宽吻鳄

宽吻鳄

宽吻鳄是一种分布在中美洲和南美洲的小型鳄鱼，共有5个属种，其中凯门鳄是最常见的。凯门鳄生活在河流、湖泊和沼泽地里，能通过在泥土中挖掘洞穴来度过干旱季节。它们眼睛周围的骨刺看上去像是一副眼镜，因此人们又称其为眼镜凯门鳄。

美洲短吻鳄

美洲短吻鳄的身体像穿了一层盔甲，上面覆盖着一层鳞片。小鳄鱼的皮肤呈深黑色，背上有一道道亮黄色的条纹。到了成年，它们就换上深黑色的鳞甲。美洲短吻鳄粗壮有力的长尾巴有身体的一半长，能起到稳定身体的作用。匍匐在水中的短吻鳄，看上去就像水面上一段漂浮不定的圆木头。事实上，它们始终盯着岸边，耐心地等待着猎物出现。

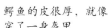
鳄鱼的皮很厚，就像穿了一身盔甲

白天，鳄鱼的眼睛没有颜色

夜晚，鳄鱼的眼睛会发出红光

第八章

蜥蜴

Dibazhang

Encyclopedia of the
Animals

蜥蜴是爬行动物中种类最多的类群，包括变色龙、壁虎、巨蜥、鬣蜥等。它们主要分布在热带地区，主要以昆虫、哺乳动物、鸟和其他小型爬行动物为食。它们大多很会伪装自己，在遇到危险时，许多蜥蜴能使尾巴脱落，暂时逃避敌人的追捕。大部分蜥蜴生活在陆地上，只有海鬣蜥水陆两栖。

☐ 蜥蜴

　　蜥蜴是当今世界上分布最广的一类爬行动物。蜥蜴的皮肤粗糙，体表布满鳞片。它们多数时间都在晒太阳，以保持体温。小蜥蜴是从卵中孵化出来的，但也有一些是胎生。

灵敏的嗅觉

棘状突起

蜥蜴

外形

　　蜥蜴的外形可分为头、躯干、四肢和尾4部分。头与躯干之间的颈部在外形上并无明显界限，但头可以灵活转动。头部有口，一对鼻孔，一对眼睛和一对耳孔；躯干上覆有鳞片；前后肢分别由肱、前臂、爪等部分构成；细长的尾巴有助于爬行。

蜥蜴与成人手掌大小对比

细长的尾巴

坚利的爪

铠甲鳞蜥

鳞片皮肤

　　蜥蜴全身长有许多鳞片，这种鳞片皮肤能防水并保持蜥蜴的体温。蜥蜴在成长过程中大约每个月蜕一次皮，很多蜥蜴都用嘴将自己的皮剥下并吞食掉，不久，新的更坚韧的鳞片皮肤就会长出来。

断尾避敌

尾巴

　　尾巴对蜥蜴的生存至关重要。有些蜥蜴长着具有卷握功能的尾巴，能像额外的一条腿一样缠住树木往上爬，如变色龙。有些蜥蜴将能量储存在粗壮的尾巴里，以供日后之需，如美洲的大毒蜥。在遇到攻击时，多数蜥蜴都有自断尾巴避敌的本领。尾巴断后不久，伤口处会长出一条新的尾巴。

★ 动 物 小 档 案 ★	
科　属	包括避役科（变色龙）、鬣蜥科（鬣蜥）、壁虎科（壁虎）和巨蜥科（巨蜥）等
栖息地	主要在热带和亚热带的雨林和沙漠里，有些生活在洞穴中
分　布	世界各地，除了加拿大北部、亚欧大陆北部和南极洲
食　物	昆虫、哺乳动物、鸟和其他爬行动物，有些种类也吃植物
生殖方式	主要是卵生，也有一部分是胎生
寿　命	2～50年

防卫

　　大多数蜥蜴都有保护色，以躲避一些猎食者
的袭击。一旦保护色失败，它们也有对付敌人的
方法：一是立刻爬上树去，用爪子摩擦树皮，
发出噪声来威吓敌人；二是鼓起脖子，
使身体变得粗壮，同时发出咝咝
声，恐吓来犯者；三是把吞
下不久的腐肉或其他肉浆等
当作烟幕弹喷射出来，然
后乘机溜走；四是迫不得
已，它们会断尾逃生。

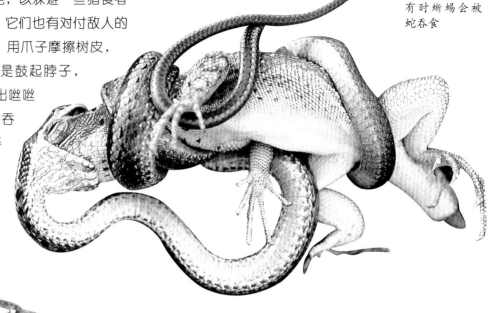

有时蜥蜴会被
蛇吞食

变色龙能随着环境改变身体的颜色

猎食

　　蜥蜴主要捕食昆虫和其他小动
物。其中体形较大的蜥蜴主要以昆
虫、小鸟及其他蜥蜴为食。巨蜥则
可吃鱼、蛙甚至小型哺乳动物。也
有一部分蜥蜴如鬣蜥以植物性食物
为主。捕食时，蜥蜴会用尖牙紧紧
咬住猎物，以防止它们逃脱。

蜥蜴的食物

蜥蜴尖利的爪子能
牢牢地抓住树干

冬眠和夏眠

　　蜥蜴是变温动物，在温带及
寒带生活的蜥蜴在冬季会进入冬
眠状态。在热带生活的蜥蜴，
由于气候温暖，可终年进行活
动。但在特别炎热和干燥的
地方，也有的蜥蜴有夏眠的
现象，以度过高温干燥和食
物缺乏的恶劣时期。

很多蜥蜴有冬眠的习性

安乐蜥

鳄蜥

安乐蜥

安乐蜥是一种亮绿色的小蜥蜴。它们的身体纤细，尾巴很长，能以惊人的速度在树枝间奔跑。它们长有尖尖的爪子，脚掌上面还布满了细小的钩子。这些小钩子和锋利的爪子，能够使它们在光滑的表面上快速而敏捷地爬行。多数雄安乐蜥在下巴处长有一块颜色鲜亮的下垂物。在繁殖季节，它们以此来吸引雌安乐蜥。

鳄蜥

鳄蜥是一种古老的爬行动物，在1.9亿年前就已存在了，因而又有"活化石"之称。鳄蜥体形既像鳄鱼又像蜥蜴，身长一般为30厘米左右，全身披有坚硬的鳞甲，除腹部为白色外，其余部分全为暗黄色，也有呈橄榄色的。

中华鳄蜥

饰蜥

饰蜥的家族成员众多，大小与外形也各不相同。它们都能借助身上可以隆起的粗鳞片，将自己装饰成各种吓人的模样，它们的名字也因此而得来。

饰蜥的四肢和爪子很细，所以跑不快，而且它们没有自割尾巴逃生的能力，御敌的本领就是靠装成怪样吓唬敌人。

饰蜥

白尾双足蜥

白尾双足蜥是一种地下穴居生活的蠕虫状蜥蜴。它们通身呈紫褐色，腹面稍浅，尾末端白色，无耳孔，眼隐于眼鳞下方。值得一提的是，当遇到敌害时，双足蜥能立即将白尾竖起摇动，以引起捕食者注意而去啄食。当吸引成功后，双足蜥就会断尾逃跑。

蛇蜥有如蛇一样
尖细的头部

蛇蜥

蛇蜥

蛇蜥看上去很像一条小蛇，但它们实际上是没长腿的蜥蜴。蛇蜥和蛇在许多方面都不一样。它们能闭上眼睛，如果受到袭击，尾巴会脱落以避敌。蛇蜥在体表鳞片下面还长有骨板，这使得它们的身体更加坚硬结实。它们喜欢栖息于较潮湿的天然林底层的落叶堆或土中，偶尔会到较空旷的林道或路边晒太阳，以昆虫、蜘蛛和蛞蝓为食。蛇蜥为卵生，雌性蛇蜥一次能产下5枚卵。卵一旦产出，很快就会被孵化出来。

绿蜥

绿蜥

绿蜥的体色是亮绿色的，非常漂亮，其尾巴长度几乎是身长的两倍。在繁殖期，雄性绿蜥的喉部呈亮蓝色，雌性可能是褐色，也可能是绿色。有些雌性的背部还长有2～4道白纹。绿蜥生活在欧洲南部的田野里，是阿尔卑斯山北部最大的蜥蜴。它们主要以昆虫和蜘蛛等一些小型动物为食。在冬天的几个月中，绿蜥会躲在树洞里或岩石裂缝中冬眠。

黄点头角蜥

角蜥

角蜥又叫冠状角蜥，分布于美国和加拿大的沙漠和半沙漠地区。它们的头部长有剑形棘刺，看起来很像蟾蜍。角蜥有一套独特的御敌方法。第一是它们具有保护色。第二是它们全身长有许多鳞片。这些鳞片又尖又硬，每片都像一把锋利的匕首。第三种方法最有特色：在生死存亡的时候，它们大量地吸气，使身躯迅速膨大，致使眼角边破裂，然后从眼里喷出一股鲜血，射程达1～2米。敌人时常被这迎面射来的鲜血吓得惊慌失措，角蜥则趁机逃之夭夭。

眼斑蜥

　　眼斑蜥也称蓝斑蜥，原产于南欧和北非。眼斑蜥以昆虫、小鸟、啮齿动物和一些果实为食。如果抓住一只昆虫，它们会快速摇动它，使之眩晕，然后送入嘴巴后部，用颌部大力咀嚼，最终将昆虫碾碎吞食。

飞蜥

眼斑蜥

飞蜥

　　飞蜥生活在森林里，一般长有长长的四肢和尾巴。它们能从一棵树上"飞"到另一棵树上。所谓的"翅膀"是特别扩大的肋部，它们能像扇子的扇骨一样张开，使每一片松弛的皮肤伸展开来。一旦飞蜥完成飞行，肋骨就会沿身体向后合拢，将"翅膀"折叠好。飞蜥以小昆虫为食，在陆地上产卵。雄性飞蜥一般都有自己的领地。对入侵者，它们会做出"伏地挺身"或"点头"的动作进行警告。

伞蜥

墨西哥毒蜥

　　墨西哥毒蜥的颜色呈亮橙色和黑色，可以警告其他动物离远点儿。墨西哥毒蜥生活在沙漠和其他干燥地区，经常在天黑之后捕食。它们吃小的哺乳动物和其他蜥蜴，用上下颌将猎物抓住，一边咬一边向猎物体内注入毒液。

伞蜥

　　伞蜥是澳大利亚最引人注目的蜥蜴。如果伞蜥遭遇险情，它们的颈部周围便会张开一块亮红色或黄色的"斗篷"，同时张大嘴巴，身体不停地摇摆着，并发出咝咝声，看上去像是要发动进攻的样子，这些行为足以吓退敌人。倘若还行不通的话，它们会收起"斗篷"，跑到离自己最近的一棵树上。

扁蜥

新石龙子

新石龙子是长相奇特的蜥蜴之一。它们的身体很长，呈流线型，而且几乎看不到腿。新石龙子一生大部分时间在地下度过。挖掘泥土时，它们不用爪子，而是扭动身体，在沙子中钻挖前进。

扁蜥

扁蜥主要的生活地点是石缝。当遇到威胁时，它们会迅速地充胀身体，把石缝卡死，这样捕食者就无法把它们抓出来了。在交配季节，雄蜥的体色特别显眼，以吸引雌蜥。交配过后，雌蜥会在一个公共筑窝点产下一些卵。扁蜥主要吃昆虫，但也吃某些植物。

新石龙子鳞片光滑而扁平

普通蓝舌石龙子

普通蓝舌石龙子的头很大，尾巴较短，舌头呈蓝色是其最显著的特点。如果受到威胁，它们就会将舌头伸出来，发出咝咝声，以此将骚扰者吓跑。普通蓝舌石龙子也有几个亚种，它们都能直接产下幼体。

普通蓝舌石龙子

斑点楔齿蜥

斑点楔齿蜥是一种原始的爬行动物。它几乎跟生活在两亿年以前的爬行动物差不多。这种蜥蜴只有在新西兰附近的几个海岛上才能找到。它生长非常缓慢，往往要经过50年才能成熟，但能够活到120岁甚至更长。

石龙子在石头下产卵，并且经常把卵挪来挪去，好让小石龙子早日出生

□ 鬣蜥

鬣蜥是爬行动物中最兴盛的一种类群。它身体细长并且表面覆盖着齿状的鳞片，背部长有刺状突起。鬣蜥种类繁多，身体大小差异很大，大的约有70厘米长，小的只有10厘米左右。鬣蜥的脚趾扁平，不仅可在陆地上生活，而且能在水中游泳，还有些则喜欢躲在树上。

树栖鬣蜥

鬣蜥与成人大小对比

气囊袋

有些种类的鬣蜥的喉部长有一个大大的袋子，平时基本上做装饰用。但是到了繁殖季节，这些鬣蜥会把这个"装饰袋"鼓成气囊，以吸引异性。

正在奔跑的鬣蜥

防卫

鬣蜥的体色有利于它们进行伪装，敌害一般很难发现它们。但当鬣蜥不幸被敌害发现时，它们便会很快地逃向水边，急速游离危险的地方。如果不幸遭遇袭击，它们就用长尾反击。

普通鬣蜥

普通鬣蜥

普通鬣蜥是世界上最大的食草蜥蜴之一，分为树栖性和地栖性两种。它们的舌头厚而多肉，舌尖微微分叉，雄性通常有较鲜艳的体色。它们行动敏捷，能在水中游泳，但它们大部分时间都待在高高的水边树木上晒太阳。普通鬣蜥的个头比较大，但人们很难发现它们，因为它们身上的绿色使其伪装得很好。它们的脚很有力，上面有尖尖的爪子，还有一条长而强健的尾巴。普通鬣蜥的尾巴占身体全长的2/3，当敌人袭击时，可以拿尾巴当鞭子一样来反击敌人。

海鬣蜥

海鬣蜥是蜥蜴中唯一以海藻为食的动物，也是蜥蜴中唯一过群居生活的。海鬣蜥体长有1.5米左右，头上长着坚韧的肉刺，身披盔甲状的鳞片，背上有一条隆起的角刺，这一切使它们看起来十分威武。另外，海鬣蜥的尾巴也非常粗壮，具有"螺旋桨"和"船舵"的双重功能。

海鬣蜥

陆鬣蜥

陆鬣蜥

陆鬣蜥生活在干燥的陆地上，具有脚趾及圆柱形的尾巴。它们所需的水分多取自仙人掌的茎。它们对仙人掌上的刺毫无畏惧，啃食时经常连刺带茎一块儿吞下去。陆鬣蜥善于挖掘洞穴，且非常贪睡，白天晒着太阳睡觉，晚上则躲到自己所挖的洞穴中去睡。

美洲鬣蜥

美洲鬣蜥可能是世界上最广为人知的蜥蜴。幼鬣蜥体色为亮绿色，并夹杂蓝色的花纹；成熟后，体色会变暗淡。美洲鬣蜥有非常强的领域性。当两只鬣蜥相遇时，彼此会做一些展示动作，使自己看起来比较强壮。它们的尾巴很长，可用来当防御的武器，游泳时还可以推动身体。

美洲鬣蜥

□ 巨蜥

　　巨蜥是蜥蜴中最大的一类，包括陆栖、水栖、树栖和地下穴居等30多种。成年巨蜥全长可达3米，而尾巴长度就占整个身长的一半以上。它们的四肢和脚爪不仅可以捕捉猎物，还可以帮助它们爬树。巨蜥的体重可达130千克，与一头猪的重量相当。它们一般在白天出来活动，尤其是清晨和傍晚。

科莫多巨蜥

西非巨蜥幼体

繁殖

　　每年7月间，巨蜥开始交配，雌蜥在8月间产卵。巨蜥的卵靠太阳照射及地温来孵化。幼蜥自己破壳而出后，就开始独立生活。最初幼蜥以易捕的昆虫、蚯蚓等为食。经过冬眠、蜕皮等一系列过程之后，成长的小幼蜥也开始以小型动物为食。

科莫多巨蜥

　　科莫多巨蜥是世界上最大的蜥蜴，成年巨蜥一般身长3.5～5米，因居住在印度尼西亚的科莫多岛而得名。它们皮肤粗糙，生有许多隆起的疙瘩，口腔长满巨大而锋利的牙齿。科莫多巨蜥以岛上的野猪、鹿、猴子等为食，有时也潜入水中捕鱼。

这只大巨蜥刚刚吞下一只老鼠

环尾巨蜥

　　环尾巨蜥把尾巴当作第三只后腿，用以威胁敌人或支撑身体观望周围环境。巨蜥包括许多种大型蜥蜴，目前已知的巨蜥大多分布在澳大利亚。

□ 变色龙

变色龙是一种树栖爬行动物，主要分布在非洲大陆和马达加斯加岛，仅有一种普通变色龙栖息在西班牙南部。变色龙长有善于攀缘树干的脚掌和尾巴，它们的长舌通常蜷缩着，捕食时却能迅速地弹出，并在瞬间将猎物牢牢粘住。当它们遇到危险时，身体迅速膨胀，嘴里还会发出"咝咝"的声音，以此来吓退敌人。

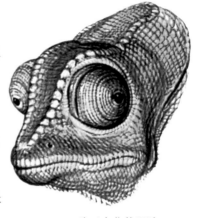

分工合作的眼睛

奇特的眼睛

变色龙的眼睛可以互不牵制地朝不同方向转动，它们在用左眼向前张望的同时，还可以使右眼向下或向后看，互不干扰。它们左右两只眼睛的定向观测分工也可以对调互换。只有当猎物进入视野后，它们的两只眼睛才会一起注视同一个地方。

变色龙与成人手掌大小对比

变色龙

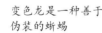

变色龙是一种善于伪装的蜥蜴

变色的原因

变色龙的皮肤下有一种色素细胞，当外界环境的变化或者干扰刺激到它们的时候，皮下细胞就会经过一种复杂的伸缩过程，使肤色发生相应的变化。同时，各种色素细胞相互之间的作用也会使体表呈现不同的颜色。这样就起到了很好的保护和警戒作用。

有些变色龙，当光线强烈的时候，它们的体色是绿色的；当光线昏暗的时候，其体色就会变为褐色

生活习性

　　变色龙多出现在雨林或热带大草原上，有些则生活在山区，绝大部分的变色龙栖息在树上，只有极少数在地面生活。到了繁殖季节，雄性变色龙及要产卵的雌性会到地面上活动。变色龙主要吃昆虫，大型的变色龙也捕食鸟类。

变色龙正在用舌头舔水喝

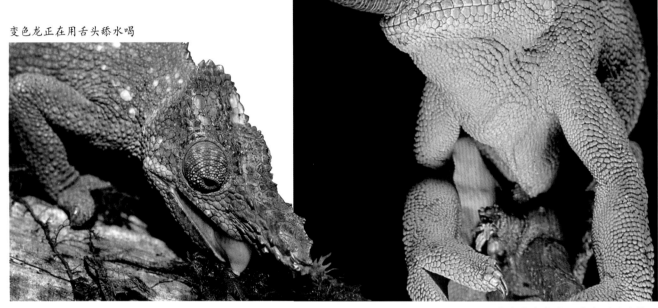

变色龙大多生活在非洲的丛林里

猎食

　　变色龙是肉食动物，而且只吃活物。它们是捕虫高手。在等待猎物出现时，它们的皮肤可以根据周围环境的不同而变换颜色。当发现猎物时，它们会慢慢爬近猎物，然后迅速喷射出舌头，将其粘住。这一动作在1秒钟之内就可以完成，变色龙喷射出来的舌头可以超过本身的体长。

变色龙是捕虫高手

★ 动物小档案 ★	
科　　属	避役科
栖 息 地	热带森林
分　　布	马达加斯加、非洲、亚洲南部、欧洲
食　　物	昆虫、蜘蛛、蝎子、小鸟
生殖方式	多为卵生，部分为胎生
寿　　命	3～5年

变色龙的食物

繁殖

　　多数变色龙以卵生方式繁殖后代。在繁殖期间，雌变色龙到地面上产卵。卵多埋在土里或腐烂的木头里。经过约3个月的孵化期后，幼体就会自己破土而出。在南非，有几个种类的变色龙以卵胎生的方式来繁殖。有些种类的变色龙则会直接生下幼体，一天后，幼体就能独自捕食。

约翰斯顿变色龙的卵

赫里奥特变色龙幼体

高冠变色龙

　　高冠变色龙分布在也门与阿拉伯的西南部。它们的头部长有冠帽状突起，躯干、尾部中线、喉部及腹部正中线等处均覆盖有锯齿状鳞片。高冠变色龙的背部有黄色及绿色的宽纹，腹部为蓝绿色及黄色的带纹。通常情况下，雌雄体形略有不同，雌性的头冠比雄性的小很多，其颈背上有锯齿状的脊突，身体极度侧扁。

高冠变色龙

马达加斯加变色龙

马达加斯加变色龙

　　马达加斯加变色龙爬行缓慢，它们靠足和尾巴抓住树枝爬行。它的眼睛被鳞状的眼睑保护着，可以自由地转动，全方位地观察周围的环境。在捕捉昆虫和蜘蛛时，它们会把具有黏性的舌头伸出来，舌头的长度甚至超过了身体的长度。

黑斑变色龙

黑斑变色龙

　　非洲的黑斑变色龙生活在丛林里，它们卡其色的皮肤与树叶的颜色一致。尽管变色龙能够变色，但这一绝活儿只在它发现危险时才会使出来。在敌人逼近时，黑斑变色龙的警告系统通过改变皮肤颜色迅速做出反应。同时，它的尾巴伸直开来，身体鼓起气，这样就变成了足以震慑敌害的可怕模样。

壁虎

　　壁虎是蜥蜴的同类，几乎遍布世界各地的每个角落。体形小巧的壁虎有一对大而突出的眼睛，它们的眼睛不能闭上，所以总喜欢用长舌头舔眼睛，以保持眼睛的清洁。壁虎的脚趾是非常重要的攀附器官，指头上面的皮肤褶皱能起到吸盘的作用。一旦遭到袭击，壁虎就会丢下尾巴溜之大吉，几天以后，一条新尾巴就又长出来了。

壁虎有高超的爬行本领，能在墙壁上随意走动

脚趾的吸附能力

　　壁虎脚趾的底面褶皱长有数百万根绒毛般的细纤毛，这些极细的纤毛以数千根为一组，它们互相之间产生的分子引力让壁虎的脚趾具有极大的吸附力。所以，壁虎能吸附在墙壁上、屋檐上，甚至能吸附在光滑的玻璃上或天花板上。

壁虎

有力的吸盘可以让壁虎在任何光滑的平面上"行走"

尾巴的功能

　　壁虎的尾巴主要有两个功能。一是自我保护。当敌害捉到壁虎的尾巴时，它们会用力挣断尾巴逃跑，而留在现场的那半截尾巴还能不停地跳动，以迷惑敌人，让它们有充分的时间逃脱。壁虎尾巴的再生能力极强，很快就会长出来的。二是储存营养。壁虎的尾巴可以贮藏营养物质，以备不时之需。

壁虎身体结构示意图

起到保护色作用的斑点

脚趾可以吸附在墙壁上

长长的尾巴是其御敌的工具之一

★动物小档案★

科　属	壁虎科
栖息地	山岩缝隙、树洞、人类的住宅
分　布	世界各地较温暖的环境
食　物	蚊、蝇、飞蛾等昆虫
孵化期	约2个月

角叶尾壁虎

当角叶尾壁虎紧紧地趴在树上，身体压成扁平状时，人们几乎不能发现它们。因为它们的身体上有一块块斑点状的图案，看上去很像树干上生长的苔藓，而树叶形状的尾巴还能达到使身体轮廓和树浑然一体的效果。和多数壁虎一样，这种壁虎不能眨眼，也是用舌头来清洁眼睛。

大壁虎

大壁虎

大壁虎是中国壁虎科中体形最大的一种，全长可达30厘米，主要栖息在山岩缝隙、树洞内以及人类的住宅里。它们四肢指、趾端膨大呈扁平状，其下方皮肤形成褶皱，能够在光滑的物体上攀附。大壁虎的体色会随着环境的不同而发生变化，这样能与生存环境混为一体，便于伪装。

头盔壁虎

头盔壁虎主要分布在非洲西北部。它们头部后缘的角质皮肤微微翘起，像戴着头盔一样。头盔壁虎的背部、尾部皮肤都布满疣粒状突起物，趾爪肥壮短小，趾端有皮瓣，可沿着光滑面攀爬。头盔壁虎同样没有可闭合的外眼睑。其体色有砖红色、深褐色和卡其棕色之分，并掺杂颜色深浅不同的斑纹或斑点。

豹纹睑虎

豹纹睑虎分布在伊朗东部、阿富汗东南部、巴基斯坦及印度西北部等地。它们的体表有着像豹纹般的花色，并因此而得名。比较特别的是，豹纹睑虎具有眼睑，而且眼睛的两侧有明显的外耳孔。正常的个体还具有一条与身体一样粗壮的尾巴，这是它们储存脂肪的重要部位。

豹纹睑虎

头盔壁虎

第九章

蛇

Dijiuzhang

Encyclopedia of the
Animals

世界上的蛇分布在全球大多数温暖的地区。只有很少一部分蛇有毒。蛇是爬行动物，并且和蜥蜴、龟、海龟及鳄鱼有着紧密的关系。所有的爬行动物都是"冷血"动物，蛇当然也不例外，但它们能够通过往返穿梭于冷暖不同的环境来使自己的体温保持相对稳定。在长期寒冷的气候条件下，它们会休眠一段时间。

□ 蛇

蛇是爬行动物中比较特别的一种。它们没有腿，但是爬行速度却很快，而且爬行时身体会不停地扭动。所有的蛇都是肉食动物，它们主要以鼠、蛙、昆虫等为食。

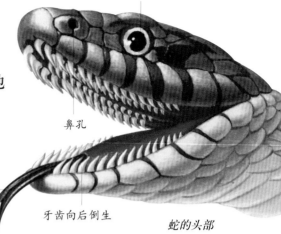

眼睛被透明的薄膜覆盖，因而不能眨眼

鼻孔

舌头分叉，可伸出或缩回，对气味特别敏感

牙齿向后倒生

蛇的头部

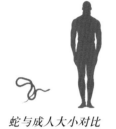

蛇与成人大小对比

外部特征

蛇长有较为光滑的鳞片皮肤，它们没有腿，没有眼睑和外耳，可是它们有发达的内耳，能敏锐地接收地面振动传播的声波刺激。蛇的上下颌长满牙齿，而且牙齿向后倒生，以帮助它们吞咽时抓紧猎物。蛇的舌头上长着许多感觉小体，通过这些感觉小体，蛇可以感知周围的一切。

蛇

准备发起进攻的眼镜蛇

内部结构

蛇全身分为头、躯干及尾3部分。蛇的身体可以弯曲，这与它们的骨骼构成密切相关。蛇的骨骼是由脑骨和背骨组成的。背骨由多节脊椎骨连接而成，每节脊椎骨两侧都连接着一对肋骨。脊柱上的肌肉能使蛇运动，因而蛇能弯曲身体，而不必担心脊柱受到折损。

★ 动物小档案 ★	
科　属	主要有15个科，包括：眼镜蛇科（眼镜蛇）、响尾蛇科（响尾蛇、蝰蛇）、蟒科（蟒蛇）等
栖息地	多种多样，包括沙漠、雨林、淡水、沼泽、湿地、海洋、山地和城市等
分　布	除南极洲以外所有的大陆；热带海洋
食　物	主要吃哺乳动物、鸟类、动物的卵、鱼类以及许多其他种类的动物
生殖方式	卵生和卵胎生
寿　命	5～40年

捕鼠蛇紧紧缠住老鼠，使其窒息
而死，而后吞食

蛇的食物

捕食

蛇的视力很差，但它们的嗅觉极好，可以飞快地伸出分叉的舌头，捕捉空气中各种猎物的气味。蛇捕食的方法很多。有些蛇，比如蟒蛇、响尾蛇等有一个叫颊窝的感觉器官，可以探明温血动物的位置以及与猎物之间的距离等，从而准确出击。有的蛇通过挤压猎物使其死亡后猎食，但多数蛇用牙齿来杀死猎物。毒蛇则能从毒牙中射出剧毒，使对方晕倒或死亡。

蛇做出威吓状，
以吓退敌人

防卫

蛇在应对天敌时最常用的方法就是使用保护色。有些蛇有着鲜艳的颜色和条纹，这是用来警告或恐吓潜在的敌人的。如果警告色不起作用，它们就开始咬敌人，但大部分蛇都没毒液。还有一些蛇会咝咝作响，并膨胀自己的身体，以显示自己很强大，期望吓退敌人。

蛇的爬行

蛇的爬行方式很奇特。有些蛇将身体扭动成"S"形，曲线前进；有些蛇一拱一伏地扭动身体，向前爬行；有些蛇则直线爬行，身体前部的皮肤向前拱动，后半部分的皮肤向前跟进。

正在产卵的蛇

孵化出的幼蛇

正在蜕皮
的蛇

蜕皮

蛇在一生中要经历多次蜕皮的过程。蜕皮前，新的蛇皮已经在旧皮下生长了，而且新旧皮之间能分泌出一种润滑液，在蛇蜕皮时能将新旧皮轻易地分离。蛇通常从口开始蜕皮，借助摩擦粗糙的岩石或树枝，先将头部前缘的鳞皮搓开，然后扭动身体，使全身的鳞皮蜕去。

繁殖

不同种类的蛇，其繁殖的方式也各不相同。多数蛇以卵生繁殖。蛇卵具有一层比较柔软的壳。蛇通常把蛇卵产于有着稳定温度、一定湿度的隐蔽之处，蛇卵经历3个月左右的时间孵化成幼蛇。有些蛇以卵胎生方式繁殖。雌蛇将卵保存在体内，蛇卵没有壳，在雌蛇体内发育成幼蛇，而后产出。

蟒蛇

蟒蛇是世界上最大最长的一种蛇，蚺、蟒和水蚺统称为蟒蛇。蟒蛇没有毒，它们常以缠绕的方法杀死猎物。其上下颌的弹性惊人，因此蛇口能张得很大，把猎物整个吞咽下去。所有的蟒蛇都是肉食动物，主要以鸟、哺乳动物和爬行动物为食，也有一些吃蛋和蜗牛。

蟒蛇

蟒蛇在捕获猎物时，会把头部撑开

蟒蛇的特征

蟒蛇体形粗大而长，有成对的发达的肺，是世界上最大的较原始的蛇类。蟒蛇的体鳞光滑，背面呈浅黄、灰褐或棕褐色，体后部的斑块很不规则。蟒蛇头小呈黑色，腹鳞无明显分化；尾短而粗，具有很强的缠绕性。

蟒蛇与成人大小对比

★ 动 物 小 档 案 ★	
科　　属	蟒蛇：蟒科；森蚺：蚺科
栖 息 地	雨林、热带草原、沙漠、沼泽及灌木丛林地
分　　布	美洲、非洲、亚洲、澳大利亚
食　　物	鸟、哺乳动物、鱼
生殖方式	卵生
寿　　命	可达40年

蟒蛇的分布

蟒蛇属于树栖性或水栖性蛇类，生活在热带雨林和亚热带潮湿的森林中。蟒蛇的活动范围很广，它们不仅能上树捕食鸟蛋、下水捕鱼，还能到田地里捕食泥鳅。

颌骨

蟒蛇的颌部皮肤比较松弛，左右两半下颌骨由具有弹性的韧带连接，因而蟒蛇能充分扩张颌部，张开大嘴，吞食猎物。

蟒蛇的食物

水蚺

猎食

　　蟒蛇常以缠绕的方法杀死猎物。它们发现猎物时，先用利牙抓住猎物，然后将身体牢牢地缠绕在猎物上。猎物每呼吸一次，蟒蛇就缠紧一些，直至猎物窒息而死。而后，蟒蛇开始进食。

进食

　　所有的蟒蛇都是肉食动物，多数蟒蛇以鸟、哺乳动物和其他爬行动物为食，也有一些吃蛋和蜗牛。蟒蛇经常进食，进食时不经咀嚼，直接将猎物从喉部推入胃部，食物要经过很长时间才能完全消化掉。

蟒蛇将猎物缠绕至死，然后吞食猎物

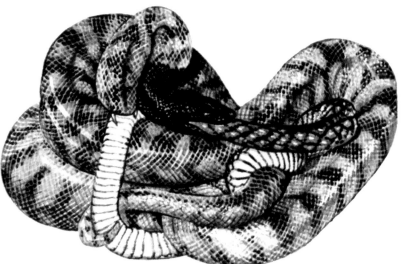

黑头蚺蟒喜欢吃各种蛇，连毒蛇也照吃不误

在树上休息的蟒蛇

繁殖

　　蟒蛇的繁殖期很短，为每年4～6月。蟒蛇属卵生，雌性每次产卵8～32枚，其卵呈白色，重80克左右。产卵之后雌蟒有蜷伏卵堆上的习性，此时不进食，体温较平时升高几度，有利于卵的孵化。通常60天左右，幼蛇才能孵出。小蟒蛇破壳之前，卵黄囊已被吸入体内，残留的卵黄也已被吸收。然后，小蟒蛇用卵齿把卵壳敲开一条缝，探出头来。在整个身体出壳之前，这种状态要保持两天左右。

绿树蟒

绿树蟒一生的大部分时间是在树上度过的。它们把亮绿色的身体缠绕在树枝上，静候鸟和其他动物靠近。一旦发动袭击，绿树蟒就不得不想尽办法对付猎物。它们常悬挂在空中，尾巴缠在树枝上。当把猎物缢死、吞下后，就向树上退去。

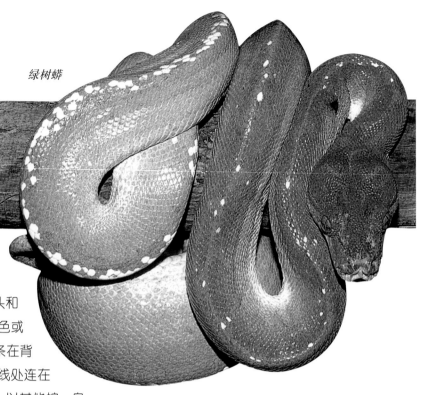

绿树蟒

黑头蟒

黑头蟒是一种修长的蟒，长约2.6米。这种蟒长有一个特殊的黑色泛光的头和脖子，但身体的其余部分是黄色、淡黄色或淡棕色的，且带有深色的横条。这些横条在背部中央比在腹侧要宽一些，并且在中心线处连在一起。黑头蟒主要分布于澳大利亚北部，以其他蛇、鸟类等为食。

白唇蟒

白唇蟒是一种很优雅的蟒，长约2.4米。它们有着修长的身体和窄窄的脑袋；身体为青铜色，并且泛着光泽；头部是同样的青铜色或者是更为常见的黑色；嘴边则覆盖着一排黑白相间的鳞片。这种蟒有着较为明显的颊窝，嗅觉极其灵敏。它们主要分布在新几内亚及其周围的岛屿，以小型哺乳动物和鸟类为食。卵生繁殖，每次产卵9～18枚。

黑头蟒

蟒蛇

巴西珠粒水蟒

这种蟒蛇有很浅的颊窝。体长约两米，分布在南美北部，常见于热带森林和森林的空地，以鸟类和小型哺乳动物为食，属胎生，每胎可产30多条小蛇。

糙鳞沙蟒

糙鳞沙蟒是一种十分粗壮的蟒。其体色为乳白色或土黄色，在背部点缀着一系列深棕色的大斑点。这些大斑点有时会连在一起，形成一些不规则的锯齿形图案。此外，在其身体两侧还会有一些棕色的小斑点。成年糙鳞沙蟒体长约一米。它们主要以啮齿类动物为食，偶尔也吃鸟类和蜥蜴。

糙鳞沙蟒

网斑蟒

网斑蟒

网斑蟒是世界上最长的蟒蛇，体长可达10米。网斑蟒通常生活在热带森林，以鸟和小型哺乳动物为食。和其他蟒蛇一样，网斑蟒在两次捕食之间需要游走一段时间。这种蟒一次能产下100枚卵。雌蟒会一直看护着卵，直到卵孵化出来。

非洲蟒

非洲蟒是一种力气很大的蟒。它们都长有一个宽宽的头，头上覆盖着无数细小的鳞片。其体色为棕色或绿棕色，在背上有不规则的深棕色标记和大斑点，沿着腹侧有稍小的大斑点。这种蟒的颊窝极其灵敏，能觉察到周围极小的温差，这样有利于它们捕捉冷血动物。

非洲蟒正在和鳄鱼搏斗

非洲蟒

墨西哥玫瑰红蟒

墨西哥玫瑰红蟒

墨西哥玫瑰红蟒是一种体形粗壮的蟒蛇，有一个窄窄的头和粗钝的尾巴。在其浅灰色和淡黄色的身体上，从头到尾装饰着宽宽的深棕色条纹。这些条纹界线非常分明，或者非常粗糙。这种蟒多分布在墨西哥西北部，擅长爬高，多见于灌木和半沙漠地区，以小鸟和哺乳动物为食。

无毒蛇

　　无毒蛇共有约1500种，是至今为止世界上最大的蛇科。大多数无毒蛇长0.5～2米。这些蛇在形状、颜色和斑纹上各不相同，这主要取决于它们的生活习性和栖息地。无毒蛇有坚固的牙齿，头部多为椭圆形，尾部逐渐变细。它们杀死猎物的方式主要有两种：一是采用缠绕猎物的方法，使其窒息而亡；另一种是将猎物制服后吞下。它们主要靠伪装或迅速逃跑进行自卫。

有时会在花盆里发现蚯蚓蛇

草花蛇也是一种无毒蛇

加利福尼亚王蛇

　　加利福尼亚王蛇看起来圆滚滚的，有一个狭窄的脑袋，通身有黑色和白色或棕色和乳白色相间的环状花纹，且较窄的浅色条纹和较宽的深色条纹交替出现，并且沿腹侧各有一条线纹。

食蛋蛇

加利福尼亚王蛇

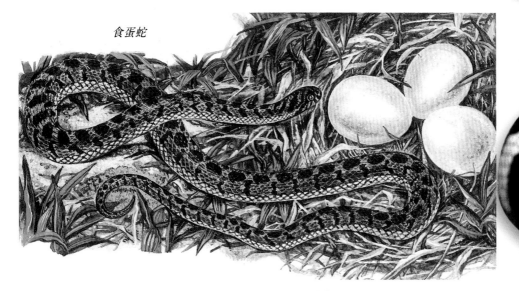

长鼻树蛇

食蛋蛇

　　蛇一般吃能移动的东西，但食蛋蛇是极少的一个例外。它们吃鸟蛋，而且已经习惯了这种与众不同的食物，所以它们很少吃其他东西。和其他蛇一样，它们不能咀嚼，因此只好将蛋整个吞下。随着蛋沿着脖子向下移动，蛇拱起身体，用脊椎上的向下倾斜的脊突，把蛋壳击碎。蛋中的成分就陆续流出，来到蛇的胃里，而蛋壳碎片会被呕吐出来。食蛋蛇有6个属种，它们都生活在非洲。

长鼻树蛇

　　长鼻树蛇是一种特别纤细的蛇，不仅头部修长，而且还有一个长长的鼻子。这种蛇的眼睛中长着横向的瞳孔，这使它们能够准确地判断远处的情况。长鼻树蛇的颜色是绿色的，再加上像藤蔓植物一样的体形，这使它们有了很好的伪装本领。长鼻树蛇主要栖息在热带森林中的树林和灌木丛中，以蜥蜴为食，也吃青蛙和小型哺乳动物。

美洲黑蛇

美洲黑蛇

　　美洲黑蛇是一种纤细的流线型蛇，体表有光滑的鳞片。由于生活环境的不同，其体色可能有蓝色、灰色、绿色、橄榄色等不同颜色的变化，但所有生活在同一地区的美洲黑蛇大体上都有同样的颜色。美洲黑蛇主要分布在美洲北部和中部，栖息在开阔的地方，比如田地、湖边和大草原。食物为爬行动物、鸟类和小型哺乳动物等。

猩红蛇

　　猩红蛇是一种小洞穴蛇，它们的背上有红色、白色和黑色的条纹，色彩看起来十分艳丽，而腹下侧是平淡的白色或乳白色。猩红蛇长约40厘米，常见于松散的沙土地中，也生活在腐朽的圆木或树皮下。这种蛇以蜥蜴和穴居的鼠类为食，也吃蛇蛋。

猩红蛇

条沙蛇

条沙蛇主要分布在美国亚利桑那州和墨西哥西北部的索诺兰沙漠。这种蛇生活在沙地之中，很少会到地面上来。它们以在沙地生活的昆虫、蜈蚣、蝎子等为食。

藤蛇

南部猪鼻蛇

翻翘的鼻子与猪鼻很有几分相像

藤蛇

藤蛇是一种特别细的蛇，长着一个长长的脑袋和过度向外突出的鼻子。这种蛇主要是棕色或灰色的，但在接近脑袋的地方，颜色会变得稍浅一些。它们头顶的颜色比唇和腭的颜色要深。藤蛇主要栖息在灌木丛中或森林中的树上，多以蜥蜴为食。

南部猪鼻蛇

南部猪鼻蛇主要分布在美国东南部。这种猪鼻蛇比其他的猪鼻蛇都要小一些，身长有60厘米左右，鼻子向外翻得特别突出。南部猪鼻蛇是灰棕色的，沿着背部有纯棕色的大斑点。在受到威胁时，它们会腹部朝天，张开嘴巴装死。

玉斑锦蛇

印度锦蛇也是一种无毒蛇，它具有超大的胃口，可以吞入庞然大物

玉斑锦蛇

玉斑锦蛇主要生活在丘陵地区的林地，全长可达1米左右。它们的背面为紫灰色，头部有3道黑斑，背中央还有一行几十个黑色菱形斑组成的花纹，菱形斑中央及边缘为黄色。玉斑锦蛇的腹部为灰白色，左右交错排列着黑横斑。它们一般以蜥蜴和鼠类为食。

红尾蛇

红尾蛇是一种纤细的长蛇，长着一条长长的尾巴和一个优雅的狭窄的脑袋。它的头和身体是翠绿色的，尾巴是棕色或橘黄色的。每个鳞片都有一个窄窄的黑边，并且有一条黑色的线条穿过眼眶。它的舌头是蓝色的。

墨西哥洞穴蛇

墨西哥洞穴蛇

墨西哥洞穴蛇的身体呈圆柱状，体表有时会出现一些不规则的白色鳞片。这种蛇主要分布在墨西哥和美洲中部的热带森林，食物为其他的爬行动物和小型哺乳动物。墨西哥洞穴蛇是一种很稀少的蛇类，在它们生活的区域内没有与之相类似的蛇类。

陆地束带蛇

陆地束带蛇是一种十分粗壮的大束带蛇。它们的斑纹差别很大。但通常沿着背部有一条醒目的条纹，并且沿着腹侧也有一条条纹。条纹之间的颜色较浅，并且带有斑点；或者条纹之间的颜色较深，带有白色的斑点。陆地束带蛇体长可达一米，分布在美国西部的大部分地区。与其他束带蛇相比，这种蛇在水中生活的时间较短，食物主要为两栖类动物和啮齿动物。

陆地束带蛇

南美盾鳞棘背蛇

南美盾鳞棘背蛇是一种又细又长的蛇，具有很强的攻击性。通常，它们的身体扁平，脑袋和脖子的宽度对比十分明显，眼睛大大的，并且向外突出。南美盾鳞棘背蛇分布在美洲中部和南美大部分地区的热带森林中，以鸟类和小型哺乳动物为食。

墨西哥黑王蛇

第十章 ■

毒蛇 Dishizhang

Encyclopedia of the
Animals

　　毒蛇是指能分泌特殊毒液的蛇类，毒蛇的唾液通常从毒牙射出，用来麻痹敌人。一般认为毒蛇的毒液只能在血液中才能起到相应作用。蛇的毒液是一种非常复杂的物质，它的作用主要有两个方面：一是迅速制服所要捕食的猎物，降低由于猎物反抗而使蛇致伤的风险；二是毒液内的化学物质能分解猎物的组织，使其更加容易消化。

□ 眼镜蛇

眼镜蛇科蛇占世界毒蛇的一半以上，眼镜蛇、银环蛇、太攀蛇、虎蛇等都属于这一科。尽管它们在大小、外形和习性方面各不相同，但它们的嘴前部全都有一对固定的毒牙。这一科的蛇大多居住在热带地区，靠吃鸟类、小动物和其他爬虫为生。毒液是眼镜蛇用来捕捉猎物和保护自己的最重要的工具。

眼镜蛇

眼镜蛇与成人大小对比

喷毒液时，眼镜蛇脖子向后仰，张开嘴，向敌人的眼睛喷去

特征

眼镜蛇是一种中大型毒蛇，体色为黄褐色至深灰黑色，头部为椭圆形。当它们兴奋或发怒时，头部会高高昂起且颈部扩张呈扁平状，而且其颈部扩张时，背面会呈现一对美丽的黑白斑，看起来好像眼镜一样，故名眼镜蛇。

毒液

眼镜蛇拥有两颗令人生畏的外弯形毒牙，其长度约为7毫米，紧接在颌骨中3颗较短的牙齿后面。毒牙是空心的，能喷射出致命的毒液，这种毒液属于神经性毒素，一旦被注入体内，受害者的神经系统就会瘫痪。

眼镜蛇的食物

虽然眼镜蛇是肉食动物，但它们的牙齿不能将食物撕开，只能先把猎物毒死，再整个吞下去

猎食

眼镜蛇猎食的方法十分狡猾。它们在猎捕之时，会躲在草丛中，只露出尾巴轻轻摇动，引诱猎物。猎物（老鼠或者小鸟）以为是蚯蚓在爬动，便会前去捕食。眼镜蛇见状马上冲出来偷袭，转眼之间，老鼠或者小鸟就成了它们的口中之物。

东方珊瑚眼镜蛇

　　东方珊瑚眼镜蛇是夜间活动的蛇。它们大部分时间在树叶或圆木下度过。这种蛇的身体呈圆柱形，头小，而且身上的黑色、黄色、红色或白色圆环总是很鲜艳，看上去像刚画上的一样。这样的色彩可能是为了警告那些潜在的食肉动物：它是危险的。珊瑚眼镜蛇大约有40个属种，都来自南北美洲的温暖地区。

顶帽扩张，随时准备进攻

印度眼镜蛇

带有剧毒的眼镜蛇

印度眼镜蛇

　　印度眼镜蛇全长约为2米，白天一般躲在丛林中，夜间出来活动。捕食时，它们的毒牙能迅速刺出，抓住猎物，直到猎物毒发。印度眼镜蛇在印度耍蛇人中很流行。当受到打扰时，它们会向后跃起，伸出肋骨，做出一种准备反击的姿势。它们听不见任何声音，因此它们响应的是耍蛇人的动作，而不是音乐。

眼镜王蛇

　　眼镜王蛇是最著名的眼镜蛇之一，栖息在南亚的一些河流附近，体长为4～6米。它们能产生大量毒液，并完全以其他蛇为食。眼镜王蛇活动隐秘，通常白天外出觅食，有时也会袭击人类，而且没有任何攻击前的挑衅。

眼镜王蛇

★ 动 物 小 档 案 ★	
科　　属	眼镜蛇科
栖 息 地	沿海低地至海拔1700米的平原、丘陵和山地
分　　布	主要为非洲和亚洲
食　　物	鸟、小哺乳动物、蛇和其他爬行动物
生殖方式	卵生
寿　　命	可达30年

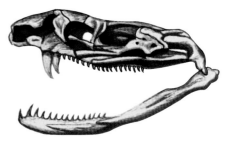

印尼喷毒眼镜蛇

印度尼西亚喷毒眼镜蛇分布在马来西亚半岛和印度尼西亚较大的岛屿上，体长可达2米，长着光滑的鳞片和一个宽宽的脑袋。它们的体色是单一的黑色、棕色或深灰色，背部没有任何斑纹。这种蛇主要通过毒牙上的小孔向外喷射毒液。它们以青蛙、蜥蜴、其他蛇类和啮齿动物为食。

毒液从毒牙中喷射而出

印尼喷毒眼镜蛇

森林眼镜蛇

森林眼镜蛇是非洲最大的眼镜蛇，并且是唯一一种身体后半部分和尾巴的颜色比身体前半部分深的蛇。它们长着光滑发光的鳞片，头和身体的前半部分是灰棕色的，上面有黑色的大斑点；身体的后半部分是闪闪发光的黑色。成年的森林眼镜蛇体长可达2米，分布在非洲的热带和亚热带雨林，以青蛙和蟾蜍、蜥蜴、蛇、鸟类和小型哺乳动物为食。

绿树眼镜蛇

绿树眼镜蛇的头和身体是单一的翠绿色。但幼蛇刚孵化出来时是蓝绿色的。绿树眼镜蛇是一种很危险的毒蛇，其毒性较强，还很擅长攀爬，主要分布在非洲东部的灌木和森林地区，食物为鸟类和小型哺乳动物。

当眼镜蛇受到打扰时，它会抬起上身进入戒备状态

眼镜蛇

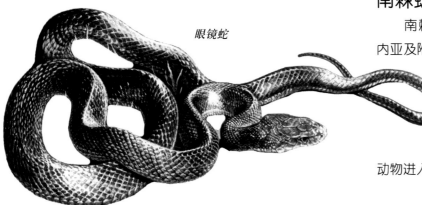

南棘蛇

南棘蛇生活在澳大利亚大部、巴布亚新几内亚及附近一些岛屿上，体色呈淡褐、淡红或灰色，缀有深色箍环。这种蛇以啮齿动物、蜥蜴和鸟类为食，它们常常静候猎物，而不是自己出去觅食。南棘蛇经常通过挥动尾巴，来吸引动物进入捕食区。

黑曼巴蛇

　　黑曼巴蛇是非洲最大的毒蛇，栖息于开阔的灌木丛及草原等干燥地带，以小型啮齿动物及鸟类为食。该蛇体长2～4.5米，头部呈长方形，体色为灰褐色。最特别的是，此蛇的口腔内部为黑色。黑曼巴蛇是世界上速度快及攻击性强的蛇类之一。当受到威胁时，黑曼巴蛇能高高竖起身体的前半段，并且张开黑色的大口发动攻击。它们能以高达19千米的时速追逐猎物，而且只需两滴毒液就可以致人死亡。

沙漠黑速蛇

蛇

光滑的鳞片

细长的头部

沙漠黑速蛇

　　沙漠黑速蛇是一种粗细适中的蛇，长着发光的光滑鳞片和一双小小的眼睛，通体是黑色的或深灰色的，成年蛇体长可达1米。沙漠黑速蛇分布在埃及、阿拉伯半岛的部分地区和中东的沙漠和多石地区，也出现在公园和靠近城镇村庄的废墟处。

太攀蛇

　　在澳大利亚，十条蛇中有九条属于眼镜蛇科，而太攀蛇是其中最危险的一种。太攀蛇是世界第三大毒蛇。它们的身体呈深褐色，头细长。这种蛇主要分布在人口稀少的澳大利亚北部，多见于甘蔗地里。当它们受到打扰时，后果是不可预料的。值得庆幸的是，它们很少袭击人类。

长长的带有环状条纹的身体

海环蛇

海环蛇

　　海环蛇是一种很细的蛇，长着一个十分宽大的脑袋和光滑的鳞片。它们的尾巴呈扁平状，以方便游水。身体上装饰着等宽度的黑色和蓝灰色相间的条纹。海环蛇属海洋蛇类，通常生活在暗礁附近，也出现在多岩石的海滨和红树沼泽地区。

银环蛇

　　银环蛇又叫"白花蛇"。它们的身上有黑白相间的横纹，黑纹较宽，白纹较窄，躯干中段有30～50个纹，尾部有9～15个，尾末端较尖细。银环蛇多生活在水域附近，一般白天隐伏，夜间活动，喜欢捕食鼠类和鱼类，也捕食其他蛇类。银环蛇是一种毒性很强的蛇，且它们的毒液中含神经毒素，人被咬后不会有痛觉，但会在不知不觉中延误治疗，最终因神经麻痹、呼吸衰竭而死。

银环蛇

扁平的尾巴适于在水中迅速游动

浮游海蛇

环带吻蛇

　　环带吻蛇是一种又细又长的蛇，蛇身主要为黑色，沿着身体和尾巴覆盖着大约30个较宽的白色环纹，第一条环纹穿过头顶。它们分布在澳大利亚大部分地区，主要栖息于森林、有稀疏树木的草原和灌木林中。环带吻蛇是一种洞穴蛇类，只在夜间才在地面上出现。它们的毒性比较小，不会对人类构成太大威胁。

浮游海蛇

　　浮游海蛇是一种非常独特的海蛇，身上长着奇怪的六角形鳞片，但这些鳞片并没有像其他蛇的鳞片那样一片压着一片，而是呈规律性排列。这种蛇的头修长，尾巴和身体的大部分都是扁平的。其身体一般是艳黄色的，通常沿着背部还有一条深棕色或黑色的线条。这种蛇遍布热带和南半球的所有水域，以鱼类为食。

环带吻蛇

西部珊瑚蛇

　　西部珊瑚蛇是一种纤细的圆筒形蛇，长着光滑的鳞片，脑袋很小，几乎很难和脖子分清，还有一双小小的眼睛。它们的身上有红、白和黑色相间的条纹，且红色条纹的两端总是与白色的条纹相邻。此蛇主要分布于美国亚利桑那州南部和墨西哥的部分地区，以蜥蜴和其他蛇类为食。

西部珊瑚蛇

澳大利亚珊瑚蛇

　　澳大利亚珊瑚蛇是一种小型蛇，身上的鳞片十分光滑，并且闪闪发光。此外，它们还长着一个稍稍向上翘的突出的鼻子。这种蛇身上带有一系列不规则的条纹，这些条纹由带着乳白色中心的深棕色鳞片组成。它们主要分布在澳大利亚东部地区，通常以蜥蜴为食。

南美洲珊瑚蛇

　　南美洲珊瑚蛇是一种很细的蛇，和其他珊瑚蛇一样，它们长着光滑的鳞片、小小的脑袋和小小的眼睛，它们的身体上装饰着宽宽的红色条纹。南美洲珊瑚蛇主要分布在南美洲北部，以蜥蜴和其他蛇类为食。

澳大利亚珊瑚蛇

得克萨斯珊瑚蛇

南方珊瑚蛇

　　南方珊瑚蛇色彩艳丽，它们身体上条纹的排列与众不同，在红色的条纹中间夹杂着黑白条纹。

南方珊瑚蛇

得克萨斯珊瑚蛇

　　得克萨斯珊瑚蛇有一个黑色的鼻子，鼻子后面是一条环绕着头部的宽宽的黄色条纹，其他部分装饰着宽宽的红色和黑色条纹，中间由较窄的黄色条纹隔开，是十分危险的毒性很强的蛇。得克萨斯珊瑚蛇分布在美国东南部和墨西哥与之相邻的干燥的地区，通常生活在多沙质土壤的地方。这种蛇行踪隐秘，通常藏在圆木和树木的残干中，以其他蛇类、蜥蜴和青蛙为食。

内陆猛蛇

　　内陆猛蛇是棕色或橄榄色的，有时在头部有一些分散的黑色斑纹，或者头部是纯黑色的。尽管这种蛇很稀少，但却是世界上最危险的蛇类之一。成年内陆猛蛇的体长可达2米，它们主要分布在澳大利亚中部干燥的平原和草原，食物为小型哺乳动物。

珊瑚蛇

非洲珊瑚蛇

非洲珊瑚蛇

　　非洲珊瑚蛇是一种短粗的蛇，鼻子上覆盖着一片巨大的三角形鳞片。这种蛇通常是橘黄色或粉色的，身上带有黑色的环纹。非洲珊瑚蛇主要分布在南部非洲的西部地区，栖息在干燥的草地和多石及半沙漠的地方，以小型爬行动物和哺乳动物为食，其毒性不是很强。

黑盾鳞棘背蛇

　　黑盾鳞棘背蛇的身体通常是漆黑的，有些种类还长有浅色的环纹痕迹。黑盾鳞棘背蛇是十分危险的毒蛇，主要分布在澳大利亚塔斯马尼亚岛、巴斯海峡的一些岛屿、澳大利亚西南部和南部沿海的一些岛屿，并栖息于多岩石地带、沙丘和海滨。它们的食物为青蛙、小型哺乳动物和一些岛屿上的海鸟幼鸟。

黑盾鳞棘背蛇

棕王蛇分布在澳大利亚的绝大部分地区

棕王蛇

　　棕王蛇是一种粗壮的蛇，体长约2米，长有一个宽阔的脑袋。它们有的是棕色的，也有的是深红棕色或深橄榄色的，腹侧的颜色变浅，腹部则变成乳白色或粉红色。这种蛇是危险的毒蛇，它们的每个鳞片都可能会有一个黑边或黑尖。它们分布在除最南部的澳大利亚全境，可以生活在从雨林到沙漠的任何环境，以青蛙、其他爬行动物和小型哺乳动物为食。

响尾蛇

　　响尾蛇是一种人人熟知的口有毒牙的蛇。这类蛇具有一个显著特征，即在其尾部末端长着一个响环，它是由若干个特殊的环状鳞片组成的。响尾蛇奇毒无比，足以将人置于死地。死了的响尾蛇也一样危险，即使在死后一小时内，仍然可以弹起施袭。

响尾蛇

响尾蛇的颊窝长在眼睛和鼻孔之间

颊窝

　　响尾蛇可以在伸手不见五指的黑夜里准确地捉到老鼠，这是因为在响尾蛇的两眼和鼻孔之间有两个能感受温度变化的颊窝。颊窝的构造十分精巧，它具有惊人的灵敏度：不仅能感觉到1米距离处大约0.001℃的温度变化，而且还能测出发出热量的温血动物的准确位置。

响尾

　　响尾蛇的尾部长有角质环，这是它们蜕皮时留下的皮。这些角质环曾经也是有活力的皮肤，变成死皮后就成了角质环。而且每次蜕皮后，皮上的鳞状物就被留下来添加到角质环上。响尾蛇会摇动尾巴，向入侵者发出警告：被我咬到是会中毒的！

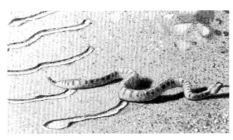

响尾蛇的尾巴会发出沙沙声

角响尾蛇

　　角响尾蛇是一种沙漠响尾蛇，生活在沙质地区。它们会侧着身体在沙地中横向穿梭。为了保护眼睛不被太阳直晒，角响尾蛇的眼睛上长有一对角，这对角能像遮阳伞一样遮住阳光。

响尾蛇靠颊窝判断出小动物的位置，从而一举把它们捕获

□ 蝰蛇

蝰蛇具有一些在其他蛇科动物身上找不到的特征。蝰蛇有巨大的毒腺，毒腺使它们的头部呈现出宽阔的三角形。蝰蛇能绝对控制其毒牙的运动。

嘶蝰

蝰蛇

蝰蛇的食物

蝰蛇

嘶蝰

嘶蝰是非洲最危险的蛇之一。嘶蝰的生活范围极广，从林区到半沙漠地区都有它们的踪迹。当受到威胁时，它们会使自己膨胀起来，并发出嘶嘶声，因此得名"嘶蝰"。一条完全长大的嘶蝰的身体比人的胳膊还要粗。

毛鳞树蝰

毛鳞树蝮

　　毛鳞树蝮是一种纤细的蛇，长有一种特别的鳞片。这种鳞片向上翻翘，脖子上的鳞片尤为明显，毛鳞树蝮也由此而得名。这种蝮蛇通常呈浅绿或深绿色，也有些是黄色的。它们的背部还有一些界限不清楚的模糊横条，看起来十分恐怖。

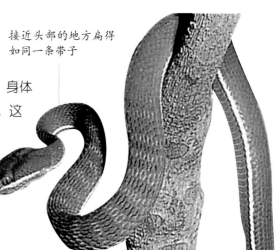

蝮蛇

波普氏坑蝮

　　波普氏坑蝮是一种较细的蝮蛇，身体侧扁，长着一个较大的三角形脑袋。这种蛇除尾巴外，多呈纯绿色。幼蛇沿着两腹侧各有一条灰白色的线条，有些成年蛇的身体上还会出现灰白色的线条。

接近头部的地方扁得如同一条带子

波普氏坑蝮

沙漠角蝰

　　沙漠角蝰是一种十分纤细的蝮蛇。这种蝮蛇身上长有粗糙的鳞片，并且有一个宽阔的脑袋，在每只眼睛上还覆盖着一个长长的角形鳞片。沙漠角蝰呈土黄色、淡黄色、浅灰色或者粉色，并且沿着背部有一排或两排平行的深色大斑点。它们常常随着侧风移动，在受到打扰时，它会摩擦鳞片发出刺耳的响声。

沙漠角蝰

有角龙纹蝰

　　有角龙纹蝰蛇长着扁扁的身体和短短的尾巴，每只眼睛上有一个小角。其体色根据生活场所土壤的颜色而各不相同，可能是灰色、黄褐色、红色或者棕色的，沿着背部有一系列颜色较深的大斑点，并且在两腹侧也有交错的大斑点。有角龙纹蝰分布在非洲南部和东南部，生活在灌木丛、半沙漠和沙漠环境中。

蝮蛇一般都在陆地上生活

第十一章

鱼

Dishiyizhang

Encyclopedia of the Animals

鱼类是最古老的脊椎动物，大约出现于5亿年前。最原始的鱼类是没有颌的，我们把它叫作无颌鱼。无颌鱼曾有过相当繁盛的时期，目前只剩下两个种类：盲鳗和七鳃鳗。大约4亿年前的泥盆纪，有颌鱼类开始出现在地球上，后来这类鱼渐渐进化成了软骨鱼或硬骨鱼。鱼类分布在世界各地的海洋中，包括冰冷的极地海洋及温暖的热带海洋。它们也生活在大河、大湖、小池塘甚至漆黑的地下河流等淡水中，靠有力的尾部和鳍在水中活动。鱼类生存需要氧气，但不用游到水面呼吸，在水下就能获得氧气。鱼类主要以水生植物和其他海洋动物为食。

鱼的身体结构

鱼的身体结构和其他动物有很多相似之处。但为了能适应水中的生活，它们还需要一些独特的器官。鱼类用鳃在水下呼吸，氧气穿过鳃上的薄膜进入血液，然后传遍全身，给肌肉提供能量。多数硬骨鱼还有气球一样的叫作鱼鳔的器官，里面充满了气体，像一个体内救生圈，使鱼在水中保持平衡。

美丽的热带海洋鱼

鳞片

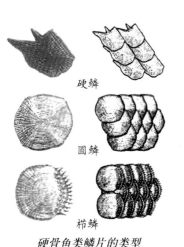

硬鳞

圆鳞

栉鳞

硬骨鱼类鳞片的类型

大多数鱼都长有朝向体后分布的鳞片，由于种类不同，鱼的鳞片类型也不同。鲨鱼类的鳞片呈牙齿状，嵌在皮肤里；多数硬骨鱼类的鳞片是骨鳞，其中一部分呈瓦状排列在身体表面。

鳞片

背鳍

尾鳍

侧线

鲤鱼的身体结构

鳃盖

胸鳍

嘴

肺鱼的泥地生活

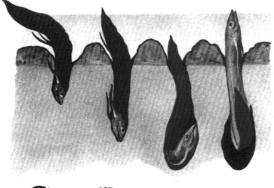

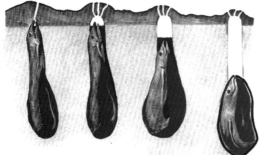

适于泥地呼吸的结构

有些种类的鱼并不完全生活在水中，有时需要在泥地中生活。例如肺鱼，当旱季水干涸时，它们就钻到泥土里夏眠，露出一个呼吸孔，利用它们发达的鳔状的"肺"进行呼吸。

适于水下呼吸的结构

大多数鱼大部分时间生活在水中，但它们不用游到水面呼吸。它们只需用嘴吸入水，通过鳃吸收水中的氧，氧便通过鳃上的薄膜进入血液，然后被输送到身体的其他部位。

适于游动的身体结构

　　鱼鳍是鱼适于水中游动的身体结构，分为胸鳍、腹鳍和尾鳍等。许多身形较长的鱼通过摆动全身和尾鳍来游动；有些鱼表面覆盖着厚重的鳞片，它们通过拍打胸鳍来游动；有些鱼则通过摆动背鳍上下游动。

鱼鳔

　　多数硬骨鱼都长有鱼鳔。鱼鳔的形状像气球一样，里面充满了气体，主要用于吸收和排放大量的水或氧气，以调节鱼在水中的沉浮。硬骨鱼就是通过鱼鳔在水中上下游动的。不过，软骨鱼是没有鱼鳔的。

有些鱼通过摆动胸鳍来游动

在水中自由游动的鱼儿

鲑鱼通过鱼鳔来调节沉浮

鲨鱼没有鱼鳔，只能靠调节肝脏与水的比重并不停地游动，来保证不沉入海底

□ 鱼类的骨骼

鱼类的外表各异，但是它们的骨骼构造却有许多共同之处。无颌鱼的骨骼为软骨，没有上下颌；鲨鱼等软骨鱼类，其内骨骼也是软骨，具有上下颌；鲑鱼等硬骨鱼类，它们的骨骼则主要由硬骨组成，具有上下颌。

硬骨鱼的骨骼结构示意图

脊椎骨

头盖骨

尾下骨

胸鳍骨

肋骨

骨骼类型

鱼类的骨骼按性质分为软骨和硬骨两类。软骨鱼类终生保持软骨。硬骨鱼的骨骼主要为硬骨，按照形式不同又分为软化硬骨和骨膜两种：在软骨的原基上骨化形成的硬骨就是软化硬骨，如脊椎骨；由真皮和结缔组织直接骨化形成的硬骨叫膜骨，如鳃盖骨。

腔棘鱼的胸鳍连有硬骨，所以能用鳍在海底爬行

骨骼组成

鱼的骨骼主要由3部分组成，即头骨、脊椎和鳍骨。头骨分为脑颅和咽颅两部分；脊椎骨具有前后两面都向内凹陷的特点，为鱼类特有；鳍骨分为奇鳍骨骼和偶鳍骨骼，而且与脊椎是分开的，以方便鱼在水中游动。

脊椎骨

硬骨鱼身体结构示意图

旗鱼是一种大型的硬骨鱼，坚实的脊椎使旗鱼能在游动中保持平稳

骨头的颜色

多数鱼的骨头呈土灰色，但是有一种鱼的骨头却是绿色的。尖嘴柱颌针鱼因肉质鲜美而常被捕食，人们剖开它们的身体时发现，它们的骨头是绿色的，而且经烹煮后还是绿色的。

口

血管

心脏   鳃盖

肝脏

胃 肠

鱼类的洄游

　　鱼类在水中的运动，大体上可分为两种：一种没有一定的方向性和周期性，称为"不定向移动"；另一种则相反，它们的运动是有目的的，时间和距离相当长，有一定路线和方向，而且在一年或若干年中的某一时间、某些环境条件下，做周期性的重复，因而形成了所谓"定向移动"，这就是通常所说的洄游。

在水中自由游动的鱼群

背鳍
筋肉

鱼鳔

肛门

鲑鱼的洄游

洄游的原因

　　鱼类洄游的原因很多，首先是受到外界条件的影响。鱼类在水中生活，它们的活动受到温度、水流和盐度等因素的影响。但洄游大多是因水温的变化而引起的。当水温发生变化的时候，鱼类就要寻找适于生活的环境，从而产生洄游。由于它们身体两侧的侧线感受器官对水流的刺激尤为敏感，所以能帮助鱼确定水流的速度和识别方向。

洄游是鱼类对环境的一种长期适应，它能使种群获得更有利的生存条件

鲑鱼的出生地在河川

幼鲑随着水流游向大海，并在那里长大

鲑鱼的洄游

　　鲑鱼最初出生在河川中，当幼鲑从卵中孵化出来以后，便随着鱼群迁徙到海中。鲑鱼一生的大部分时间是在海中度过的，但是每到繁殖季节，成年鲑鱼又会洄游到出生地的河川产卵，繁殖后代。鲑鱼这种定期迁徙的现象就属于鱼类的洄游。

大约9月份左右，成年鲑鱼成群地向出生地的河川游去

□ 鱼类的感官

　　各种鱼类都在水环境中进化出了特殊的感官结构。鱼类的感觉器官有嗅觉、视觉、听觉、味觉以及水生脊椎动物特有的侧线，这为它们更好地适应水中生活提供了良好的条件。

水感

　　鱼类能通过它们的特殊感官——侧线感受器来预测水流、敌人及其猎物的动向。侧线管掩藏在鱼的皮肤下，分布在鱼体两侧，充满体液。来自水的振动能引起侧线管内黏液的变化，这种变化再经神经末梢转化为神经信息，并被迅速传送到鱼的大脑，从而使鱼感知周围环境的信息。

鱼类能通过水波的变化感知周围环境的信息

狗鱼是一种粗暴的肉食鱼，一旦猎物在周围水域出现，它就能借助水感追踪到猎物，进行捕食

鱼类的视觉

　　鱼类的视觉与陆生脊椎动物不同，它们的眼睛不改变晶状体的形状，而是通过改变晶状体的前后位置来形成视觉。鱼类的晶状体呈球形，没有弹性，角膜呈扁平状，因此它们的视力很弱，在水中看不到远处的东西。软骨鱼看到的物体没有颜色，而大多数硬骨鱼则不同，它们看到的东西是有颜色的。生活在水中的四眼鱼有着独特的眼睛，它们能够协调工作，同时看到水中和空中的情景。

天使鱼

大多数硬骨鱼能看到带有色彩的物体

鱼类的听觉

　　鱼类没有类似人类的外耳。但是它们却有很好的听觉，这是因为大多数鱼的耳朵为内耳，被保护在头两侧的囊中，外界的声音以鱼体内的水为载体传到鱼的耳朵里，从而形成鱼的听觉。

窄长的背鳍

鱼类都有良好的听觉

光滑的皮肤

鲇鱼

胸鳍

鱼类的嗅觉

　　鱼类的身体里长有嗅囊，能帮助鱼类辨别食物和有毒物质。很多海洋鱼类的触须上长有嗅囊，例如鲇鱼，它们的嘴周围长有明显的长须，鲇鱼就是通过长有嗅囊的长须来辨别食物的味道的。

鱼类有着比人类更加灵敏的味觉

鱼类的味觉

　　鱼类的味觉同嗅觉一样灵敏。鱼的唇部、口腔和触须上布满了味蕾，其他部位也有味觉神经的分布，味蕾与鼻子共同担负着对水体中化学物质进行定性分析的任务。所以鱼类在觅食时大多数都要经过反复吐吐吸吸，通过味道辨别食物的可食性，合乎口味的就吞吃，不合口味的就吐出。鱼的种类和生活环境不同，其味觉敏感程度也不相同。比如，生活在黑暗水域中的鱼，要比生活在明亮水域中的鱼的味觉灵敏得多。

鱼类的繁殖

鱼类大多是产卵繁殖。鱼产卵后，多数对其后代的生存置之不理，因此，只有百分之几的小鱼能长成大鱼。但鱼类中也有极个别的关心其后代成长状况的鱼。如雄刺鱼会在雌鱼产卵离去之后，留在巢中护卫鱼卵。幼鱼孵化出来后，雄刺鱼仍然在一定的时间内呵护它们成长。

鲑鱼的受精卵

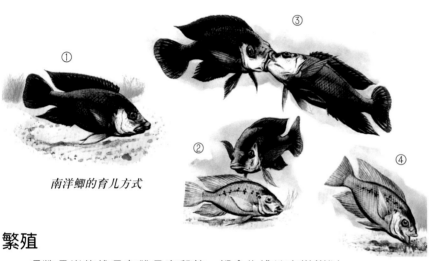

南洋鲫的育儿方式

即将孵化的鲑鱼卵

繁殖

多数鱼类的雄鱼在雌鱼产卵前，都会先找地方搭巢以供雌鱼产卵，然后雌鱼的卵与雄鱼的精子在水中完成受精过程。受精卵通常置于巢中，慢慢地孵化。

刚孵化出来的幼鲑

奇特的育儿方式

有些鱼，如南洋鲫，经常采用口中育子的育儿方式。南洋鲫的雌鱼将卵含在口中，卵经一星期左右的时间孵化成小鱼，小鱼生长几天后才离开雌鱼。一旦遇到危险，雌鱼会再度将小鱼含在口中，以保护小鱼。

幼鲑

鲑鱼的繁殖过程

海鲋的育儿方式

海鲋的幼鱼起初在母体内生长，依靠母体提供养料

海鲋鱼的卵先在母体里面孵化，5～6个月后，未完全长成的幼鱼才从母体出来

鱼类的保护色

　　鱼类之间弱肉强食的现象经常发生，因此很多鱼都会用颜色来保护自己。色彩的运用都是为了伪装、自卫或是表明自己所占领的地盘。为了不同的目的，鱼类已演化出几乎可以想象的任何颜色和斑纹。

蝴蝶鱼的体色可以随时发生改变，使自己与周围五光十色的珊瑚礁融为一体

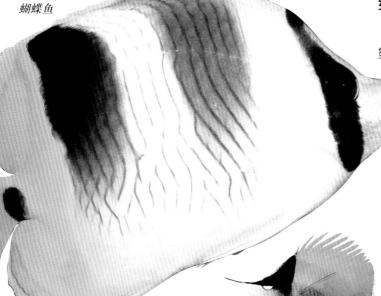

蝴蝶鱼

鱼类很会用颜色来保护自己

绚丽的色彩

　　有些鱼具有绚丽的外表，例如海葵鱼。海葵鱼体色鲜艳，习惯栖息在与其体色相近的海葵的触须中，这样不仅可以达到隐身的目的，还能与海葵分享食物。

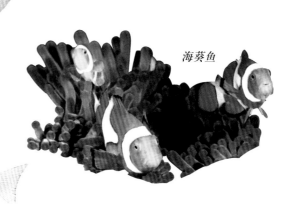

海葵鱼

肮脏的外形

　　有些鱼为了达到自我保护的目的，在长期的生存环境中进化出了肮脏的"外形"。例如，古巴鲉鱼的体表覆盖着散落状的暗色鳞片，这使它们看起来很"脏"，因此很多鱼对它们不屑一顾。

斑纹的伪装

　　一些鱼利用身上的斑纹伪装自己。如丑鳅的暗色斑纹与其栖息的湖底植物丛的颜色非常相近，当天敌被假象迷惑时，它们就会趁机逃走。有着"海底鸳鸯"美称的蝴蝶鱼，其尾部也长有一个眼睛状的大斑纹。

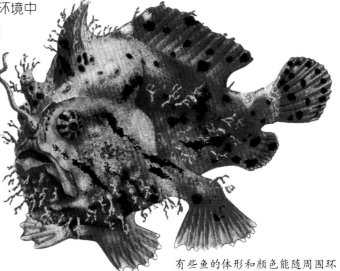

有些鱼的体形和颜色能随周围环境的改变而发生改变，很难辨认

第十二章

无颌鱼及软骨鱼

Encyclopedia of the
Animals

Dishi'erzhang

　　无颌鱼是最原始的鱼类，它们没有上下颌，口内长有很多牙齿，像圆形的吸盘，用以吸食大鱼的血和肉。软骨鱼都生活在海中，身体都比较庞大。大多数软骨鱼都是活跃的捕食者，它们以其他鱼类为食，上下颌都长着锋利的牙齿。软骨鱼的尾巴可以不停地左右摆动，这和那些运用身体的波动而前进的无颌鱼有些相似。软骨鱼具有流线型的身体，当它们在水中游动时，张开大嘴，就会吞进数量众多的浮游生物。

无颌鱼

无颌鱼是地球上出现最早的脊椎动物。无颌鱼具有无鳞而黏滑的皮肤。它们主要生活在海底世界，但游泳能力不是很强，主要依靠身体的扭动而不断前进。它们的嘴像吸盘一样，上面长着很多小牙。无颌鱼能够吸附在其他鱼身上，用牙齿锉下肉吃。多数无颌鱼在3亿年前就已经灭绝了，但有少数属种存活下来并繁衍至今，如盲鳗和七鳃鳗。

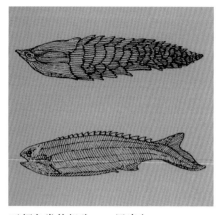

无颌鱼类的祖先——甲胄鱼

吸附在牙鲆上的盲鳗

像蛇一样的身体

盲鳗

盲鳗是一种没有颌的原始鱼类，全长近1米。它们一般在海面以下100米的水域生活，以小型甲壳类动物及多种鱼类的尸体为食。它们的牙齿像一排排的梳子，能将肉从猎物身上刮下来。盲鳗和七鳃鳗有亲缘关系。但与七鳃鳗不同的是，盲鳗不会攻击活鱼。有时它们会钻进大鱼的尸体内将肉吃个精光，只剩下鱼骨。

海七鳃鳗

海七鳃鳗是寄生鱼，靠吸食其他动物的血为生。它们都有尖尖的牙齿，像吸盘一样把自己固定在猎物身上。海七鳃鳗可以在猎物身上待上几周，直到吸够了血，猎物常常因此死去。海七鳃鳗生活在海里，但在淡水中繁殖。幼鱼靠滤食水中的食物颗粒生存，且需要在淡水中生活6年之久。

口中布满了细小的牙齿

海七鳃鳗

河七鳃鳗

与海七鳃鳗不同，河七鳃鳗一生都在淡水中度过。对其他鱼类来说，河七鳃鳗不会构成威胁，因为成年的河七鳃鳗不吃东西。雌河七鳃鳗将卵产在沙砾或沙地上。卵变成幼鱼后，经过5年才能成年。通常，成年的河七鳃鳗在产卵之后就会死去。

海七鳃鳗吸附在其他鱼身上

软骨鱼

鲨鱼、鳐鱼和𫚉鱼都是软骨鱼，它们的骨骼由软骨构成。软骨虽然比硬骨脆弱，但它的强度仍然很大，足以支撑起身体的重量。鲨鱼是最有名、最令人恐惧的软骨鱼。它们的口中有几排并列的呈锯齿状的牙齿，当外边的牙齿脱落后，里边的牙齿就会冒出来。鳐鱼和𫚉鱼身材扁平，并且长着翼状的鳍，它们大多生活在海底，通常都很会伪装。

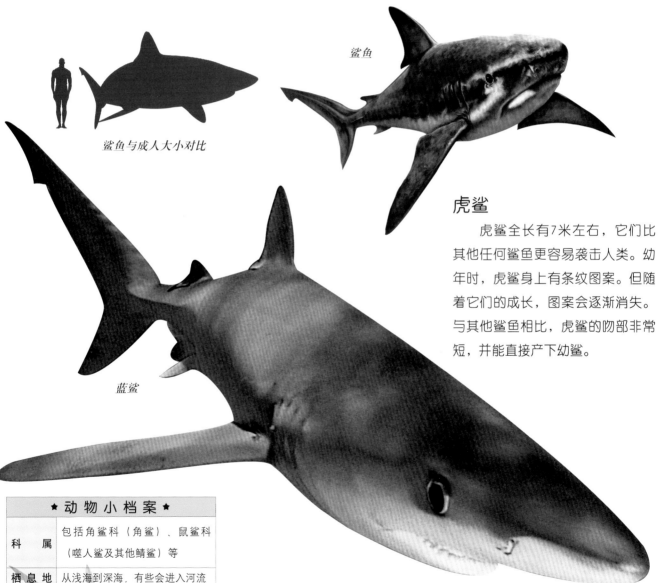

鲨鱼

鲨鱼与成人大小对比

鲨鱼

蓝鲨

虎鲨

虎鲨全长有7米左右，它们比其他任何鲨鱼更容易袭击人类。幼年时，虎鲨身上有条纹图案。但随着它们的成长，图案会逐渐消失。与其他鲨鱼相比，虎鲨的吻部非常短，并能直接产下幼鲨。

★ 动物小档案 ★	
科　属	包括角鲨科（角鲨）、鼠鲨科（噬人鲨及其他鲭鲨）等
栖息地	从浅海到深海，有些会进入河流
分　布	全世界的海洋中
食　物	包括螃蟹和鱼类、枪乌贼、海龟、海鸟和海豹；最大的两种鲨鱼以小浮游生物为食
生殖方式	有些是卵生，但大多数是卵胎生

蓝鲨

具有流线型体形的蓝鲨是世界上分布最广的鲨鱼之一。其体长约有3.8米，胸鳍长而弯，因此追捕猎物时，蓝鲨可以在水中自由翻转。蓝鲨有时也会攻击人类，而且它们常常袭击渔网，吃网中的鱼，给渔民们制造麻烦。

鲸鲨

　　鲸鲨因为身体巨大，很像鲸鱼，所以叫鲸鲨。它们是世界上最大的鱼之一，其身长有20米左右，体重约20吨。鲸鲨身体呈灰青色，上面有排列成行的淡色斑点。它们虽然身体庞大，可是牙齿很小，只能吞食海洋里的小生物。鲸鲨不会伤人，而且性情还很温顺。

鲸鲨

大白鲨

　　大白鲨是深海中最危险的动物。除了人类，没有任何动物能捕食它们。大白鲨可以轻易地将猎物咬成两半。由于喜欢猎食人类和其他动物，因此它们又被称为"噬人鲨"。一般成年大白鲨的体长有7～8米，有的可达12米。它们的嘴巴很大，锋利的牙齿向内侧生长，边缘还长有小锯齿。当它们的第一排牙被磨损时，还会长出第二排牙。大白鲨的皮肤上长满了小小的倒刺，猎物哪怕被大白鲨撞击一下，也会被弄得鲜血淋漓。

大白鲨的牙齿十分锋利

大白鲨

锤头双髻鲨

锤头双髻鲨

　　锤头双髻鲨有着典型的鲨鱼身材，但头部两边各长有长长的褶叶。锤头双髻鲨游水前进时，会不时左右甩头，以便获得更宽广的视野。锤头双髻鲨的头部上还分布有许多感觉孔，专门用来侦测猎物发出的微弱电流。

蝠鲼

蝠鲼是世界上最大的鳐鱼。它们的身体呈菱形，宽达6～7米，重2～3吨。蝠鲼的头部两边有一对能够转动的鳍，游泳时卷起来，像一个筒子，捕食时伸到口下边，又成了一个漏斗。蝠鲼虽然身体很大，但行动敏捷，可以在水表层快速游动，也可以刹那潜到海底，有时还会像鳐式飞机一样在水面上划行，甚至会碰翻渔船，因此人们又叫它们"鬼鳐"。

成排的鳃裂

宽大的胸鳍

蝠鲼

鳐鱼

刺虹

刺虹

刺虹和鳐鱼关系密切，只是吻部更钝一些。刺虹的身体又扁又平，体盘近圆形，吻端尖突，尾前部宽扁，后部细长如鞭。在它们的尾鳍根部，有一个或两个棘突。如果它们遭到袭击，就会从棘突处射出一股带有剧毒的毒液。对人类来说，刺虹造成的创伤很少会致人死亡，但创伤会让人感到疼痛无比，有时会使人半边身体麻痹。刺虹主要吃软体动物和甲壳类动物，能直接产下幼鱼。

银鲛

银鲛长相奇特，有着兔子一样的嘴巴和一条长长的"老鼠尾巴"。如果翻译其拉丁文名字，大概意思是"由许多动物组成的怪兽"。银鲛全长约1.5米，生活在200多米深的海域，以软体动物、贝壳类以及体形较小的鱼类为食。它们的鳃藏在一片皮肤的下面，这一特征在硬骨鱼中最为常见。银鲛属卵生。每个卵都包在一个长而纤细的卵壳里面。

胸鳍

腹鳍

银鲛

Encyclopedia of the
Animals

第十三章

硬骨鱼
Dishisanzhang

世界上现有的硬骨鱼约占现存所有脊柱动物的一半。和生活在海水中的软骨鱼不同的是，硬骨鱼可以生活在淡水和海水区域。从外表看，硬骨鱼的身体和软骨鱼有些相似，但是二者实际上有很大的不同。硬骨鱼包括鳍条在内的骨架都是由硬硬的骨头构成的。大多数硬骨鱼是海鱼，也有一些硬骨鱼生活在淡水中。硬骨鱼无疑是进化得最为成功的，几乎在地球上的每一个水域中都有它们的身影。

□ 肺鱼和总鳍鱼

弓鳍鱼比总鳍鱼更古老

　　肺鱼都有坚硬的骨骼，身体表面覆盖有鳞。肺鱼平时用鳃呼吸，在干涸环境中用鳔呼吸，这是与其他鱼的不同之处，肺鱼也因此而得名。目前，世界上仅存3种肺鱼：澳洲肺鱼、非洲肺鱼和美洲肺鱼。总鳍鱼和它们的近亲都有和鲨鱼相似的特征。它们的背可以像帆那样升降，可以通过吞咽空气来呼吸，也能沿河床爬行。

粗大的尾巴

美洲肺鱼

美洲肺鱼

　　美洲肺鱼生活在旱季很长的地方。水干涸之后，美洲肺鱼会钻进泥里，进入"夏眠"状态，直到雨季到来才会苏醒，从洞里爬出，又恢复正常的生活方式。美洲肺鱼体长最长能达到1.2米。

非洲肺鱼

非洲肺鱼

　　非洲肺鱼主要生活在非洲内陆的淡水区域中。成年非洲肺鱼全长0.5～1米。和美洲肺鱼一样，在8～12月份的干旱期，非洲肺鱼会在泥中钻一个洞，然后在里面蜷起身体进行"夏眠"。夏眠可以持续几个月，在这段时间，肺鱼一直用鳔呼吸。

总鳍鱼

　　总鳍鱼分布于非洲的淡水区域，身体圆长，鳍短粗，背上有一排小鳍。它们的胸鳍和腹鳍非常有力，能帮助它们沿河床爬行。总鳍鱼吃鱼和其他小的水生生物。它们能用同样的爬行动作，爬到猎物的身上，以享受美餐。

总鳍鱼

扇贝形的胸鳍

背部排列着整齐的小鳍

□ 鳕鱼

鳕鱼主要生活在太平洋、大西洋北部海域，成年鳕鱼全长可达一米。鳕鱼的食物相当广泛：鲱鱼、鲽鱼、贝壳类动物以及软体动物都是它们所喜爱的食物。鳕鱼的眼睛很大，视力较好，这能帮助它们发现猎物并迅速捕食。在一般情况下，鳕鱼总是成群活动，它们很喜欢在冰冷的海水中生活。

鳕鱼的食物

进食习性

鳕鱼的食性杂，食量大，空腹时几乎吃所有能吃到的东西。鳕鱼吃得多，长得也快，10年左右的时间就能长到一米多长，每年体重还会继续增加。

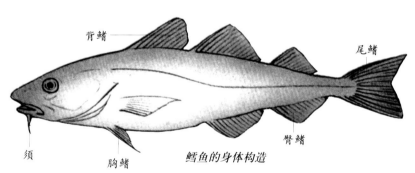

背鳍　尾鳍　臀鳍　须　胸鳍

鳕鱼的身体构造

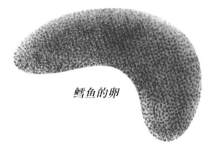

鳕鱼的卵

繁殖

鳕鱼的繁殖能力非常强，产卵数目惊人，一条身长1米左右的雌鱼一次可产卵300万～400万枚。雌鱼一旦将卵产下，就会离去。通常，孵化出的幼鱼随浮游生物一起漂浮，只有极少一部分能够存活下来。

大西洋鳕鱼

大西洋鳕鱼主要生活在大西洋北部的深海冷水层里，过着群居生活。它们的体线明显，身体肥硕，最长可达2米。

大西洋鳕鱼

□ 鲑鱼

鲑鱼主要分布在北部海洋及流入北部海洋的河流中。这类鱼多数是食肉动物，它们或者在水中追逐猎物，

鲑鱼

或者潜伏在水草中等待鱼和其他动物靠近。成年鲑鱼体重可达15千克，全长近1.2米。鲑鱼有洄游的习性，它们通常回到出生的河川去产卵。在洄游期间，有些鲑鱼的外表会发生很大的变化，例如粉色的鲑鱼会驼背，或长出一个驼峰来。

鲑鱼在出生地的河川产卵

幼鲑逐渐成长

鲑鱼的生长过程

鲑鱼是卵生鱼类，每到繁殖季节，成年鲑鱼就洄游到出生地的河川上游产卵。卵孵化为带有卵黄囊的幼鲑，幼鲑摄取卵黄囊的养分不断生长。随后，幼鲑随着水流游向大海。卵黄囊消失后，幼鲑以海藻上的生物为食，逐渐长大。在海中生活两三年后，幼鲑逐渐熟悉海中生活，成长为美丽的鲑鱼。

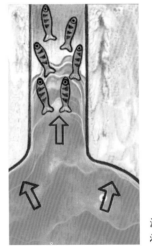

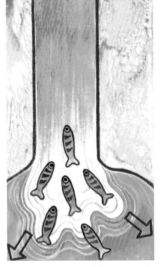

退潮时，鲑鱼顺着海域游向海里

涨潮时，鲑鱼顺着海流游向河川

成年鲑鱼

水中活动

鲑鱼在水中的活动受海潮的影响较大。它们对海水的状况非常熟悉，退潮时游向海里，涨潮时游向河川。鲑鱼非常善于游泳，它们能跃出水面，攀到瀑布的上游。

分辨出生地

　　绝大多数鲑鱼都能准确地回到自己出生的河川进行产卵，有人认为它们能记住出生地河川的味道。成年鲑鱼凭借自己独特的嗅觉辨别水的味道，并疯狂地逆流而上，最终回到出生地。

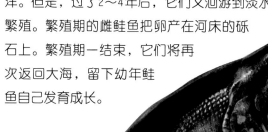

成年鲑鱼可以根据水的味道准确地回到出生地

大西洋鲑鱼

　　大西洋鲑鱼是一种洄游鱼。在河流里，它们吃昆虫和蠕虫。当长到约15厘米长的时候，它们便开始了在大海中的生活。成年鲑鱼还会漫游到遥远的大西洋。但是，过了2～4年后，它们又洄游到淡水里繁殖。繁殖期的雌鲑鱼把卵产在河床的砾石上。繁殖期一结束，它们将再次返回大海，留下幼年鲑鱼自己发育成长。

鲑鱼跳跃时跳跃高度可高达3米

虹鳟鱼

虹鳟鱼

　　虹鳟鱼体形侧扁，体被圆鳞，色彩艳丽，背鳍和腹鳍相对。它们的鳍和背部呈暗绿色或褐色，具有小型黑斑，体侧中央有一个红色纵带。虹鳟鱼一般每年春季产卵，并把卵产在有砾石的溪流中。成年虹鳟鱼在繁殖后通常会返回大海，但生活在较大湖泊中的虹鳟鱼会在淡水中度过一生。它们以水生昆虫和其他小动物为食，有时会跃出水面，抓捕那些小飞虫。

大西洋鲑鱼

★ 动 物 小 档 案 ★	
科　　属	鲑鱼科
栖 息 地	淡水和海洋或者两者都包括
分　　布	北美、北欧和亚洲
食　　物	水生昆虫和小鱼，游泳的鸟类和哺乳动物
生殖方式	卵生

鳗鱼

鳗鱼又叫鳗鲡，俗称鳝鱼。鳗鱼的身体长长的，像蛇一样，这使它们看上去和其他鱼差别很大。鳗鱼的体长能达60厘米，呈圆筒形；背侧为灰褐色，腹部呈白色。最特别的是，它们的背鳍与尾鳍相连，但无腹鳍。

生活习性

鳗鱼在世界各地都有分布。多数鳗鱼是夜行者。白天，它们躲在岩石的缝隙里或是石头旁，等到晚上才外出觅食。鳗鱼一生中大部分时间栖息在江河里，但在繁殖时节要洄游到海里产卵。幼鱼孵化出来之后要游回江河，能在2～3年内发育成幼鳗。

鳗鱼的旅程

每到繁殖季节，江河中成年的鳗鱼就要开始长途旅行，向大海游去。到了海洋中的产卵地后，雌雄鳗鱼交配产卵，而后大批地死去。幼鱼孵化出来之后要游回江河，在旅行中逐渐成长。

鳗鱼与成人大小对比

躯体呈圆筒形

背鳍与尾鳍相连

身上有黏液

鳗鱼

鳗鱼性情凶猛

刚孵化出来的幼鱼透明且呈扁平柳叶状

成年欧洲鳗鱼

顽强的生命力

鳗鱼的生命力极其顽强，它们可以在产卵的长途旅行中不进食，可以在"绝食"一年半后仍能生存，还可以溯流攀登美洲的尼亚加拉大瀑布。人工养殖的鳗鱼寿命可长达50年。

欧洲鳗

欧洲鳗体形粗壮，体色暗淡。它们一生多数时间在淡水中度过。欧洲鳗通常在天黑以后捕食，猎物主要是小动物。许多年以来，有关欧洲鳗的生命周期一直是个谜。有研究发现，成年欧洲鳗会穿越大西洋，到马尾藻海去产卵。然后，成年欧洲鳗会死去，留下幼鱼自己返回欧洲。而这样的一次旅行要花掉它们3年时间。

鳗鱼

头部细长如蛇形

海鳝

海鳝是形状和行动最像蛇的鳗鱼。它们的身体呈筋肉质，没有鳞，但有鲜明的花纹。海鳝通常生活在岩石堆或珊瑚礁上，白天隐藏在岩石缝隙里，傍晚出来觅食。海鳝长有锋利的牙齿，性情凶猛，平时行动迟缓，但只要有其他鱼进入其捕食范围，它们就以敏捷的动作将对方抓住，有时甚至还会咬住潜水员的手和脚。

海鳝

雪片海鳝

雪片海鳝的身体上有两排间距均等的黑斑块，每两个黑块之间有雪花般的白斑纹。它们的鳞片非常微小，使鱼皮看起来很光滑。雪片海鳝的背鳍很长，自鳃盖后一路延伸到尾鳍末端。

雪片海鳝

鳗鱼具有顽强的生命力

康吉鳗

康吉鳗主要生活在近海的浅水区，鱼体呈灰色。白天，它们躲在岩石的裂缝中或破船上，只露出头来。到了晚上，它们就会从洞穴中游出，捕食鱼、蟹、龙虾或章鱼等动物。成年后的康吉鳗会洄游到远海去产卵。

康吉鳗

□ 鲤鱼及其亲缘鱼类

　　鲤鱼及其亲缘鱼类是世界上数量最多的淡水鱼。从体形稍小的鲢鱼、草鱼、金鱼，到两米多的大鱼，世界上很多地方都有鲤鱼及其亲缘鱼类。鲤鱼的食物很多，包括钉螺、水中植物和其他鱼种。鲤鱼的嘴里没有牙齿，但嘴后部却有几颗咽喉齿，这些牙齿抵在一个坚硬的肉垫上，可以将吞下的任何食物磨碎。

鲤鱼

普通鲤鱼

　　普通鲤鱼身体呈青黄色，尾鳍为红色，体表布满圆鳞，体长最长可达一米多。普通鲤鱼口小，且向前突出，有两对触须，背鳍和臀鳍都有硬刺。它们是杂食性鱼类，常在河底寻找水草、螺蛳、黄蚬等食物。它们有很强的生命力。

产卵时，雌雄鲤鱼互相追逐

金鱼是鲤鱼的亲缘鱼类

锦鲤

　　锦鲤的体态优雅高贵，身体修长。成年锦鲤的胸鳍呈鱼雷形，稍圆且强健。锦鲤头大嘴宽，嘴上长有两对触须。它们的鳞排列形态因品种而异，例如浅黄锦鲤的鳞排列会产生松球状的效果，而衣锦鲤的鳞有金属色的光泽。

各种各样的锦鲤

金鱼

　　金鱼起源于中国，又称"金鲫鱼"，是由鲫鱼演化而成的观赏鱼类。金鱼头上有两只圆圆的大眼睛，身体短而肥，鱼鳍发达，尾鳍有很大的分叉。金鱼的鳞片分为正常鳞、透明鳞和珍珠鳞3种。正常鳞具有反光组织和色素细胞，呈现出各种颜色；透明鳞缺少色素细胞，呈透明状；珍珠鳞呈银白色。

🔲蓑鲉和皇带鱼

　　蓑鲉及其近亲既可生活在淡水里，也可以生活在海水中，尤其在珊瑚礁上尤为常见。生活在珊瑚礁上的属种一般颜色绚丽，并长有毒性很强的骨刺。皇带鱼通常生活在远海。它们身体狭窄，尾巴细长，色彩绚丽，是世界上最引人注目的观赏鱼之一。

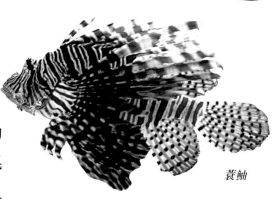

蓑鲉

蓑鲉

蓑鲉

　　蓑鲉主要分布在印度洋、太平洋等海域，通常生活在珊瑚礁上。蓑鲉的体长一般为30厘米。蓑鲉的鳍呈扇形，身上有引人注目的褐色、红色和白色的竖条纹。当受到威胁时，它们的鳍会全部展开，鳍上尖尖的棘突能把毒液注射到袭击者的体内。当直接面对敌人时，它们会显示出反击的态势。蓑鲉主要以小鱼和虾为食。

皇带鱼

　　游动时的皇带鱼看上去很像一条巨大的银色缎带，亮红色的背鳍从头到尾，构成了缎带的边缘。皇带鱼长得很长，有的可长到10米，主要靠身体的摆动前进。尽管它们很长，但不会对人构成任何伤害，因为它们没有牙齿，只能吃小的甲壳动物和鱼。它们用漏斗状的嘴巴来捕捉猎物。

皇带鱼身体扁平，眼睛和口都向外突出

石鱼

石鱼

　　石鱼又名毒鲉，是蓑鲉的近亲。它们披一身暗褐色或灰黄色的皮，背鳍有12根粗大的毒棘，经常栖息在浅水的礁石之间。当它们遇到危险或发现捕食对象时，它们会立即展开身上所有的毒棘，刺向对方。石鱼分布很广，在红海、印度洋沿岸，澳大利亚、印度尼西亚和菲律宾沿岸水域都可见到。

□ 飞鱼和海马

飞鱼平时生活在温暖的海面上。当它们受到惊吓或被大型的肉食性鱼追赶时，会使用发达的尾鳍加速游动，并展开胸鳍跃出水面，好像飞行一样。海马虽然生活在水里，但它们的游泳技术很差。这两类鱼中都有一些是淡水鱼，但大多数都生活在大海里。

大西洋飞鱼

大西洋飞鱼全长可达45厘米。它们借助伸展开的胸鳍在空中滑翔，最远可达200米，以此来躲避海鸟、大鱼和海豚等掠食者的捕食。起飞之后，飞鱼经常在空中拖曳下尾叶，就像是轮船上的螺旋桨一样，以此推动整个身体前进。

海马

有力的尾鳍和胸鳍是大西洋飞鱼游动的工具

海马

海马的外形很独特，除管子状的嘴巴有点鱼的特征外，整个头部都酷似马头。海马身上没有腹鳍和尾鳍，却有一根细长灵活的尾巴，可以使自己随意固定在某处。它们性情温和，行动缓慢，在水中能直立前进。海马是倡导"男女平等"的典范，因为"怀孕"和"分娩"都由雄海马来完成。雄海马尾鳍末端有一个育儿袋，受精卵就在那里发育、孵化成小海马。

海马管状的嘴巴可吸食海洋生物

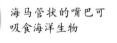

海马与成人手掌大小对比

叶形海龙

叶形海龙主要生活在海草世界里，它们和海马有着非常近的亲缘关系，外形极为相似。叶形海龙的身上长满不规则的叶状鳞片，这是动物界最巧妙的保护色，因此能伪装得很好，人们很难发现它们。

叶形海龙

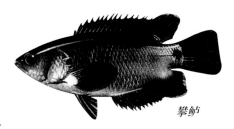

鲈鱼及其亲缘鱼类

鲈鱼为近岸浅海中下层鱼类，其数量占世界鱼类总量的1/3，也是硬骨鱼中最大的一目。它们广泛分布在太平洋西岸。最大的属种长达4.5米甚至更长，而最小的只有一厘米，为最短的脊椎动物。鲈鱼的亲缘动物有很多种，如攀鲈、石斑鱼、斗鱼、弹涂鱼、射水鱼等。

攀鲈

鲈鱼

攀鲈

攀鲈分布在东南亚多水草的河口、湖泊、沼泽等地，以能在陆地上行走而出名。它们以胸鳍支撑躯体，尾鳍左右摆动，像海豹般向前挪进，并且可以在陆地上生活数小时。这是因为它们的部分鳃呈玫瑰花瓣般的皱褶状，上面密布着毛细血管，能直接吸收空气中的氧气，持续排出血液中的二氧化碳。

斗鱼

斗鱼是一种非常美丽的鱼，主要生活在清澈的河川和沼泽中，以蝌蚪和其他一些细小的水生动物为食。斗鱼具有独特的呼吸器官，可以在没有水的情况下呼吸空气。斗鱼全长仅6厘米左右，但生性好斗，如果将两条雄斗鱼放进同一个水槽中，它们就会斗个不停。这也正是斗鱼名字的由来。

亮丽的色彩

与背鳍相连的巨大尾鳍

斗鱼

弹涂鱼

弹涂鱼生活在红树林沼泽地和泥泞的海岸上。与大多数鱼类不同的是，弹涂鱼在离开水的时候能够呼吸空气，这是因为它们的鳃盖内侧的皮肤上密布着微血管，这些血管与鳃动脉相通，以此来摄取空气中的氧气。它们的胸鳍能形成吸盘，这可以帮助它们在寻找猎物的时候爬上红树的根。

弹涂鱼

射水鱼

　　射水鱼分布在由菲律宾到印度的河口附近。它们能利用口里喷出的水，来击落栖息在水边草木枝条上的昆虫。但是其主要的食物为水生生物，只有在水生生物缺乏时，才会以"水枪"捕食。通常小射水鱼在距离1米左右就可将食物射落，成年后的射水鱼则可将4米远的食物射落。

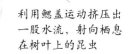

大梭鱼

利用鳃盖运动挤压出一股水流，射向栖息在树叶上的昆虫

射水鱼

大梭鱼

　　大梭鱼身体瘦削，呈鱼雷形，下颌突出，牙齿像匕首一样尖锐，是一种非常危险的食肉鱼。大梭鱼成群捕猎，它们的生活地点广泛，从近海水域一直延伸到广阔的远洋。它们还会袭击潜水员和在水里游泳的人，尤其是当人们携带的发光物体看上去像鱼的时候。

石斑鱼

石斑鱼

　　石斑鱼因身上长有特殊的条纹和斑纹而得名，且斑纹会随着它们的成长而变化。它们都长有粗壮的身体，体表呈棕色，宽而肥硕的嘴巴里长满小牙齿。石斑鱼主要栖息在岩礁地带，以龙虾、鱼和小鲨鱼为食。它们性情凶猛，且有互相残杀捕食的现象。

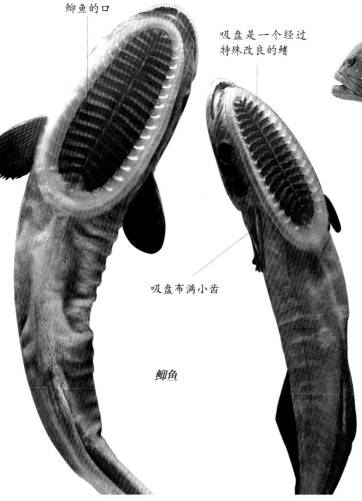

鲫鱼的口

吸盘是一个经过特殊改良的鳍

吸盘布满小齿

鲫鱼

鲫鱼

　　鲫鱼可以借助一个椭圆形的吸盘，使自己吸附在鲨鱼、鲸鱼和海豚等动物身上，进行免费的旅行。当鲫鱼与寄主紧紧靠在一起时，吸盘就会吸得很紧；鲫鱼向前游动进食时，吸盘就会松开。吸盘的吸力很大，如果将鲫鱼放在一个装满水的桶里，抓住鲫鱼的尾巴，整桶水都能被提起来。

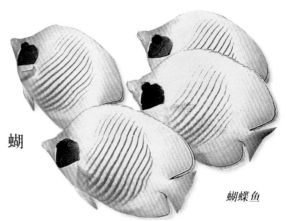

□ 蝴蝶鱼

蝴蝶鱼大都色彩艳丽，全身有数目不等的纵横条纹或花色斑块，体色能随外界环境的变化而改变。自然界中，色彩鲜艳的动物大都是有毒的，它们用鲜艳的颜色来警告敌人，用于自保。其实，蝴蝶鱼既无毒也无害。

蝴蝶鱼

生性胆小

蝴蝶鱼生性胆小，警惕性强，它们通常藏身于珊瑚丛中，并通过改变体色来伪装自己。进食的时候，它们总是争不过其他的鱼，而且一有风吹草动就慌忙躲藏起来，要过很久，确定没有危险之后才慢慢出来。

网纹蝶鱼

网纹蝶鱼

网纹蝶鱼分布在印度洋及日本、菲律宾、中国台湾和南海的珊瑚礁海域。它们身体扁平，呈圆盘形，体长有12～15厘米。网纹蝶鱼全身金黄色，体表两侧规则地排列着网眼状的四方形黄斑，酷似渔网条纹。其背鳍、臀鳍、尾鳍由鳍基部到上边缘依次有黄、黑、黄3条色带。它们主要以珊瑚虫、海葵等为食。

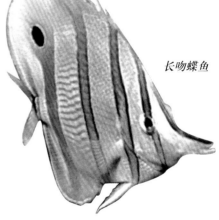

长吻蝶鱼

胆小的蝴蝶鱼时刻保持
高度的警惕性

长吻蝶鱼

长吻蝶鱼如同它们的名字一样，有一个尖长的吻部。这只"探测器"可以任意伸进狭长的小洞中搜寻食物。长吻蝶鱼的尾部上方有一个很大的眼点。当它们遇到险情时，常常以此来帮助自己迷惑对方，趁猎食者不明真相时溜之大吉。长吻蝶鱼的幼鱼与成鱼，无论颜色或是体形，都有着极大的差别。

□ 神仙鱼

　　神仙鱼分布在温暖的珊瑚礁浅海域。它们是海洋观赏鱼类中的主要种类，其绚丽的色彩无法用笔墨形容。因为具有绚丽的色彩及斑纹、曼妙的姿态和游姿，神仙鱼被冠以"鱼中之王"和"鱼中之后"的美誉。神仙鱼和蝴蝶鱼长得很像，可以根据其鳃盖后部的尖刺与蝴蝶鱼相区分。神仙鱼体长约有15厘米，主要捕食珊瑚虫、活珊瑚及寄生虫等。

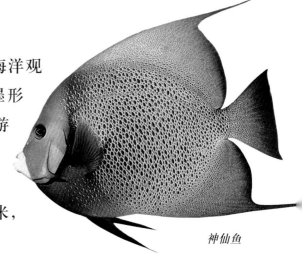

神仙鱼

法国神仙鱼

　　法国神仙鱼分布在大西洋西部从美国佛罗里达、中美洲加勒比海到巴西地区的海域。法国神仙鱼的幼鱼鱼体呈黑色，有四五条明显的黄色垂直条纹。随着鱼的成熟，黄色条纹褪去，鱼体变为深灰色。同时，鱼体鳃盖后的大部分区域会出现斑点。

法国神仙鱼

双色神仙鱼

　　双色神仙鱼分布于从东印度群岛到萨摩亚群岛和西太平洋地区的珊瑚礁地区。双色神仙鱼头部有一块蓝色小斑，身体深蓝色的后半部与鲜黄色的前半部由一条垂直细线隔开。雄鱼可与一群雌鱼交配。如果鱼群中雄鱼死亡或是离开，雌鱼会变性来替代雄鱼。

双色神仙鱼

皇后神仙鱼

　　皇后神仙鱼外形漂亮，分布广泛。它们通常成对地生活在珊瑚礁中。除了尾鳍，皇后神仙鱼的鱼体有鲜明的蓝色轮廓。成鱼体色呈金褐色、鲜艳的黄色或绿色，鳃盖的后部及胸鳍的基部为鲜黄色。它们的臀鳍和背鳍很长，延伸至尾鳍，鳃盖后还有小刺保护。

皇后神仙鱼

扳机鱼

扳机鱼及其近亲都具有不同寻常的形状：有的看起来像是盒子，而有一些则像是足球或餐盘。它们都有一些人们很难看到的共同特征，如小小的嘴巴，与众不同的牙齿，还有脊突上相对较少的椎骨。这类鱼大约有350个属种，并且在全世界都能见到它们，多数扳机鱼生活在近海的浅海水域。

扳机鱼

翻车鱼

毕加索扳机鱼

毕加索扳机鱼长20～30厘米。之所以名为毕加索，可能源于它们身上大块的现代图案。毕加索扳机鱼的背鳍具有硬棘，能竖立起来顶在珊瑚礁壁上。当大鱼想吃它们时，它们就躲入礁穴中，用硬棘将自己牢牢地顶在礁壁上，大鱼想拉也拉不动。

刺鲀鱼

刺鲀鱼全身长满了硬刺。当刺鲀鱼身体膨大时，棘刺可以直立，棘刺基部互相连接，形成一个连续的甲板，可以用来保护自己免受敌人伤害。平时这些刺紧贴在身体表面，一旦遇到敌害或受到惊扰，刺鲀鱼就急速地大口吞咽海水，使身体迅速膨胀，全身的棘刺都竖起来，形成一个有刺的球体，以此来威胁敌人。

这些刺是由鳞片演变成的

刺鲀鱼

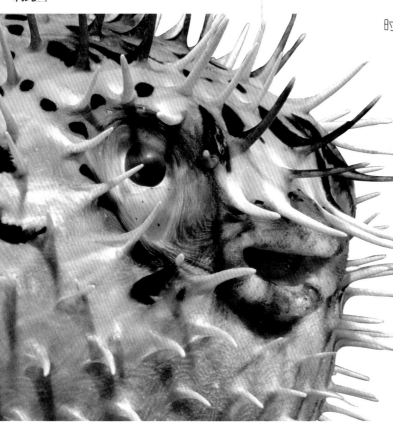

翻车鱼

翻车鱼是世界上最大、形状最奇特的鱼之一。它们的身体又圆又扁，像个大碟子。鱼身和鱼腹上各有一个长而尖的鳍，而尾鳍却几乎不存在，这使它们看上去好像后面被削去了一块似的。翻车鱼主要以水母为食，能用微小的嘴巴将食物铲起。它们常常在水面晒太阳，尽管其形状看似笨拙，但有时也会跃出水面。

深海鱼

1000米以下的海洋完全是漆黑一片，而且海水冰冷彻骨，没有植物生长。然而有些鱼类却能在这里生存下去，这就是深海鱼。许多深海鱼都长着大嘴，以便一口能吞下猎物，还有的深海鱼胃部能伸缩自如。很多深海鱼的身体能发光，它们以此来吸引猎物以及配偶。

巨大的嘴、发光的身体是很多深海鱼所具有的特征

鮟鱇鱼

鮟鱇鱼

鮟鱇鱼生活在温带的海底。它们的头很大，由上往下看，像有柄的煎锅一样。鮟鱇鱼背脊最前面的刺长得很像钓竿，前端有皮肤皱褶伸出去，看起来像鱼饵，鮟鱇鱼常常利用此饵状物引诱猎物。它们的胸鳍很发达，可以像脚一样在海中移动。

蝰鱼

蝰鱼是分布在全球热带和温带海域的代表性深海鱼。它们的牙像毒蛇的牙齿一样，长而伸出，背上还长有一根又细又长的刺，其顶端能发光。它们的口张得很大，胃极具弹性，因此能吞下和本身同样大的猎物。蝰鱼通常在晚上游到海面附近，追逐浮游生物，天亮后回到深海里。

斧头鱼

斧头鱼

斧头鱼生活在千米以下的深海中，浑身透明，身长只有5～8厘米。它们的身体极度侧扁，前半部分看起来很像斧头的刀刃，而后半部分则像刀柄，所以被称作斧头鱼。斧头鱼具有一系列的发光器，并利用光来捕食。因为在黑暗的海域中，海洋生物会向有光的地方游动。

闪光鱼

闪光鱼只有几厘米长，但它们发出的光很亮。当它们在水里发光时，人们甚至可以凭借其光亮看清手表上的时间。闪光鱼的两眼下有一粒能发出青光的肉粒，这是闪光鱼用来探测异物、捕食食物，并与同类沟通的器官。闪光鱼平均每分钟可闪光75次。它们也凭借闪光频率来传递信息：遇到同类时闪光频率会发生变化；受到追逐时，也有特定的闪动频率，用以迷惑对方。

闪光鱼

腔棘鱼

腔棘鱼通常生活在非常深的海底，并把自己隐藏在海底礁石的洞穴里。地球上最早出现腔棘鱼大约是在4亿年以前。它们的身体结构很特别，鳍呈肢状，活动灵活，可以用来爬行。

宽咽鱼

宽咽鱼的长相非常怪异，它的嘴占了身体的一大半，能吃下体形比它们大很多的鱼类。它们松垮的颌部可以随食饵体形而像铰链般张合，有伸缩性的身体也能扩张开来，吞食大餐。

宽咽鱼

深海狗母鱼

深海狗母鱼长着长长的腹鳍，这些鳍像高跷一样，能够帮助深海狗母鱼在海底站立。在那里，它们能捉到像甲壳动物之类的食物。

腔棘鱼

深海狗母鱼

VISUAL BOOKS

文心/主编

动物世界大百科

 哺乳动物

天地出版社 | TIANDI PRESS

目录 | CONTENTS

242—269

第十六章
肉食类动物

肉食类动物身形矫健，肌肉发达，四肢的趾端长有锐爪，能够捕捉各种各样的猎物。

270-289

第十七章
草食类动物

草食类动物是有蹄的、以植物为食的动物。它们的奔跑速度通常很快，能够在开阔的大地上奔驰。

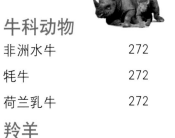

牛科动物

羚羊

鹿科动物

长颈鹿

犀牛

马科动物

河马

290-297

第十八章
啮齿类动物和兔类

啮齿类动物和兔类有一定的亲缘关系，它们都长有可以不断生长的门齿，常借啮物以磨短。

298-303

第十九章
卵生类和有袋类哺乳动物

卵生类和有袋类哺乳动物大部分都分布在大洋洲，它们的代表物种是鸭嘴兽和袋鼠。

304-309

第二十章
食虫类、贫齿类和蝙蝠

这些动物广泛地分布于世界各地，主要以各种昆虫为食。

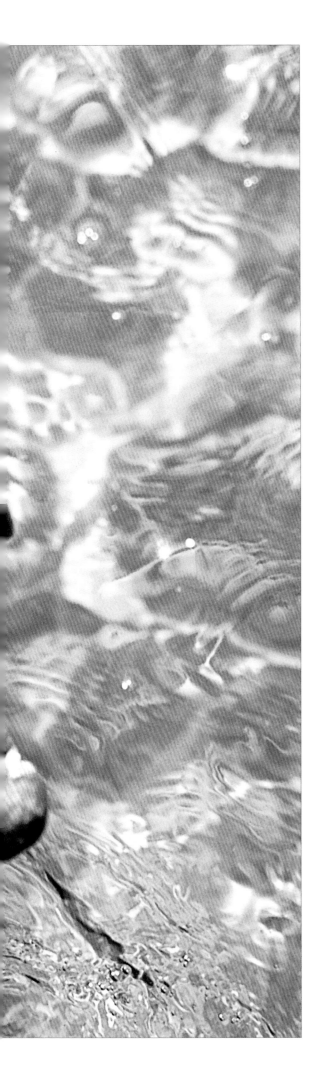

第十四章

Encyclopedia of the
Animals

海洋哺乳动物 Dishisizhang

在海洋边缘水域生活着各种海洋哺乳动物，它们必须定期浮到水面呼吸。在漫长的进化过程中，这些哺乳动物身体逐渐变长，足变成蹼，并缩短成为鳍肢，基本适应了海洋生活。然而它们还是保留了哺乳动物的基本特点：有毛和乳腺，并有恒定的体温。海洋哺乳动物主要分为两类：鳍足动物（海豹、海象和海狮）和鲸类动物（鲸和海豚）。鲸类动物必须一直生活在水中，而鳍足动物则有时需要到陆地上交配、产仔。海洋哺乳动物有流线型的身材、四肢和尾，以及能保暖的厚厚的脂肪。大部分海洋哺乳动物游泳速度都很快。海豹用鳍肢来推进，鲸鱼和海豚则靠其尾部前进。海豚和一些海豹类动物游动时还会突然蹿出水面。

□ 鲸

鲸类动物包括鲸与海豚，是在大约6500万年前从有蹄类动物进化来的。目前，世界上约有80种鲸类动物。它们都有流线型身体，以及推进作用的扁平尾巴。和所有的哺乳动物一样，它们用乳汁哺育幼仔。除了一些生活在淡水中的海豚，大部分鲸类动物生活在海里。

各种各样的鲸

身体构造

鲸与陆地动物不同，陆地动物靠骨骼支撑身体，而鲸是靠水的浮力来支撑身体的。鲸庞大的身体有一定的优势，其表面积与体积的比例较小，比小动物更易保温，而且这样的大体积足以威慑某些食肉动物，例如鲨鱼。海豚是小型有齿鲸，其身材苗条，皮肤光滑，口腔内的尖细牙齿有200颗之多，海豚能在水中以极快的速度追赶猎物，非常适合捕鱼。

背鳍

披肩部位，又称肩背部

喷气孔

前额，又称隆额

躯体呈流线型

尾干肌肉发达

隆脊

尾鳍呈水平状

嘴喙，又称吻部

没有外耳，只有小耳孔

海豚的身体构造示意图

喷气孔

背脊骨

鲸的骨骼结构示意图

下颌骨

鳍骨

骨骼结构

鲸类动物的骨骼与鱼类相似，呈流线型，从头至尾逐渐变细。鲸的背脊骨支撑起强壮的尾部肌肉，尾部肌肉的运动推动鲸不断前进。鲸的前肢像鱼鳍一样，能够控制前进的方向。

小抹香鲸

生殖

鲸类动物在生殖方式上仍然保持着哺乳动物的典型特征，即胎生和哺乳。雌鲸通常一次仅怀一胎，春秋季节受孕，11～12个月后生产，幼仔直接出生在水里。幼鲸出生后，雌鲸会立即将它们推送到水面上，幼鲸就能呼吸到第一口空气了。这是一个非常危险的时刻，必须小心提防肉食性鱼类的进攻。

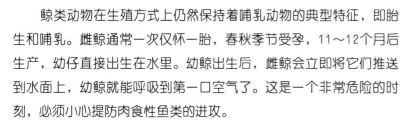

捕食

　　鲸类动物有两种类型，一种叫须鲸，另一种叫齿鲸。须鲸没有牙齿，但有角质构成的三角形薄片，叫作鲸须。鲸须起着过滤作用。这种过滤能使它们避免吞下那些消化系统不能消化的大动物。露脊鲸、座头鲸和蓝鲸等都是须鲸，它们以磷虾为食。齿鲸比须鲸要小得多，抹香鲸、鼠海豚、虎鲸等齿鲸会主动追捕猎物，以鱼和软体动物等海洋生物为食。虎鲸甚至还吃海豚和鼠海豚，并且成群地攻击比它们个头更大的鲸。

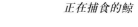

正在捕食的鲸

海豚常会跃出水面，
做出一些特技动作

喷潮

　　鲸类动物没有鼻壳，鼻孔直接长在头顶上。当它们的头部露出水面呼吸时，呼出的气体中的水分在空气中突然遇冷液化，就像我们冬天呼出的气体会形成白雾一样。这股强烈的水汽向上直升，并把周围的海水也一起卷出海面，于是蓝色的海面上便出现了一股蔚为壮观的水柱，这就是"鲸鱼喷潮"。

嬉戏

　　许多鲸似乎乐于与人类或其他的物种为伴，它们甚至会戏耍海草、鹅卵石以及海中的其他物体，将之顶在嘴边或平放在胸鳍之间。对年幼的鲸而言，嬉戏是学习过程的一部分；对成年的个体而言，嬉戏则可能有助于强化其社会关系。

鲸的呼吸方法

鲸喷潮的壮观景象

潜水

鲸类具有潜水的本领，能通过潜水搜寻食物。鲸在准备下潜时，先使肺部吸足了气。下潜时，鲸的心跳减慢，血液流向大脑和肌肉，以减少身体对氧气的消耗，所以鲸能在一定水深处停留很长时间。

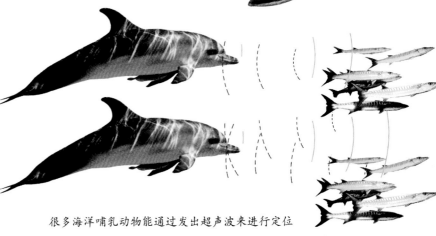

鲸的潜水

下潜时，头向下，俯冲下潜

准备下潜时，肺部会吸足气

尾鳍可上下摆动

搁浅在海边的鲸群

搁浅

每年，世界各地都会发现有几百头甚至上千头鲸类动物在海岸边搁浅。关于这一现象，有的人认为，这是地球磁场的变化引起鲸的航向产生问题所导致的；也有人认为，这是鲸类动物的集体自杀。事实上，不同的情况可能有不同的解释，这取决于鲸类动物的种类、发生搁浅现象的地点等因素。

很多海洋哺乳动物能通过发出超声波来进行定位

海豚是水下"回声定位"的高手

回声定位

大多数的海豚都能借助声音构建出周围环境的"图像"，这就是所谓的"回声定位"。回声定位能帮助鲸类动物捕获食物并警告其他水生动物自己的存在。回声定位的过程很奇妙。以海豚为例，它通过头顶的喷水孔吸入空气，把空气压入头部的气囊，使气囊的瓣膜产生振动，发出超声波。这些超声波经气囊前面的脂肪瘤"聚焦"后发射出去，至目标后反射回来，由海豚灵敏的听觉器官接收，并传到大脑，使它能在瞬间判断出目标的形状和大小。

□ 蓝鲸

  蓝鲸又叫剃刀鲸、蓝长须鲸，是须鲸中的一种。它们的口中没有牙齿，却长着许多栉齿般的三角形的须。除了黝黑色的鲸须，蓝鲸背部几乎都是青蓝色，体侧有白色的斑点，腹部有70～180个皱褶，可以膨胀，也会收缩。蓝鲸是迄今为止生活在地球上最大的动物。它们的尾部叶片有足球场的球门那么宽，而且还能喷出壮观的水柱。

蓝鲸
巨大的鲸尾

习性与繁殖

  蓝鲸生活在各大洋中，其潜水时间可持续10～20分钟，随后是连续8～15次喷潮，喷出的水柱可高达9.1米。蓝鲸每2～3年繁殖一胎，其幼仔是世界上最大的"宝宝"。它们一出生就有大象那么重，以富含脂肪的母乳为食，每天需要进食100升以上的母乳。幼鲸在8～9个月后断奶，那时，它们的体长已超过16米了。

觅食

  蓝鲸很偏食，几乎完全以磷虾为食，所以蓝鲸的分布仅限于磷虾多的海域。生活在南极海域的蓝鲸，别看它们是地球上的庞然大物，但喉咙却异常狭窄，只能吞下比手指头还小的食物。它们张开嘴，可一下子吞进6吨的海水，嘴巴一闭，海水就被挤出来，而食物则被密实的鲸须筛留到嘴里了。它们的胃可以一次容纳两吨重的磷虾。

蓝鲸

震耳欲聋的声音

  在所有的动物中，蓝鲸发出的声音最大。蓝鲸在与伙伴进行联络时，使用一种低频率、震耳欲聋的声音。这种声音有时能超过180分贝，比飞机起飞时的声音还要大。灵敏的仪器在80千米以外就能探测到蓝鲸的声音。

★ 动 物 小 档 案 ★	
科　　属	须鲸科
栖 息 地	海洋
分　　布	世界各地
食　　物	主要以磷虾为食
生殖方式	胎生
寿　　命	80～100年

流线型的身体便于冲击水流

水平状的尾鳍

蓝鲸的身体结构

胸鳍

□ 抹香鲸

抹香鲸是海洋中最大的齿鲸，它们的体形非常奇特——脑袋大，嘴巴小。它们的视觉很不发达，平常用口哨声和"喀哒"声来交流。抹香鲸的性情十分凶猛，最爱吃大王乌贼，它们经常为了获得美食而潜入深水奋力追捕猎物。

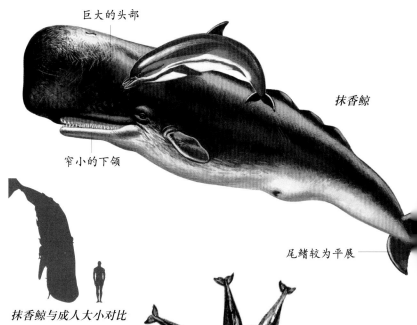

巨大的头部

抹香鲸

窄小的下颌

尾鳍较为平展

抹香鲸与成人大小对比

繁殖

抹香鲸是群居性动物，它们的寿命很长，最长寿命可达80岁。它们有"法定"的"结婚"年龄，一般25岁以上就可以交配了。春季是抹香鲸的繁殖季节，成年雌鲸大约每4年就有1个小宝宝。

繁殖时期的抹香鲸群

龙涎香

抹香鲸的体内有一种被称为"龙涎香"的独特成分。龙涎香是一种非常名贵稀有的香料，在燃烧时，会发出一种类似麝香的香味，它的价值远远超过黄金。抹香鲸的名字也是因此而来。

抹香鲸最爱捕食大王乌贼

呼吸和潜水

抹香鲸一般生活在远离海岸的深海中，浮出水面时很容易被辨认。抹香鲸有两个鼻孔，但右侧鼻孔天生堵塞，因此它们只在头部左侧有一个鼻孔可以呼吸，称为呼吸孔。它们呼吸的时候会从呼吸孔喷出倾斜的水柱。抹香鲸最深可潜入水下3000米，而且既能迅速下潜，又可骤然上浮，在这么深的范围内上上下下能潜游1个小时。抹香鲸具有这种能力是因为它在潜水时，胸部和肺会随外界压力增大而收缩。

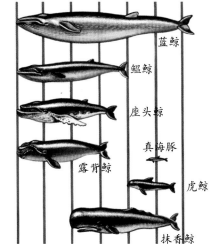

鲸的体形比较

蓝鲸

鳁鲸

座头鲸

真海豚

露背鲸

虎鲸

抹香鲸

□ 座头鲸

座头鲸是非常活跃的大型鲸，素以壮观的跃身击浪、鲸尾击浪与胸鳍拍水而知名。座头鲸是极易被鉴别的鲸，它具有独特的尾鳍，这通常从远处就可以分辨出来；近距离观察时，还可以发现它那多突瘤的头部以及长长的胸鳍。夏季是座头鲸大量捕食的季节，座头鲸的体重也会因此而增加40%。其余的时间，座头鲸完全处于绝食状态。

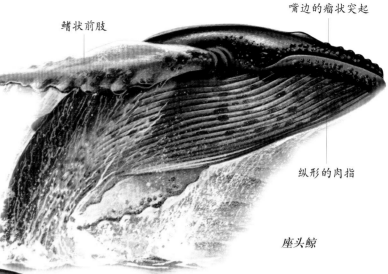

鳍状前肢　嘴边的瘤状突起

纵形的肉指

座头鲸

母鲸在水中哺育幼仔

潜水

座头鲸也是潜水的行家，虽然体形庞大，它们却能在几秒钟内迅速地潜入水中。潜水时，座头鲸将鲸尾翘起，然后头部俯冲入水，姿态十分优美。

水中特技

座头鲸平时喜欢先在水下快速游动一段路程，然后突然破水而出，缓慢垂直上升，直到它们的鳍状肢到达水面时，身体才开始向后徐徐地弯曲，好像杂技演员的后滚翻动作。座头鲸还可以完全跃出水外，高度可达6米。

水中特技

★ 动 物 小 档 案 ★	
科　属	须鲸科
栖息地	海洋
分　布	世界各地
食　物	小甲壳类动物和群游性小型鱼类
生殖方式	胎生
寿　命	60～70年

出色的海洋歌手

座头鲸每年冬天都要回到暖和的海域进行繁殖，那时雄鲸便会发出雷鸣般的低音和尖锐的高音。这种"歌声"非常响亮，在水下可传到8千米以外，有时在80千米以外仍可听到那深沉的低音符。它们的歌声节奏分明、抑扬顿挫，而且有一定的规律，因此人们称座头鲸为"海洋歌唱家"。令人吃惊的是，座头鲸每年都会更换新歌，但两个连续年份的曲调相差不大。这说明它能记忆一首歌中所有复杂的声音和声音的顺序，并能储存这些记忆达6个月以上。

座头鲸

□ 露脊鲸

露脊鲸体长约13.6～18米，须板狭长，头部占体长的1/4以上。每当露脊鲸浮到海面上时，其脊背几乎有一半露在水面上，而且脊背宽宽的，它们的名字便由此而来。露脊鲸还有一个独特的标志——喷射出的水柱是双股的。露脊鲸的繁殖速度非常缓慢，雌鲸必须长到5～10岁才能怀第一胎，而且每3～4年才生育一次。

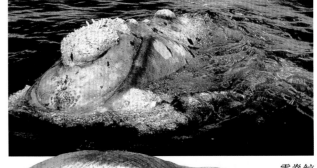

露脊鲸

露脊鲸的嘴非常大

正在喷潮的鲸鱼

潜游水下的露脊鲸

习性

露脊鲸经常跃身击浪，有时还会一连进行10次以上。当露脊鲸跃身击浪时，两侧会激起巨大的水雾墙。露脊鲸有时会张开大嘴，贴近海面游泳，露出鲸须；有时又十分爱玩且好奇，能戳、撞、推动水中的物体。

分类

露脊鲸分为黑露脊鲸、北极露脊鲸和小露脊鲸三种类型。其中黑露脊鲸又分为南黑露脊鲸和北黑露脊鲸。黑露脊鲸分布于太平洋和大西洋，体长15～18米，头部长有角质瘤，没有背鳍。北极露脊鲸分布于北极圈的海洋中，体长15～20米，全身呈灰青色，也没有背鳍。小露脊鲸主要见于南半球的海洋中，体长5～6米，它是唯一长有背鳍的露脊鲸。

★ 动物小档案 ★	
科　　属	露脊鲸科
栖息地	海洋
分　　布	世界各大海域
食　　物	磷虾、桡足动物和中等大小的甲壳类动物
生殖方式	胎生
寿　　命	60～80年

□ 一角鲸与白鲸

　　一角鲸与白鲸具有许多相同的生理特征：体形相似，头部浑圆，还有非常短的喙部；两者都没有背鳍，但在背部中央有低矮的纵脊；胸鳍既小且圆，而且有将其末端卷起的倾向；尾鳍中央的凹刻明显。此外，一角鲸和白鲸都具有数层厚厚的鲸脂，可以隔绝北极的冰冷海水。同时，一角鲸与白鲸的幼鲸体色也都比成鲸暗。

正在戏水的白鲸

一角鲸在近海游动时，长牙会伸出海面

一角鲸

　　一角鲸属于小型齿鲸，一般体长4～5米。它的繁殖率较低，一般3年产一仔。在胚胎中，一角鲸本有16颗牙齿，但都不发达，至出生时，多数牙齿都退化消失了，仅上颌的两颗牙齿保留下来。雌鲸的牙齿始终隐于上颌之中，只有雄鲸上颌左侧的一颗会破唇而出，像一根长杆伸出嘴外。一角鲸经常结群活动。每年冰雪消融以后，一角鲸会成群结队地进入海湾觅食、嬉戏。

长牙的较量

　　一角鲸最独特的地方，就是被称为"角"的长牙。当雄鲸长成之后，这颗牙齿能按逆时针方向像螺旋一样扭着向前生长，有的可以长到3米。一角鲸的社会地位与其长牙的长度有关，最强壮的雄鲸，通常也是长牙最长、最粗者，可以与较多的雌鲸交配。不论在水中还是海面上，雄一角鲸常会以长牙互相较量，发出的声音就像两根木棍互击。年轻的雄鲸经常嬉戏打斗，但很少刺戳对方。

长牙的较量

白鲸

　　白鲸分布于北极及其附近地区，它们的身体看起来圆滚滚的，往两端逐渐变细，在觅食时，其躯体显得更加肥胖圆润。白鲸以多变化的叫声及丰富的脸部表情而闻名，被人们称作"海中金丝雀"。它们能发出海面上下都可以听到的颤声、鸣叫声、咂舌声、吱叫声等多种声音。白鲸能适应沿岸地区的生活，极浅的水域也不影响其游动的灵活程度，它们甚至能够在深度仅盖过躯体的水中游泳。如果搁浅，它们通常会在下次潮水来到时脱困。

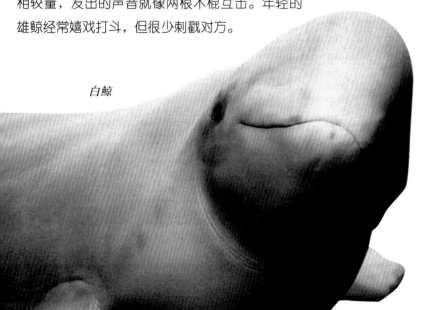

白鲸

虎鲸

虎鲸是一种大型齿鲸，性情凶猛，因而常被称为"恶鲸"。虎鲸的嘴很大，上下颌各有20多颗锋利的锥形牙齿，虎鲸主要利用这些利齿捕食枪乌贼等猎物。它们经常游到海岸边捕食幼海豹，是海豹的天敌。

虎鲸的食物

这只虎鲸正准备捕食海豹

群居生活

虎鲸喜欢群居生活，通常雌鲸会和幼鲸结群，雄鲸则另外结成小的群体。虎鲸的群体成员之间关系紧密，常常一起捕食。如果群体中有成员受伤，其他成员便会齐心协力把受伤的成员推上水面，送到安全的地方。

锋利的牙齿

光滑的额部

摩擦身体

虎鲸常常游向卵石海滩，将腹部紧贴卵石堆，身体上下左右不停地翻滚，并不时地发出欢快的叫声。原来，这是虎鲸为了除去体表的污物和粗糙的表皮而采取的卵石擦身法。

虎鲸与成人大小对比

虎鲸通常结群捕食猎物

肥壮的躯体

三角形的背鳍既是进攻的武器，又是游动时的舵

★ 动物小档案 ★	
科　　属	海豚科
栖息地	海洋
分　　布	世界各地
食　　物	食物多样，从小型结群鱼类、枪乌贼到海豹、大型须鲸、抹香鲸等
生殖方式	胎生
寿　　命	约35年

语言

虎鲸非常聪明，其群体之间常用不同的声音进行沟通。最新研究表明，虎鲸能发出60多种不同的声音，而且不同的声音代表不同的含义。因此，虎鲸常被称为鲸类中的"语言大师"。

灰鲸

□ 灰鲸

灰鲸体长在10～15米之间，体重达30多吨，全身主要为灰色、暗灰色或蓝灰色。灰鲸身体后部的皮肤凹凸不平，主要是被岩石或砂擦伤以及藤壶等寄生动物附着后留下的伤疤所形成的。它们的眼睛为卵圆形，位于口的后面；耳孔较大，位于眼睛与鳍肢的基部之间，可以插入一支铅笔。

奇特的声音

有些灰鲸特别喜欢发出一种"哼哼"声。它们无论何时何地，每小时大约能发声50次左右，每次历时2秒钟，很像是在叹息或者嘟囔。最近的研究发现表明，发出这种声音的个体大多是没有找到配偶的个体，于是有人推测：这种"哼哼"声可能是它们对于"失恋"的叹息，或者是一种发泄。

灰鲸是鲸类动物中迁徙距离最长的种类。它们能沿着海岸线从美国阿拉斯加迁徙到墨西哥的加利福尼亚海区，距离可长达2.2万千米

摄食

灰鲸的摄食方式很特别。它们一般会向身体右侧滚，从海床吸食甲壳动物，然后通过舌头将水与淤泥从鲸须间滤出。这也就是为什么灰鲸右边的鲸须会比左边的短，而且磨损得比较厉害的原因。基于同样的原因，灰鲸头部的右侧也比较容易刮伤，从而留下疤痕。

从水面看到的灰鲸庞大的身躯

□ 海豚

　　海豚和鲸一样，都属于鲸类哺乳动物。但是海豚比鲸小，而且它们的流线型身体使它们看起来更像鱼。海豚家族因种类不同，其生活习性也各不相同。

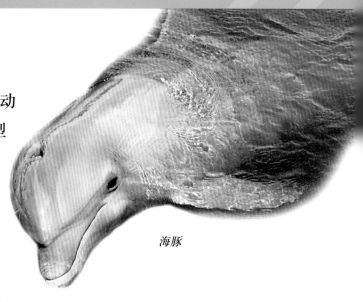

海豚

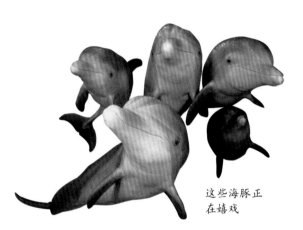

这些海豚正在嬉戏

外形

　　海豚的身体呈纺锤形，皮肤光滑无毛，喙细长，额部隆起不明显，额与喙之间有明显的凹凸。海豚的背部呈深蓝灰色，腹面白色，体侧前端为土黄色，后端为灰色。海豚的背鳍、鳍肢呈三角形，末端尖，它在游动时靠摆动尾鳍获得巨大的推力，靠前鳍控制前进方向。

发达的大脑

　　海豚的大脑发达，平均重1.6千克，占其体重的1.17%（人脑占人体体重的2.1%），脑的沟回很发达，外观与人脑极其相似。而且，海豚大脑半球上分布着数目众多的神经细胞，其信息处理能力与灵长类不相上下。因此，海豚又被人们誉为"海上智叟"。

相对于其他海洋哺乳动物，发达的大脑使海豚具有更加复杂的行为

海豚在水中翩翩起舞

海豚与成人大小对比

★ 动物小档案 ★	
科　　属	海豚科
栖息地	热带海域，一些淡水河流
分　　布	世界范围
食　　物	主要是鱼和鱿鱼
生殖方式	胎生
寿　　命	50年

海豚的生活

如果某一只海豚发现险情，它会即刻发出声音警告同伴，使群体尽快避开危险

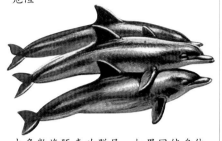

大多数海豚喜欢群居，如果同伴身体虚弱，其他海豚就会将其背在背上，进行救助

小海豚在母海豚的细心照顾下逐渐成长

生活习性

大多数海豚喜欢群居，通常几百只结成一大群，群与群之间还能频繁交流。它们的家庭关系非常密切：如果有一只雌海豚繁殖，其他的雌海豚都会聚集过来，帮助刚出生的小海豚浮到水面上呼吸空气。海豚还具有天生的救人本能。

不眠的动物

海豚的睡眠状态是独一无二的。睡眠中，海豚的大脑两半球处于明显不同的两种状态之中：当一个大脑半球处在睡眠状态时，另一个却在工作；每隔十几分钟，两个大脑半球的活动方式就会变换一次。难怪人们称海豚是"不眠的动物"。

海豚是"不眠的动物"

游泳健将

海豚是游泳健将，游泳速度可以达到40千米每小时。海豚之所以有这么快的速度是因为它独特的身体结构。海豚身上的皮肤非常光滑且富有弹性。在游动时，海豚会收缩皮肤，使上面形成很多小坑，把水存进来。这样，它的身体周围就形成了一层"水罩"。当海豚快速游动时，"水罩"包住了它的身体，并和身体同时移动，从而减小摩擦力，获得较高的游速。

倒转身体，使背部向下

向上旋转身体

特技表演

快速跃出水面

宽吻海豚

宽吻海豚又叫大海豚，主要分布在温带和热带的各大海洋中。和所有海豚一样，宽吻海豚有着流线型的身体、光滑无毛的皮肤，身体背面是发蓝的钢铁色或瓦灰色，并向腹部逐渐转为淡色。它们的嘴裂形状似乎总是在微笑，很讨人喜爱。宽吻海豚的智力很发达，理解能力也较强，又具有好玩的本性，所以，经过训练，它们可以表演"唱歌""顶球""与人握手""钻火"等节目。

亚马孙河豚

亚马孙河豚是世界上最大的淡水豚。它们分布在南美洲亚马孙河和奥里诺科河庞大的河流网中。亚马孙河豚的颌特别狭窄，身体的颜色很多，从灰色到浅粉红色都有。它们依靠视觉、听觉以及回声定位寻找食物，其食物主要有鱼、小龙虾以及其他小动物。在旱季，亚马孙河豚会聚集成群，每群大约有十几只；而在其他季节，它们则成对地生活在一起。

亚马孙河豚

印度河海豚

宽吻海豚

印度河海豚

印度河海豚是少数淡水海豚之一，其体长不超过2.5米。它们和生活在恒河中的海豚有较近的亲缘关系。印度河海豚的颌细长，牙齿非常尖利，宽宽的鳍状肢好像船桨。它们的眼睛很小，近乎失明，因此只能依靠回声定位来寻找食物。现在，印度河海豚只生活在巴基斯坦境内的水域中，仅存不到500只。

圆钝的额部隆起

鼠海豚

鼠海豚看起来就像小的海豚，只是身体更丰满，更具流线型。它们的吻部是圆钝的，而海豚的吻部是尖喙形的。这种灰白色的动物一生大部分时间生活在近海或者浅海，有时会游到码头或者港口。尽管鼠海豚的分布较广，但是并不多见。这是因为它们十分怕羞，很少跳跃出海面，而且也不靠近来往船只。

鼠海豚

□ 海豹

海豹

海豹都长着胖墩墩的纺锤形身体，圆圆的头上长着一双又黑又亮的大眼睛。它们的鼻孔是朝天的，嘴唇中间有一条纵沟，很像兔唇，唇上还长着短短的胡须。海豹短胖的前肢非常灵活，能抓住猎物并摄食，还会抓痒。它们平时常浮在水面上睡觉，到了冬季则在冰下生活。人们常会在冰面上看到一个圆孔，这正是海豹为自己开的呼吸孔。

海豹是游泳健将

游泳专家

海豹凭借其光滑的流线型身体成了高超的游泳专家。它们没有足，却长有灵活的鳍肢，在水下可以保持奇快的速度及优美的姿势，还能迅速改变游动方向，追逐快速游动的鱼群以及逃避敌人的追杀。海豹还是优秀的潜水员，它们靠屏住呼吸或减慢心跳来节省氧气。

繁殖

海豹在岸边产仔，平均一胎产1仔。雌海豹对幼仔非常慈爱，时刻都精心地看护着它们。海豹成群地在岸上晒太阳的时候，几只雄海豹负责海豹群的安全，雌海豹则将小海豹搂在怀中。一旦发现危险来临，雌海豹会立刻抱着小海豹跳入海中逃跑。

小海豹雪白的皮毛既温暖又防水

惨遭厄运

在海中，海豹的敌人是凶狠的鲨鱼；而在陆地上，人类则成了它们最大的敌人。海豹在岸上时，性情温和，行动迟缓，像菜青虫一样爬行，这使得它们往往无法摆脱被捕杀的命运。同时也因为小海豹的皮毛非常珍贵，人类为了取得小海豹的皮毛而残忍地杀死它们。有时雌海豹为保护小海豹也同样会惨遭厄运。

雌海豹以身体保护着小海豹

潜入深海的海豹

★ 动物小档案 ★	
科　　属	海豹科
栖 息 地	大多数在海洋里，少数在淡水里
分　　布	全世界，但多数生活在寒带海洋
食　　物	鱼、枪乌贼
生殖方式	胎生
寿　　命	20年左右

斑海豹

斑海豹

斑海豹主要分布在北太平洋海域及其沿岸的岛屿，中国渤海海域也有斑海豹的踪迹。它们的身体肥壮浑圆，呈纺锤形，全身长有细密的短毛，背部为灰黑色，并布有不规则的棕灰色或棕黑色斑点。其头圆而平滑，眼睛很大，吻短而宽，唇部触须长且坚硬。斑海豹主要以鱼类为食，有时也吃甲壳类、头足类海洋动物。它们特别善于潜水，有些可以在水下待70分钟之久。

躲进雪洞中的斑海豹

扁平的头部和短短的脸部有助于它们提高水下运动的速度

威德尔海豹

威德尔海豹

威德尔海豹主要生活在南极地区，体长3米左右，是海豹中体形较大的种类。威德尔海豹通常会潜水至三四百米深的地方。因为那里有大量的鳕鱼及其他动物，为威德尔海豹提供了丰富的食物。它们平时单独生活，只有在交配季节才会结群。

象海豹

象海豹分为南象海豹和北象海豹两种，是世界上最大的海豹。其中最大的雄象海豹体重可达4000千克。象海豹之所以得此名，不仅因为体形巨大，还由于成年的雄象海豹有个短短的象鼻，鼻子垂下遮住口部。当雄象海豹发怒时，鼻子便会膨胀，长达50多厘米，还发出很响的声音，并且会伸出一个橘红色的肉质球。

象海豹脖子上粗糙的皮肤可以抵御敌人的进攻

象海豹与成人大小对比

象海豹

□ 海狮

海狮是一种肉食性哺乳动物。它们大部分时间都是在水中度过的，有时能够连续在海里待几个星期。不过，它们都在岸上繁殖。其实，海狮长得并不像陆地上的狮子，只是咆哮的声音比较像而已。它们长着圆圆的脑袋，鳍状四肢如翅膀一般，后肢还可以转向前方。

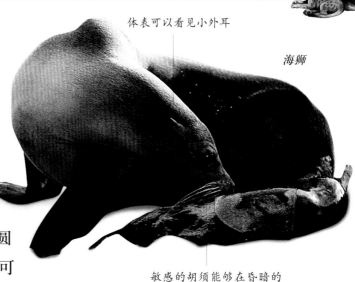

体表可以看见小外耳

海狮

敏感的胡须能够在昏暗的水下探路

正在享受阳光的海狮

小海狮要靠妈妈的乳汁成长

种类

目前人们已知的海狮大致可分为两类：一类个头较大，体表覆盖有稀疏的刚毛，没有或有极少量绒毛，如北海狮和南美海狮；另一类个头较小，身上既有刚毛又有厚而密的绒毛，如生活在北太平洋的海狗。

小海狮正在海滩上晒太阳

身边的危险

每当经过一次成功的捕食而饱餐一顿之后，海狮便会离开水面，到陆地上养精蓄锐。它们有时会在太阳底下躺上几个小时，有时会在海滩上慵懒地滚来滚去。然而，这悠闲的时刻却是很危险的。因为虎鲸经常会突然从水中冒出来，捕食离它们最近的海狮。

繁殖

每年的5～7月，海狮进入了繁殖季节。雌海狮喜欢在喧闹的地方生育。刚刚生产完的海狮妈妈会返回海中为自己补充体力。刚出生的小海狮很弱小，身长不足1米，体重只有5～10千克。它们会发出一种微弱的叫声。凭借这种叫声，海狮妈妈会准确无误地认出自己的孩子。

海象

海象是一种大型海兽。它们的特征是无论雌雄都长着一对长长的獠牙，并沿着嘴角向下伸出。海象的躯体呈圆筒状，全身皮肤厚实而又褶皱丛生，脑袋长得又小又扁，脸上长满像刷子般坚硬的短胡须，一双小眼睛埋在皮褶里，几乎难以看见。海象生有4个宽大的鳍肢，两个后鳍肢可以向前弯曲，帮助它们一拱一拱地在海滩上爬行。

海象

抢占地盘

海象的体形庞大，而且它们的鳍肢不能很好地用于行走，所以海象在陆地上行动比较困难。当海象成群结队地在海滩上晒太阳时，它们会尽可能占据空地。有时，为了抢占一个好的地盘，海象之间会发生争斗。它们用长牙和强有力的脖子互相攻击。最终，战胜者将战败者赶走，并占领夺来的地盘。

海象成群地在海边晒太阳

特殊的工具

海象的长牙对海象来说意义重大，因为这是它们生存的工具：海象潜入海底时，可以用长牙把海底泥沙中的蛤蜊挖出来，再用宽大灵活的前鳍运到海面上，以便食用；当海象攀登浮冰或山崖时，长牙就成了它们的攀登工具；当它们把猎物用前鳍压住时，长牙又成了它们的杀敌武器。另外，海象的长牙也是它们在家族中一种身份的象征。

海象在搏斗时，长长的獠牙直对着对手，并发出巨大的吼声。

体色的变化

海象身体的颜色能发生非常奇妙的变化。在陆地上是棕灰色，到海中则变成灰白色。因为当海象浸泡在北极寒冷的海水中时，其血管收缩，皮肤颜色即变为灰白色；而当海象来到陆地上后，它们的血管膨胀，血液循环加快，因此皮肤颜色就变成棕灰色；盛夏时节，海象晒过太阳后，表皮血管膨胀，并散发体热，全身则会呈现玫瑰红般的颜色。

★ 动物小档案 ★	
科　属	海象科
栖息地	海洋和冰带；在岩石岛屿及海岸地带也有分布
分　布	遥远北方的海滨
食　物	贝类、螃蟹、海胆、小蛤
生殖方式	胎生
寿　命	超过40年

正在休息的海象

□ 海牛

海牛目动物是水栖的哺乳动物。目前，这一目仅包括海牛和儒艮两种动物。海牛和儒艮长得非常相像，只是海牛大一些，尾鳍呈圆形；儒艮小一些，尾鳍是新月形的。它们的身体都呈纺锤形，前肢为桨状，尾鳍宽大，适于游泳。它们是海洋中仅有的两种植食性的哺乳动物，常常三五成群地一起活动。

海牛

海牛常会被来往船只刮伤

古老的传说

在东方和西方的许多书中，都曾经有过把海牛当作"美人鱼"的记载。为什么人们会将笨拙粗壮的海牛当作"美人鱼"呢？原来，海牛妈妈给幼仔喂奶时，常常用前鳍把小海牛抱在胸前，使其头和胸部露出水面，远远看去像人在游泳，而且姿势优美，因而被古代的人误当作"美人鱼"。

潜伏的危险

海牛似乎对水中的船只"情有独钟"，常跟随在船的左右，不舍离去，还喜欢在船的引擎或锚链上"剔牙"，全然不在乎这一举动所潜伏的危险性。在美国佛罗里达州，由于距离行驶的船只太近，很多海牛被螺旋桨碰伤而留下伤疤。目前，阻止类似事故的发生仍比较困难。"剔牙"留下的这些伤疤，有助于动物学家区分他们正在研究的海牛个体。

巨型海牛

儒艮在海底游泳

儒艮

儒艮生活在印度洋和太平洋温暖的海洋中。和海牛不同，这些动物完全生活在水中，宽大的鼻子顶端长着"U"形的上嘴唇，用来咬住水草，挖出草根。它们的尾巴和鲸的很像。儒艮是一种温顺的动物，在自然界中的敌人不多，但是它们却无法抵抗人类的捕杀。和海牛一样，它们正濒临灭绝。

★ 动物小档案 ★	
科　属	分属海牛科和儒艮科
栖息地	儒艮，海洋；海牛，河流、港湾、海岸水域
分布	儒艮，印度洋、太平洋；海牛，美国佛罗里达州、加勒比海、南美洲、西非
食物	儒艮，海草；海牛，各种水生植物
生殖方式	胎生
寿命	40～50年

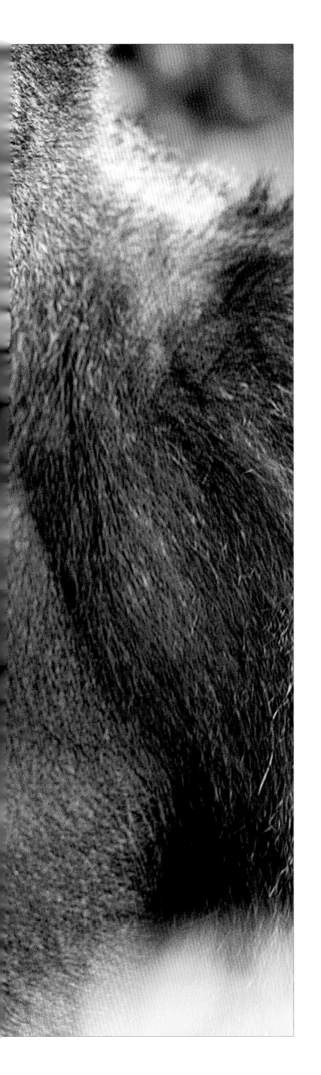

第十五章

灵长类动物 Dishiwuzhang

Encyclopedia of the
Animals

灵长类动物是哺乳类动物中最高等的一类动物。狐猴、懒猴、眼镜猴、猕猴、狒狒、猩猩和长臂猿等都属于此类动物。它们通常具有以下特点：第一指（趾）与其他四指（趾）对握，能够抓取东西；全部或部分的指（趾）上有扁平的指（趾）甲；上下肢可以弯曲；面部短，鼻子小；两眼靠后，视线朝前，能形成立体图像；大脑发达，有面部表情，交流时能发出声音等。

□ 原猴

　　原猴是低等的灵长类动物，其家族成员多为夜行性。原猴的面部通常较长，多有较大的眼睛，有些种类嗅觉比较发达，耳能转向。其脑量相对较小，额骨和下颌骨未愈合。其趾端有爪，五趾只能同时伸屈，不能单独活动。原猴家族成员包括狐猴、懒猴、指猴和树熊猴等。

狐猴

懒猴

懒猴

　　多数灵长类动物行动都比较迅速，而懒猴却恰恰相反。它们只能拖着细长的腿在树枝上爬行，夜间捕食昆虫和其他小动物。懒猴的面部扁平，尾巴非常短。它们白天多在树洞里或树干上睡觉，很少下到地面上活动。这种猴主要生活在亚洲东南部，中国云南和广西也有分布。

指猴

　　指猴因指和趾长而得名，主要分布于马达加斯加东部的沿海森林，栖息在热带雨林的大树枝或树干上。其外形很像大老鼠，体毛粗长，体色多为深褐色至黑色，尾毛蓬松，形似扫帚。指猴除大拇指和大脚趾是扁甲外，其他指、趾都长有尖爪。它们在树洞或树杈上筑球形巢，通常单独或成对生活，喜食昆虫。由于指猴的体形像老鼠，跳跃的姿势像袋鼠，许多马达加斯加人认为指猴会给他们带来厄运。如果看到一只指猴，他们会立刻把它杀死。另外，指猴赖以生存的雨林遭到了砍伐，所以它们面临着灭绝的危险。

树熊猴

　　树熊猴生活在非洲热带森林里，长着适宜抓握的手，拇指和其他手指相对，可以握紧各种不同形状的树枝。它们动作迟缓，行踪隐秘，在树上爬行时就像走钢丝一样小心。树熊猴不能奔跑，其肩胛处长有一突起，遇到攻击时，它们便弓起身体，让敌人只能咬它们的肩部，而长而尖的骨头便会突出来，保护自己不受伤害。树熊猴主要以昆虫和鸟为食，有时也吃野果。

树熊猴

指猴

竹狐猴

竹狐猴头圆圆的，短鼻，短耳，样子很讨人喜欢。它们在清晨和傍晚时活动活跃，并且常分成小群活动。不同种的竹狐猴共栖在竹林里，竹子是它们的主要食物。不同种的竹狐猴不会争抢食物，因为它们以竹子不同的部分为食。由于生活在非常特殊的环境，目前，这个种群随着栖息地的消失数量正逐渐减少。

环尾狐猴

环尾狐猴处于进化中的较低等级，智力不及猴类中的其他动物。它们嗅觉灵敏，但视觉不发达。环尾狐猴长着一条黑白相间的长尾，它们常高举着尾巴，彼此互相联络，互相威胁。环尾狐猴身上有3处臭腺，其臭液有多种作用：雄性环尾狐猴不但用臭液作为路标和领地的记号，还用作攻击对手的武器。环尾狐猴一般20多只结群聚居，平时常躲藏在石隙洞穴里。

黑狐猴

雄性黑狐猴全身为黑色，雌性头部两侧则长着一簇簇白毛。黑狐猴主要生活在马达加斯加西北部，以20只左右为一组群居。它们借助棕榈树枝的弹力跳跃，一跃可达5米。马达加斯加岛的黑狐猴经常在种植园中出没，因此常常被农民猎杀。

竹狐猴

环尾狐猴

带着条纹的长尾

白颈狐猴

环尾狐猴

白颈狐猴

白颈狐猴披着一身厚厚的黑白皮毛，脖子上有一圈漂亮的白色颈鬣，还有一条颜色漆黑的长尾巴。尽管它们看起来有些笨重，但在高高的树枝间跳上跃下，或者攀缘树干时却非常灵活。白颈狐猴的叫声很响，报警声更是惊人，通常还伴以咆哮，以引起邻近群体的呼应。它们一般白天活动，但夜里也会频频发出叫声。

拟狐猴

拟狐猴

拟狐猴生活在马达加斯加南部的森林中。它们是狐猴科中数量最多的一类。它们的体形较大，体毛又密又长，黑黑的眼眶衬托出了它们虹膜的淡黄色。它们的后肢有足够的力量支撑身体，以做出各种特殊姿势。拟狐猴常在间隔较远的树枝间跳跃，一跃能达数米。因此，拟狐猴被称作"空中飞跃大师"。

大狐猴

大狐猴

大狐猴是狐猴中体形最大的一种。其因尾巴退化成一截残端而显得与众不同。大狐猴脑袋周围生有一簇簇长毛，加上一双大眼睛，使它们看上去像个绒毛玩具。有时，它们会发出一种极响的叫声，似乎是在向其他同类声明："这是我们的领地。"而邻近的群体听到叫声，便会做出回应。这些洪亮的吼声在山间回荡，听起来惊心动魄。

王冠狐猴

王冠狐猴生活在马达加斯加最北部。那里的一些森林已经遭到毁坏，因此王冠狐猴学会了在地面移动。如果受到惊吓，它们并不一定去树上寻找藏身之处，而是飞奔而逃。王冠狐猴的皮毛色彩有性别之分：雄性头上生有黑斑，嘴脸是白色的；雌性的嘴脸是浅灰色的，额头上有块棕红色的斑。

雌王冠狐猴

韦罗氏狐猴

韦罗氏狐猴

韦罗氏狐猴生活在马达加斯加西部的落叶林中。和拟狐猴一样，它们也能保持直立姿势，有时还会做出一些非常滑稽的姿态。它们的头颈特别灵活，稍有响声，它们就会立刻转过头去张望，就像头和身体分了家。韦罗氏狐猴是群居动物，几个家庭组成一个小群体，不同群体间用叫声进行联络。它们会发出一种怪异而响亮的声音，有点像犬吠。它们通常先由一只独叫，然后其他成员一齐加入，形成合叫。遇到轻微的动静，它们还会发出低沉的呜咽，像是警觉又像是好奇。

□ 猴

猴属灵长目类人猿亚目，比原猴动物要高级。它们体形中等，四肢等长或后肢稍长，尾巴或长或短，有颊囊和臀部胼胝，以树栖或陆栖生活为主。猴大脑发达，手指可以分开，有助于攀爬树枝和拿东西。猴早在始新世时期就已经出现了，在漫长的适应不同生活环境的过程中，猴一直以惊人的速度进化着，成为与人类亲缘关系最近的一类动物。

爱抢食的猴子

猴时常用叫声来表达感情

交流

互相交流是群居生活的重要组成部分，有效的交流能组织好群体生活。碰到捕猎者时，猴子们会相互发出警告。猴子都非常重视交流，经常利用视觉信号，如手势、面部表情等来传递信息，也用叫声、触摸、气味和相互清洁来传递情感。

在相互清洁时，猴会将气味留在对方身上，作为辨识家族成员的一种标志

跳跃

居住在树上的猴子能在森林中迅速灵活地跳来跳去。它们用后腿弹跳到空中，借助树枝跳跃。长长的尾巴能帮助它们在空中保持平衡，把握方向。着陆后，它们会用手指抓住树的枝干。

毛发的梳理

猴是一种爱清洁的动物，它们常用手指梳理自己的毛发，使毛发保持清洁，或清除头上的寄生虫。两只猴子互相梳理对方的毛发，是群体生活的一个重要组成部分。这种做法非常利于增进彼此之间的感情，有助于群体成员间的和睦相处。

猴子们玩起来似乎不知道累，而且它们知道很多种玩法

长鼻猴

　　长鼻猴因它们的大鼻子而得名。雄性的鼻子尤其长，可以一直长到嘴巴下面。长鼻猴喜欢群居，它们的基本家庭单位称为"妻群"，是由一只公猴、数只母猴及幼猴组成的。年轻的公猴很早就被赶出家门，等待发育成熟，为组织家庭做准备。母猴间虽然偶有争吵，但通常很和平。长鼻猴一般白天出来活动，以植物为食。它们很会爬树和游水，有时为了逃避敌人，会在水里待上很长一段时间。

松鼠猴

　　松鼠猴是南美最常见的猴类，主要栖息在海拔1500米左右的树林中。其体长约有30厘米，尾长约40厘米，背部为橄榄绿色，腹部黄白色，吻部为黑色，眼周围有两个白圈，貌似小丑。它们常结成100多只以上的大群一起生活，主要吃坚果、昆虫、鸟卵等。松鼠猴每次产1仔，孕期6个月，幼猴出生后即会攀爬。

松鼠猴

长鼻猴

黑长尾猴

　　黑长尾猴是一种小巧纤弱的黑面猴。它们是社会性很强的动物，总是待在一个固定的小群体里，一起觅食，互相梳理毛发，共同防范敌人。识别它们最简单的方法就是分辨其毛色以及长相。它们的面部为黑色，四周长有白毛，身上的毛为灰绿色。此外，黑长尾猴还能用4种不同的叫唤声对不同的掠食者发出警告。

黑长尾猴

长尾叶猴

长尾叶猴

　　长尾叶猴也叫瘤猴，是世界上赫赫有名的"神猴"。它们的体长只有65～70厘米，而尾巴竟有75～80厘米长。长尾叶猴喜欢群居，由15～30只结成一群。长尾叶猴群内部等级分明，但不像狒猴群体分得那么严格。幼猴常依附在母猴腹部，母猴随时都容许其他雌猴去照管自己的孩子。它们喜欢在3000米高的山地树林中居住，以植物的叶、嫩茎和幼芽为食。

吼猴

　　吼猴宽阔的下颌围着一个膨胀的蛋形结构，喉头和里面的舌骨形成了一个"共振箱"。当它们吼叫起来，声带振动发出的声音通过"共振箱"变得十分深沉洪亮，甚至在5000米外的地方都能听到。吼猴常结成小群生活，各群都有自己的地盘。如果猴群之间发生冲突，它们就展开一场激烈的吼声大战。吼声大的最后取胜，吼声小的只能投降。

吼猴

夜猴

　　在南美洲的密林中，有一种猴子像猫头鹰一样，夜间觅食，白天休息，因此人们称之为"夜猴"。夜猴是猴类中唯一在夜间活动的种类。它们的眼睛可以和猫头鹰媲美，在漆黑的夜晚，哪怕是一只甲虫从附近飞过，夜猴也能迅速把它抓住。夜猴的食物范围比较广泛，除了昆虫，还捕食蜥蜴、青蛙、鸟、蜘蛛等。

夜猴

山魈

　　山魈仅生活在非洲刚果等地。它们的脸很长，头顶上生着一簇长毛，眉骨向外突出。最显眼的是，它们的眼睛下有个深红色的鼻子，两边的艳蓝色的皮肤中透着紫色，吻部长着密密的白色或橙色胡须。山魈常成群结队地走在多石的山上。它们以很多东西为食：嫩枝、野果、鸟、鼠、蛙、蛇等。

山魈

蜘蛛猴

蜘蛛猴

　　蜘蛛猴生活在南美洲中部的热带森林里。因为它们的身体和四肢都很细长，在树上活动时，远远望去，就像一只巨大的蜘蛛，因此得名。蜘蛛猴的头又圆又小，尾巴比身体还长，毛多且密。它们在树上活动时，用细长的四肢纵跃或爬行，还用长尾巴缠绕树枝并荡来荡去。

金丝猴

金丝猴 (caption, top right)

金丝猴是一种非常稀有的猴类，属于世界珍稀动物。金丝猴分川金丝猴、滇金丝猴、黔金丝猴和越南金丝猴、缅甸金丝猴5种，其中前三种是中国特有的猴类。它们生活在海拔1500～3000米的阔叶林或针阔混交林带，性情机警，极善攀爬。

冬季，滇金丝猴常在松树间采食松塔

川金丝猴

川金丝猴生活在中国四川省西部、北部的针阔混交原始林里。它们背披发亮的长毛，脸庞呈蓝色，鼻孔斜向上翘，所以又名"仰鼻猴"。川金丝猴初生幼仔的毛呈乳黄色，4岁时毛色才变为金色。川金丝猴属群居性动物。它们成群游荡，各群体都有一定的活动范围和相对稳定的活动路线。

滇金丝猴

滇金丝猴主要分布于中国的云南和西藏，活动于人迹罕至的高山地带。它们背披黑毛，臀部、腹部和胸部为白毛，面部粉白有致，嘴唇宽厚而红艳，非常可爱。滇金丝猴主要以松子、苔藓、地衣、禾本科和沙草科的青草为食。滇金丝猴行动迅速敏捷，喜群居生活，通常数十只或百余只集群而居，每群由多个一夫多妻家庭组成，每个家庭由一只雄猴、数只雌猴和幼仔组成。

滇金丝猴

黔金丝猴

黔金丝猴鼻孔上仰，吻鼻部略向下凹，脸部为灰白或浅蓝色。其头顶前部的毛呈金黄色，后部逐渐变为灰白，两肩之间有一白色块斑，毛长达16厘米。它们栖息于海拔1700米以上的山地阔叶林中，主要在树上活动，结群生活，有季节性分群与合群现象，以多种植物的叶、芽、花、果及树皮为食。

川金丝猴

□ 猕猴

猕猴体长45～65厘米，尾长20～30厘米，它们的前肢与后肢长度大约相等，拇指能与其他四指相对，抓握东西灵活。猕猴的智商较高，在它们的群体中，社会结构与地位高低非常明显且区分十分严格。猕猴分布非常广，它们能适应多种多样的气候条件，从热带到温带，从海岸边到海拔4000米的高山处都有猕猴活动。

猕猴的生活
——洗东西吃
亮出屁股示弱
——站着走路
恐吓
相互抓痒

猕猴

猕猴与成人大小对比

日本猕猴

日本猕猴生活的地方比较寒冷。人们通常能够在高山森林里与岩石众多的小山坡上发现它们，因为这些地方的积雪很厚，所以它们体表都长有厚厚的粗毛。日本猕猴多结群生活，一群日本猕猴由20～200只组成。它们主要以果实、昆虫、嫩叶与小动物为食。在寒冷的冬天，日本猕猴要在温泉中洗澡以保暖。

恒河猕猴

恒河猕猴广泛分布于印度，中南半岛，中国西南、华南和华北地区，多栖息在石山峭壁、溪旁沟谷和江河岸边的密林中或疏林岩山上。它们头部呈棕色，背上部为棕灰或棕黄色，下部为橙黄或橙红色。恒河猕猴通常结群生活，每群有时多达百只，组织严密，注重阶级。

日本猕猴

淘气的日本猕猴正在玩雪球

狮尾猕猴

狮尾猕猴因为脸长满鬣毛和尾巴的形状很像狮子而得名。其脸部为黑色，毛黑得发亮，鬣毛呈暗灰色。狮尾猕猴精力充沛，过群居生活，雄狮猴是首领，负责维持秩序。它们主要生活在印度南部区域的山脉中，数量非常稀少，已被列为濒危动物。

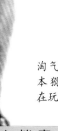

★ 动物小档案 ★	
科　　属	猴科
栖息地	石山峭壁、溪旁沟谷和江河岸边的密林中或疏林岩山上
分　　布	主要分布于亚洲
食　　物	水果，植物种子
生殖方式	胎生
寿　　命	10～30年

狮尾猕猴

狒狒

狒狒广泛分布在中非地区。其脸为黑色，额头突出，瞳距很小，浑身长满橄榄褐色斑纹毛发，靠四肢行走。成年公狒狒的牙齿长而尖，肩膀上的毛很像披风。世界上最典型的狒狒是阿拉伯狒狒、萨瓦纳狒狒和几内亚狒狒。

群居生活

狒狒通常由40～80只组成一个群体。在这个群体中，有着严格且复杂的等级结构。狒狒群里的等级，由母狒狒设立，并由"家庭"组织而成。在每一个"家庭"中，母狒狒的地位最高，它的孩子根据其年龄的不同具有不同的等级。等到发育成熟后，公狒狒就离开群体，而母狒狒则留在群体中生活并继承母亲的地位。

狒狒

一群狒狒和睦地生活在一起

固定的活动路线

每天早晨起来，狒狒都会沿着一条固定的路线出去活动，这是一件十分危险的事情。因为当狮子和巨蟒知道了它们的固定行踪后，常常会在其活动处等着它们的到来。因此，每次外出活动前，狒狒都要做出周密的安排，以备不测。

躲在妈妈怀里的小狒狒

狒狒坐在山石上瞭望，做着出行前的准备

小狒狒的出生

母狒狒一胎只生一只幼儿。小狒狒的出生是狒狒世界里的一件大喜事。每一只小狒狒出生之时，都会有很多狒狒前来凑热闹。起初，小狒狒每天都要待在妈妈的怀里，一段时间后才能下地。大约7个月，小狒狒特有的黑色毛发变成了棕色，这时就会被送到一个有点类似人类的"托儿所"的地方，由一只母狒狒专门来照顾。

捉虱和梳理皮毛

捉虱和梳理皮毛是狒狒特别喜爱的娱乐消遣活动。休息时，狒狒会在这上面花费大量时间。无论雌雄，它们都会认真地用手将对方皮毛中的脏物取出，或者用牙齿咬死发现的寄生虫。通常，两只狒狒间捉虱和梳理皮毛是交换进行的。

雄狒狒露出獠牙，准备战斗

猎食

狒狒的食物多种多样，它们不但吃植物，如草、根茎、果实，还吃各种各样的小动物，如昆虫、软体动物、鱼类、小兽、小鸟等。狒狒猎取小动物时，最常用的方法就是从矮树丛中突然跳出，迅速捉住猎物。有时狒狒也采取集体行动的方式，合伙逮住猎物。

狒狒口中的獠牙是权力与地位的象征

御敌

狒狒群在集体行动时，群体的首领、雌狒狒和小狒狒通常处于群体的中心位置，雄狒狒则在外围行走。如果遭遇敌人，首领便率领雄狒狒迎战。它们先展示其锐利的獠牙，进行恐吓，如果敌人没有退缩，雄狒狒便会和敌人打斗，直到把它们赶走。

正在休息的狒狒

狒狒逮住了自己的猎物

聪明的狒狒

狒狒会使用工具，它们在吃完食物后，会拿石块或玉米芯等东西像人类用纸那样来擦自己的嘴巴和鼻子。狒狒还会看管羊群，它们不仅会阻止单个羊的单独行动，而且还会抱起羊羔，小心地送到母羊的身边去，从来不会放错地方。

□ 猩猩

猩猩分布在苏门答腊岛和婆罗洲的热带雨林中。猩猩身高有1.15～1.37米。它们的腿部明显比手臂长，双臂展幅可达2.25米。猩猩的眉弓不明显，眼睛很小，且两眼间距离不大，这使它们的脸庞和眼神很像人类。猩猩的手和脚非常相似，其手掌非常发达，长长的手指可以弯曲成钩状，这样可确保猩猩在行动时抓握的稳固性。

猩猩妈妈及其幼仔

正在攀爬的猩猩

一对小猩猩

身体构造

由于猩猩在森林中过着树上生活，为适应这种生活，其身体结构也发生了很多演化。猩猩的手为了便于钩住东西而演化成拇指短、其他四指长的形状。为了便于握住物体，它们的脚也变得非常发达。比如，当它们摘食枝端的新芽时，必须用脚和一只手握住树枝，而伸出另一只手去摘取。猩猩的脚底不能平贴在地面上行走，倘若必须行走，它们就会弯曲着脚底行进。

素食主义者

猩猩是素食主义者，食物以水果为主。可以说，它们是全球最大的热带水果消耗者。有时猩猩也会吞食一些富含矿物盐的泥土。最特别的是，它们还吃树皮，这在其他灵长类中非常少见。猩猩很少为食物而起冲突，因为每个个体都有各自的领域。

单独生活

猩猩很少过群体生活，虽然有时也可以看见母猩猩和幼猩猩在一起，但它们大多数仍单独生活。此外，猩猩不太会叫，即使叫，其他猩猩也不会做出反应。在森林中，如果两只猩猩不期而遇，它们通常对对方漠不关心。猩猩也像猕猴一样，会梳毛、理毛，但多见于亲子之间，或是自己梳毛。

猩猩喜欢过独居生活

长毛"外衣"能帮助猩猩保持体温和干燥

当猩猩在树间运动时，它们的腿可以摆动

尽管猩猩行动比较缓慢，但它们擅长攀缘。其手指和脚趾都能长时间地抓住树干

自由自在的一天

　　猩猩并不早起，通常每天早晨8点才走出巢穴。如果天气不好的话，它们会继续睡到9点或10点，甚至整天都在窝里不出来。猩猩睁开眼睛的第一件事就是找东西吃。它们在附近的一棵棵树上找寻果实和叶子来吃。有时，它们也会睡午觉或做日光浴。到了下午5～6点时，猩猩就在觅食的树枝上睡觉。

手语交谈

　　猩猩虽然智商很高，但由于它们的声带不同于人类，所以它们发音受到生理限制。它们可以用手语与人类交谈。科学家曾对猩猩进行手势语言训练，经过一段时间，它们便学会了一些简单的手语。

正在喝水的猩猩

居无定所

　　所有的猩猩都住在树上，这些树距离地面的平均高度为8～12米，最高可达20米。由于害怕跳蚤的骚扰，猩猩每天晚上都要重新筑窝，因此它们没有固定的居所。猩猩们平时非常逍遥自在，总是在树与树之间荡来荡去，寻找食物或者嬉戏，并不像它们的近亲——人类那么"恋家"。

刚出生不久的小猩猩

猩猩居无定所

繁殖

　　猩猩的繁殖速度非常缓慢。雌性猩猩平均每6年产下一只幼仔，一生可产下3～4只幼仔。刚出生的幼仔非常小，只有1.5千克左右。小猩猩出生几个月后便学会了站立和攀爬。它们观察周围的环境，慢慢学习寻找食物。3岁半时，小猩猩已经学会独立行动，并开始断奶。

大猩猩

大猩猩属灵长目哺乳动物，是人类的"近亲"。它在所有猿类中体形最大，可重达225千克，站起来有2米高。大猩猩多是很温和的素食动物。世界上一共有3种大猩猩，全部产在非洲，分别为西部低地大猩猩、东部低地大猩猩和山地大猩猩。大猩猩一般组成12只左右的团体，过群居生活。它们通过面部表情以及30多种不同的叫声来进行交流。

大猩猩

这只大猩猩正在沉思

敏感的性情

大猩猩是很神经质的动物。若遇到人类或陌生的东西靠近，它们常会不安地大声吼叫或捶打胸部。虽然它们会对接近它们的人类大声怒吼，但它们很少会主动攻击人类，通常都是慢慢溜掉。

生活习性

大猩猩喜欢"睡懒觉"。它们每天7点多才醒来，张开眼睛看看吵醒它们的小鸟。有时，它们虽然起床了，却还是迷迷糊糊的。大猩猩起床的第一件事就是吃早餐。它们先找身边的树叶吃，大约吃两个小时才停止。白天，它们除了走动、吃东西，就是睡觉，如此交替进行，直到傍晚为止。当天色逐渐变黑后，它们就很少活动了，而是整群围在一起，又准备睡觉了。

大猩猩在树上筑巢睡觉

大猩猩

天敌和疾病

大猩猩由于晚上睡觉，常有被豹偷袭的危险，因此它们建造了坚固的窝巢，让幼仔与母大猩猩睡在窝巢里，以减少危险。不过，6～10岁的年轻雄性黑背大猩猩常离群独自睡觉，这样难免会遭受豹的袭击。大猩猩虽然在睡觉时有被偷袭而被吃掉的危险，但对它们威胁更大的却是肺炎、寄生虫和其他疾病感染。

银背大猩猩
雄性大猩猩成熟后，后腰部分的体毛会变成白色，因此被称作"银背"

★ 动物小档案 ★	
科　　属	猩猩科
栖 息 地	森林或高山密林中
分　　布	非洲赤道地区茂密潮湿的森林
食　　物	树叶、嫩芽、花、果实
生殖方式	胎生
寿　　命	60年左右

□ 黑猩猩

黑猩猩分布在非洲中部及西部，栖息在高大茂密的落叶林中。黑猩猩善于攀爬，一般栖息在树上。它们夜间在树枝上筑窝睡觉，而白天大部分时间则在地面上活动。在类人猿中，只有黑猩猩能够制造并使用工具，因而它们被称为高智能动物。

黑猩猩

黑猩猩表现出一副欣喜若狂的样子

身体特征

黑猩猩有1.2～1.5米高，重45～75千克。它们皮肤呈浅灰褐色和黑色，除脸部之外，全身都被黑色的毛覆盖着。黑猩猩的脑袋比较圆，最显著的特点是长了一对特别大的、向两边直立起来的耳朵。它们的眉骨很高，眼睛深深地陷下去，鼻子很小，嘴唇又长又薄，没有颊囊。黑猩猩的手脚比较粗大，腿比臂短，站着的时候，臂可以垂到膝盖下面。

群居生活

通常，30～80只黑猩猩组成一个族群，成员包括雄黑猩猩、雌黑猩猩及幼小的黑猩猩。黑猩猩的族群常常分散着，且在一个族群中又可能分成许多个小族群，一会儿聚，一会儿散，每个族群都有其固定的活动范围，只有在季节转换、整个族群发生大规模迁移时，才会有比较一致的行动出现。

黑猩猩的各种动作

黑猩猩喜欢"小家庭"生活。小黑猩猩总待在妈妈的身边

互相梳洗

黑猩猩们经常挤在一起，互相用手指翻动身上的皮毛，帮助对方将一些死皮、脏东西和小虫子从身上清除出去。这种经常性的清理能使黑猩猩的身体保持干净和健康。通过互相梳洗，它们会觉得舒服和放松，并因此在族群中建立友谊及信任。

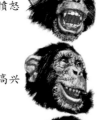

黑猩猩的幼仔

　　黑猩猩的幼仔在出生后半年内，通常都要待在母猩猩的怀中。半年后，幼仔便会攀附在母猩猩的背上或是挂在母猩猩的腰间。直到3～5岁时，幼仔才逐渐断奶，跟随母猩猩采食植物性食物。

幼仔紧紧跟随在母猩猩的身边

可爱的黑猩猩

愤怒

高兴

害怕

悲伤

交流

　　黑猩猩仅有为数不多的一点"语言"，因此黑猩猩群体内部的成员间常常通过面部表情、身体语言和多种不同的叫声进行交流。它们的表情很丰富，有些还和人类的表情极为相似。它们经常互相接吻、握手，以示亲密与信任。

黑猩猩的各种表情

钓食白蚁

　　黑猩猩非常喜欢吃白蚁，而且吃得很有技巧。它们先选一根比较柔软的草茎，接着将叶子摘掉，然后将这根自制的工具插入蚁巢中，等待白蚁爬上草茎。当白蚁爬满草茎时，黑猩猩便取出草茎，舐食附在上面的白蚁。

这两只黑猩猩正在想办法捉白蚁

制造工具

　　作为一种有着较高智能的群居动物，黑猩猩不但能有效地使用工具，而且还能制造工具。比如，把一只黑猩猩放在一个封闭的房子里，在房子的天花板上挂一串香蕉，房子里放几只木箱，黑猩猩就会把木箱叠在一起，然后爬上去拿到它喜爱的香蕉。它们还懂得用石头砸开坚果，会用树叶盛水来饮用或者洗澡。

黑猩猩也会嚼一些类似草药的植物，以清理自己的伤口

调皮的黑猩猩

□ 长臂猿

　　长臂猿是灵长类动物中最灵活的动物。它们的前臂特别长，身长还不到1米，而双臂展开却可达1.5米长，站起来时"手"可以碰到地上。长臂猿一般生活在高大的树林里，像荡秋千一样从一棵树跳到另一棵树上，一次可跨越3米。可长臂猿一旦来到地面上，走起路来就会摇摇晃晃，非常笨拙，两条长臂简直没地方放，只好向上举起，做出一副"投降"的怪模样。

习性与繁殖

　　多数长臂猿以群居的方式生活。群居生活可以有效地抵御敌人入侵，保护自己的领地。它们通过叫喊、身体语言、面部表情、相互整理毛发来巩固彼此的关系。雌性长臂猿通常每两三年生育一次，每次只育一仔。幼猿出生后，除了头顶上有毛发，其他地方都是光溜溜的。从出生到8岁以前，幼猿始终和父母生活在一起。

半岁的幼猿已长出黑色的体毛。随着年龄的增长，其体色会不断变化

长臂猿

白眉长臂猿

　　白眉长臂猿别名通臂猿，其最显著的特征是两眉为白色，头顶部的毛向后生长，像个老寿星。它们几乎常年生活在树上，靠两条长臂和钩形的长手把自己悬挂在树枝上，像荡秋千似的荡越前进。其叫声洪亮，数里外都能听见。白眉长臂猿分布于中国云南，亦见于缅甸、印度等地，其分布区域狭窄，数量稀少，现已濒临灭绝。

白眉长臂猿

黑长臂猿

　　黑长臂猿是灵长类中进化程度较高的类人猿。它们的尾巴已消失，下肢短，上肢长，可以用手臂吊在树枝上在林间穿行。前进时，它们的两臂互相交叉移动，时速可达15千米。黑长臂猿以家族群活动，每个家族占据一片森林作为领地。每天清晨，雌猿先发出高亢的叫声，随后雄猿与子女也加入。这种喊叫是它们保卫自己领土的特有的方式。

★ 动 物 小 档 案 ★	
科　　属	长臂猿科
栖 息 地	亚洲热带森林
分　　布	东亚、东南亚
食　　物	水果、树叶、昆虫
生殖方式	胎生
寿　　命	30年

第十六章 ■

肉食类动物 Dishiliuzhang

Encyclopedia of the
Animals

　　肉食类动物体形矫健，肌肉发达，四肢的趾端长有锐爪，能够捕捉猎物。它们都是掠食性动物，猎物多为有蹄类、各种鼠类、鸟类以及某些大型昆虫等。肉食类动物有多种多样的捕食方式，或潜伏等待，或嗅迹跟踪、潜伏靠近，以利齿和锐爪为武器进行突然袭击，或者长距离地追逐捕杀。肉食类动物有犬科、熊科、浣熊科、大熊猫科、鼬科、灵猫科、猫科和鬣狗科8科，广泛分布于世界各地。

□ 虎

虎是最凶猛的肉食动物之一，它们用非常锋利的牙齿将肉撕成碎片，用尖利的爪子捕捉猎物和攀岩。近些年来，由于人类的捕杀，虎的数量大幅度减少。目前，世界上仅存西伯利亚虎、华南虎、印支虎、马来虎、孟加拉虎和苏门答腊虎6种。

虎

眼睛和耳朵

虎有着圆形的瞳孔和黄色的角膜（白虎的角膜为蓝色），进入视网膜的光线能被第二次反射，所以即使在夜间，其视力也极其敏锐。虎的耳朵也很灵敏，能捕捉细微的声音。此外，它们的耳朵还可以表示不同的心情，比如，当耳朵后面的白斑随耳朵的转向而摆动时，就是在警告对手——我要发怒了！

锋利的虎牙

牙齿

虎的牙齿并不多，只有28～30颗，但每一颗都很锐利，能够切肉割皮。它们的犬齿是肉食动物中最长的，能像匕首那样轻易地将猎物的皮肤刺穿；门齿排成一条线，很像一把刮刀，可以刮下猎物骨头表面的残肉。

眼睛在夜间有很好的视力

灵敏的感觉器官

攻击猎物时，耳朵会竖起来，露出耳后的白毛

嗅觉很灵敏，有助于老虎捕猎

老虎是大型的捕食者

觅食

虎主要以大型哺乳动物，如猪、鹿、羚羊、水牛等为食。虎能捕食比自己更大更重的猎物，一只重约100～250千克的虎可捕食重达900千克的印度野牛。捕食时，它们常常将身体紧贴地面，尽管它们的体形较大，却能够悄无声息地接近猎物。待到合适的距离时，它们会猛然扑向猎物，用锋利的牙齿咬住猎物的头部或颈部，并用前爪将猎物的颈部骨头折断，然后把它拖到隐蔽处吃掉。

自我清洁

　　虎类很爱洗澡，尤其在盛夏季节，为了保持凉爽，虎常会待在水里或靠近水的地方。洗澡时，它们总是慢慢地在水中蹲伏下来，先将长而硬的尾巴浸入水中，然后用尾巴把水往背部撩。

虎尾攻击的力量丝毫不逊于扑击力量

虎很爱洗澡，而且游泳技术很高，是为数不多的几种会游泳的猛兽之一

秘密武器

　　虎都有利于自己隐藏的条纹。当接近猎物时，它们可以把笨重的身体贴近地面，藏在草丛中或河塘里而不易被发现。虎素有"百兽之王"的美称，除了尖牙利齿，它们身后那条又粗又长的尾巴也是一件厉害的武器。当它们攻击猎物扑空时，便会抡动尾巴扫向对方。这一招常令猎物躲闪不及。

捍卫领域

　　虎的领域观念十分强。每只虎都需要很广阔的生活范围，任何入侵其领地的动物都会遭到攻击。虎的地盘大小取决于其中可猎捕的猎物的数量。一般来说，每只虎地盘的大小为26～78平方千米。虎通常单独生活，所以它们的地盘可能重叠。一只雄虎的地盘通常和好几只雌虎的地盘重叠。

通过摩擦，虎把气味留在树上，以占领地盘

★ 动物小档案 ★	
科　　属	猫科
栖　息　地	大多数森林、草原、红树林沼泽
分　　布	印度、西伯利亚、中国、苏门答腊、爪哇、马来西亚
食　　物	鹿、猪、牛、羚羊、小型哺乳动物、鸟类
生殖方式	胎生
寿　　命	15～25年

东北虎

　　东北虎属哺乳纲，肉食目，猫科，又称西伯利亚虎。其身长1.5～2.5米，体重一般200多千克。东北虎头圆，耳短，嘴方阔，四肢粗壮，背毛为金黄色或棕黄色，腹毛为白色，周身布满黑色斑纹，额头上的花纹呈"王"字。东北虎聪明而强悍，极具攻击性，动作快速而优美，平时单独生活，单独狩猎。随着人类对森林植被的破坏，东北虎的栖息地与食物量越来越少，数量也急剧下降，目前东北虎已被列为濒危动物。

胡须像感应器一样，能帮助东北虎在夜间探寻道路

东北虎

东北虎与成人大小对比

虎具有多种不同的表情

虎在攻击敌人时，会竖起耳朵，露出耳后的白毛

虎在保护自己时，耳朵伏贴，张口露出利齿

华南虎

　　华南虎又称厦门虎。雄虎从头至尾长约2.5米，体重接近150千克；雌虎更小，身长约2.3米，体重接近110千克。它们毛皮上的条纹既短又狭窄，与孟加拉虎和西伯利亚虎比起来，条纹之间的间距较大。

虎

苏门答腊虎

　　苏门答腊虎生活在印尼苏门答腊岛。在所有虎中，苏门答腊虎身上的斑纹最多，毛色最深。它们的斑纹又宽又黑，斑纹之间的间隔很小，有时会重叠在一起，雄虎头部背后还有一轮标志性的环状斑纹。这种老虎的体形相对较小，这有利于它在丛林里穿梭。

印支虎

　　印支虎分布在泰国的中部，在中国南部、柬埔寨、老挝、越南和马来西亚半岛也能发现印支虎。印支虎比孟加拉虎更小而且毛色更暗一些，条纹既短又狭窄。雄性印支虎从头至尾平均长2.7米，体重大约180千克。雌性印支虎更小，估计大约身长2.4米，体重接近115千克。印支虎的食物是野猪、野鹿和野牛。

一只正在寻找猎物的孟加拉虎

爪哇虎

　　爪哇虎分布在爪哇岛的南部山地丛林中，其视觉、听觉和嗅觉都很灵敏。它们不挑剔生存环境，只要有隐身处、水和猎物就可以了，并不像豹子那样过分依赖森林。爪哇虎除在繁殖季节雌雄一起活动之外，其他时间全部独栖，并且每只需要100平方千米的活动范围。目前，由于活动范围的缩小，爪哇虎已经灭绝。

白色孟加拉虎

孟加拉虎

　　孟加拉虎的头大而圆，看起来像一只硕大的猫。它们身披淡棕色或褐色的毛皮，腹部为白色或淡黄色，身上长着灰色或黑色的美丽条纹。孟加拉虎不善于长距离地追捕猎物，而善于出其不意地在瞬间将其制服。因为它们的后腿长，前腿强壮，脚上长着长而尖的爪子，具有较强的爆发力。孟加拉虎的食量大得惊人，有时一餐可以吃下40千克肉。

正在嬉闹的幼虎

孟加拉虎

白虎

　　白虎是孟加拉虎的白色变种，原产于中国云南及缅甸、印度等地。野生白虎已经灭绝，现存白虎均为人工繁殖。白虎身上的条纹为深褐色或黑色，其余部位均为乳白色，眼睛为蓝色。它们生活于森林山地等环境中，主要以有蹄类动物为食。白虎孕期100～106天，每胎2～4仔，寿命约20年。

麋鹿　　　　红鹿　　　　棕熊

印度瞪羚　　山羊　　　爪哇野牛

虎会捕食的动物

狮子

　　狮子有"百兽之王"之称，是猫科动物中唯一群居的成员。而且，狮也是唯一一种雌雄两态的猫科动物。狮的体形巨大，雄狮身长可达1.8米，雌狮的身长也有1.6米。雌狮的毛发很短，但雄狮却长着很长的鬣毛，一直延伸到肩部和胸部。此外，狮的脸型宽，鼻骨较长，耳朵又短又圆，前肢比后肢强壮，爪子也很宽大。

非洲狮

★ 动 物 小 档 案 ★	
科　　属	猫科
栖 息 地	草原、沙漠
分　　布	非洲、印度西北部
食　　物	羚羊、斑马、长颈鹿、鳄鱼、鸟
生殖方式	胎生
寿　　命	约15年

非洲狮

　　非洲狮是体格强壮的大型猫科动物，其体形大小居第二位，仅次于虎。非洲狮是著名的野生动物之一，在西方国家，自古即被称为"百兽之王"。非洲狮体长、腿短、头大、肌肉发达。它们黄褐色的皮毛同天然背景浑然一体，如果不仔细辨别，白天也很难发现它们的踪影。

非洲狮最喜欢栖息于多草的平原和开阔的稀树草原

散布气味是非洲狮日常生活中的一个重要活动

不同的分工

　　在一个狮群里，成年的雌、雄狮是各有分工的。雌狮除了产仔繁殖后代，主要任务就是捕食；而雄狮除了是幼狮的父亲，还是狮群的保卫者，负责整个狮群的安全。一旦发现敌人入侵，或者袭击狮群中的成员，雄狮就会挺身而出，把入侵者赶走。

雌狮除了产仔繁殖后代，主要的任务就是捕食

狮鬣使雄狮看上去更高大，能吓退敌人

群居生活

非洲狮有很强的群体意识，狮群中的所有成员能够和睦相处。在一个狮群中，大约有近30只狮子，其中包括十多只成年雌狮、四五只成年雄狮，还有几只幼狮。它们白天大部分时间都在树荫下休息。

狮群共同分享猎物

非洲狮与成人大小对比

正在捕食的非洲狮

捕食

非洲狮的主要狩猎对象有较大的羚羊、角马和斑马。尽管非洲狮的奔跑速度高达每小时60千米，但是它们的猎物往往比它们跑得还要快。为了避免过早地被猎物发现，狮子必须悄悄地走近猎物，只有在距离猎物30多米的范围内发起突然袭击，狮子才有可能获得成功。

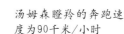
汤姆森瞪羚的奔跑速度为90千米/小时

非洲幼狮

亚洲狮

亚洲狮又名印度狮，它们与非洲狮相比，鬣毛较短，被毛较厚，体毛丰满，尾端簇毛较长。幼狮有斑点，毛色以棕黄为主。与非洲狮相似，亚洲狮也是群居生活，每群有8～10只狮子，往往一只雄狮有几只雌性配偶及子女。它们常常选择开阔的草地灌木丛猎食有蹄类动物，捕到猎物后共同分享。

□ 猎豹

　　猎豹属猫科动物猎豹亚科。它全身覆盖着金黄色的皮毛，上面布满黑色斑点，眼睛至嘴巴处还有一条明显的黑线。猎豹是陆地上奔跑速度最快的动物，高达120千米的时速至今仍是动物界中无人能破的纪录。除猎豹外，猫科动物还有很多其他成员，它们分属于猫亚科或豹亚科，如金钱豹、雪豹等。

豹

捕食

　　猎豹是"孤军奋战"者，通常独自捕食鹿、羚羊等中小型食草动物，但有时遇上比自身大得多的猎物（如大羚羊、角马、斑马），也会几只猎豹一起协同作战，把对方杀死。猎豹经常在早晨或黄昏狩猎，它们首先跟踪猎物，然后高速追赶，最后快速冲刺将猎物扑倒。

小猎豹

繁殖

　　猎豹有固定的繁殖期。雌豹经过大约90天的怀孕期后，会生下2～5只幼豹。为了小猎豹的安全，雌豹一般把它们藏在草丛里，捕到猎物后就带回去与它们分享。

金钱豹与成人大小对比

猎豹

斑纹与身体明亮的颜色形成对比

金钱豹

行走时爪子收回，以使其保持锋利

长尾巴能使身体在运动状态下保持平衡

金钱豹

　　金钱豹是豹亚科中分布最广泛、数量最多的一种。它们全身棕黄而遍布黑褐色金钱花斑，其名称也由此而来。金钱豹一般栖息在茂密的森林中，善于跳跃和攀爬。它们多过着独居夜行生活，常在林中往返游荡，捕食猿猴、野兔、鹿和鸟类等动物，有时还猎食家畜。金钱豹生性凶猛，甚至能与老虎交锋，但一般不伤人。

黑豹

黑豹

黑豹是金钱豹的黑色变种，主要分布在亚洲，其通体黑色，体长约有1～1.7米（包括尾巴）。在强光的照耀下，黑豹的皮毛上会显现出淡淡的斑点。黑豹喜欢阴暗的环境，即使在白天也会居住在黑暗的森林深处。它们的力气很大，可以将重于自己体重两倍的猎物拖到树上享用。

雪豹

雪豹属豹亚科豹属，分布于亚洲的高原和高山地区，是仅有的生活于高海拔地区的大型猫科动物。雪豹的突出特征是尾部长而粗大，头尾总长1.8～2.3米，仅尾长就接近1米。雪豹的胸肌发达，四肢矫健，行动敏捷，善攀爬、跳跃，以山羊、斑羚、鹿、鼠、兔等为食，是高山上的顶级捕食者。

金钱豹藏在高处查看猎物行踪

美洲豹

美洲豹

美洲豹又叫美洲虎，属豹亚科豹属，是美洲仅有的大型猫科动物。其体形介于虎和豹之间，花纹似豹而斑点较大，环形斑中还分布有黑点，看起来非常漂亮。美洲豹主要生活在森林和沼泽中，擅长游泳，并喜欢在水中嬉戏。它们通常在河岸边寻找食物，袭击水獭、海龟甚至蛇。

美洲豹正在耐心地伺机捕猎

云豹

云豹

云豹属豹亚科新猫属。它全身布满了灰褐色的毛，四肢较短，尾巴很长。它们的体侧约有六个云形暗灰色斑纹，斑纹外缘为黑色。与其他猫科动物相比，云豹的头部相对较大，体形比金钱豹小，颈部有六条黑纹。云豹常猎杀比它们大的猎物，而且它们还能灵活地攀爬，捕食生活在树上的哺乳动物。

☐ 薮猫和豹猫

薮猫和豹猫均为小型猫科动物。薮猫是草原上最醒目的猫科动物之一。它们身体纤长，黑白花色的耳朵呈杯状，且有菱形的茸毛，背部为浅黄色至浅红褐色，腹部为灰白色，全身遍布着黑色斑点和条纹。豹猫又称野猫、狸猫，其体长40～60厘米，外形似家猫，全身花纹斑驳，很像豹子，故名豹猫。

薮猫

薮猫

薮猫的前腿很长，后腿有力，非常适合奔跑，可以跨越两倍于身长的距离捕捉飞鸟。薮猫的耳朵是猫科动物中最长的，听觉极其灵敏，能够听到鼠类在地下活动时发出的微弱声音。捕猎时，长有斑点的皮毛可以起到伪装的作用。一旦发现目标，它们便潜步追踪，随即发起突然袭击，用尖利的爪子和锋利的牙齿将猎物置于死地。

薮猫跃起时，身子会先向前倾

身上的斑纹像豹一样，便于隐藏在草丛中

豹猫

豹猫

豹猫生活在美国德州和拉丁美洲的茂密森林里，是一种小型肉食动物。豹猫全身的斑纹很像豹子，颊部两侧有两条纵长小斑和横斑纹，耳背处有淡黄色耳斑，背部还有四条黑色纵纹。豹猫一般栖息在山林、郊野灌木丛或村庄附近，树洞、土洞、石块下或石缝中常有它们的窝穴。

豹猫

豹猫的生活习性

与其他猫科动物一样，豹猫善于奔跑，攀爬能力强，动作敏捷，肢体柔软，走路时可以毫无声息。豹猫昼伏夜出，主要以伏击的方式猎捕其他动物，如鼠类、兔类、蛙类、蛇类、小型鸟类、昆虫等，它也取食浆果、榕树果和部分嫩叶、嫩草，有时还会潜入村寨袭击鸡、鸭等家禽。豹猫一般孕期2个月，每年生育1胎，每胎2～4仔。

□ 獴

獴属灵猫科，是一种长身、长尾而四肢短的动物。獴主要分布于非洲、亚洲大陆的热带和温带地区。非洲集中了半数以上的獴类。獴喜栖于山林沟谷及溪水旁，多利用树洞、岩隙做窝。它们通常早晨或黄昏出洞觅食，捕食野鼠、蛇等。獴的皮毛很厚，起到保护作用。

群居生活

獴经常雌雄相伴，遇到危险时，能互相救助。雌獴携幼仔外出时，常发出"咕咕"的叫声在前面引导。獴具有灵敏的嗅觉，能发现深藏于地下的蚯蚓、昆虫的幼虫，并会用前爪和鼻端将它们挖掘出来。春天，它们常到翻耕过的田地里寻找食物，冬季则到草堆中觅食。当一群獴觅食时，总有几只轮流充当卫兵，站在高地警觉地观察四周，一旦有敌情，它们就会以叫声警告同伴。

獴群集体在山丘上活动

獴蛇之战

獴能杀死毒蛇，它的动作迅如闪电，比蛇更快，且能不停地向蛇进攻。它总是等蛇已经筋疲力尽的时候，才向蛇发起进攻，以迅雷不及掩耳之势咬住蛇头，直到将其咬得粉碎才肯松口。这时蛇长长的身体如同一根草绳，软软地瘫在地上，再也动不了了。

幼獴正扑在妈妈身上吃奶

偷蛋行为

獴常常喜欢偷吃鸟蛋，而且它们偷吃鸟蛋的过程特别滑稽。它们有时会先用两只前爪抱住鸟蛋，然后跳起来，把鸟蛋从胯下掷到后面的石头上。鸟蛋摔碎后，它们再慢慢地享受美味佳肴。

站立的时候尾巴支撑着身体

尖长的嘴部

担任卫兵的獴眺望周围的环境，随时警惕着入侵者的偷袭

□ 熊

　　熊科动物以身体粗壮有力，尾极短，初生的幼仔常发育不完全为特征。熊科成员多数食性很杂，也有少数以肉食或植食为主，体形通常较大。熊科动物虽然体态笨重，但是多数擅长爬树，并有不少成员是游泳好手。它们大多视觉不佳，但嗅觉比较灵敏，主要依靠嗅觉觅食。

冬眠

　　除北极熊外，生活在寒冷地带的熊冬天都会"冬眠"。在夏季和初秋，它们先进食大量食物，在体内积聚足够的脂肪，然后在树洞中建造巢穴，为冬眠做准备。入冬之后，它们就钻入巢穴，进入冬眠状态。冬眠中，不同的熊有不同的表现：亚洲黑熊通常以睡觉的方式越冬，体温并不下降；棕熊冬眠时，身体往往蜷曲成一团，体温会下降。

棕熊

争斗

　　熊是非常好斗的动物。在交配季节，公熊常为了争夺母熊而战。熊打起架来十分凶狠，有时甚至会因此丧命。年轻的公熊时常打闹，这有助于它们提高打斗技巧。熊在打斗的时候会大声吼叫，每当这时，母熊就会发出低沉的声音来警告小熊：有危险，赶快离开。

在打斗中，熊通常会张嘴龇牙，做出恐吓对方的姿态

正在冬眠的熊

只要不被招惹，熊一般不会主动攻击人类

攻击性

　　熊一般不会主动攻击人类。但当保卫自己或自己的幼仔、食物和地盘时，它们会变得非常凶猛可怕。如果人类不小心触怒了它们，它们会向人类发起攻击。

棕熊

　　棕熊属大型食肉目动物，成年棕熊体长1.8～2米，体重达200千克，多为棕褐色或棕黄色；老年熊呈银灰色；幼年熊为棕黑色，颈部有一白色领环。棕熊主要栖息在寒温带针叶林中，它们没有固定的栖息场所，多在白天单独活动。

熊

棕熊

棕熊的防卫

　　因为棕熊体态庞大，所以大多数人都觉得它是一种十分危险的猛兽。事实上，棕熊极少主动伤人，当遇到人类时，它做出的攻击性行为往往是一种防卫。因为棕熊具有很强的防卫意识，所以当它的家园受到侵犯、子女受到威胁或领地受到侵扰之时，它就会对侵扰者发起攻击。

美洲黑熊

　　美洲黑熊广布于北美各地，它们并不都是黑色的，而是还有另外一些色系，包括白色、金黄色、黄棕色和各种深浅的棕色。它们虽然能适应各种环境，但还是偏好生活在森林或邻近河流的地方。美洲黑熊行动迅速，奔跑速度可以达到每小时40千米。它们平常总是以四条腿慢吞吞地行走，有时也会后腿直立起来向前移动。

美洲黑熊正在吃灌木上的果实

美洲黑熊与成人大小对比

美洲黑熊的食性

　　美洲黑熊是杂食性动物。通常，它们的食物80%是各类果实、植物根茎等，10%为各类动物，剩下的10%则为人类产生的垃圾。靠近海岸或河边居住的黑熊将鱼类、甲壳类动物作为主要食物。而居住在人类城市附近的黑熊，则把人类垃圾当作重要的食物来源。

粗壮有力的熊掌是棕熊进行防卫的武器

亚洲黑熊

亚洲黑熊

亚洲黑熊最显著的标志是前胸部长着一弯新月形的白毛，非常漂亮，因而也叫"月亮熊"。亚洲黑熊体格粗壮，体高约1米，有巨大而弯曲的爪子，熊掌很大，尾巴短，看起来有点像狗。亚洲黑熊虽然看起来很笨拙，但它爬起树来却很灵活。爬上树后，它们喜欢把树枝弄弯，坐在上面吃果子。亚洲黑熊的活动范围很广，没有特定的领地。

眼镜熊

眼镜熊体长为1.2～1.8米，全身呈黑色或棕黑色，只在眼睛周围有一圈灰白至浅黄色的似眼镜状的斑纹，因而叫眼镜熊。眼镜熊是唯一产自南美的熊，主要栖息在安第斯山脉的北部森林里。它们以植物为食，经常吃树叶、树根和果子。

亚洲黑熊因前胸长着一块新月形的白毛，而被称为"月亮熊"

懒熊

懒熊

懒熊主要分布在印度南部和斯里兰卡的森林中，因其动作缓慢而得名。懒熊全身的黑毛长而粗，胸部有白色或黄色"U"形宽纹。懒熊已特化为食虫食性。与此相适应，它们的门齿间有较大的空隙，鼻孔可以随着吻部肌肉的收缩而关闭，前肢有大而弯曲的爪。当发现蜜蜂和白蚁等昆虫的巢穴时，它们会用前爪抓起巢穴，然后塞入嘴里。

马来熊

马来熊又被称作"太阳熊"。在熊类家族中，马来熊的体形是最小的。它们长长的爪子和无毛的掌心适合用来抓握树枝。马来熊一次只能生1～2只幼仔。刚出生的小熊非常脆弱，它们闭着眼睛，不会走路，在吸食了3～4个月的母乳后才可以外出活动。两年之后，它们才能离开母熊独自生活。

马来熊

□ 北极熊

北极熊是北极地区最大的食肉动物，也是世界上最大的熊。北极熊广泛分布于北欧、西伯利亚北部及北美洲的北部。它们能在冰冷的北冰洋中自在地游泳或潜水，夏季通常以浆果和啮齿动物为食；冬天，其猎物包括海豹、海豚、鳕鱼、鲑鱼等，其中海豹是主食。

北极熊

不怕冷的北极熊

御寒特性

北极熊能在冰冷的北极地区生存，是因为它们的皮下长满了厚厚的脂肪，这些脂肪分解产生的热量足以抵御刺骨的寒冷。另外，北极熊身上长满了又密又厚的白色体毛，其中一些白毛是中空的，能有效地保存热量，很好地维持体温。

捕食

北极熊是捕猎能手，它们以海豹为主食。捕食前，北极熊常常仔细地观察猎物，并慢慢向海豹靠近，当到达有效捕程时，就会猛冲过去用熊掌朝海豹猛力一击，将海豹拍死，然后饱餐一顿。有时北极熊也会采取等待的方法，为了捕食海豹，经常会在一个冰洞前待上几个小时。

待海豹浮出水面，北极熊会用前掌猛拍海豹的头骨，将其拍死

游泳

北极熊喜欢在北极冰冷的海水中游泳或潜水，它们在游动时靠前肢划动海水以获得前进的推力。因为全身厚厚的皮毛具有防水的功能，所以北极熊从不畏惧冰冷的海水。

★ 动物小档案 ★	
科　　属	熊科
栖息地	浮冰、海岸边
分　　布	北极地区
食　　物	海豹、海鸟、鱼、小型的哺乳动物、腐尸
生殖方式	胎生
寿　　命	25～30年

后肢起舵的作用，能控制前进的方向

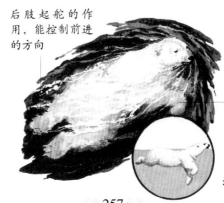

前肢划动海水，推动身体向前

擅长游泳的北极熊

□ 大熊猫

　　大熊猫，又名大猫熊，主要分布在中国的
四川、陕西、甘肃，栖居于海拔2400～3500米
的高山竹林中。其生活环境湿度很大，温差也
较大。大熊猫性情较温顺，很少主动发起攻击。
它们的视觉和听觉相当迟钝，但嗅觉稍好。虽然
它们躯体笨重，却很善于攀爬，当遭遇危险时，能
迅速爬到大树上。除交配期外，大熊猫常独自生活。

大熊猫

浓密的防水毛使大熊猫保持身体干燥

习性

大熊猫在树上休息

　　大熊猫以竹子为主食，但因为竹子的能
量很低，为了尽可能地减少能量消耗，大熊猫
一天中约有一半的时间用于觅食，剩下的
时间则花费在休息和游玩上。另外，大
熊猫从不冬眠。即使气温低达零下4℃～
14℃，它们仍可穿行于白雪皑皑的竹林中。

食性

　　竹子是大熊猫
的最爱，尤其是各
种箭竹。它们也偶食小
动物、鸟卵或野果。它们的
消化与咀嚼能力很强，能把直径2厘米多的竹
竿咬碎并咽下。大熊猫的食量很大，
在自然环境中，一天要吃几十千克竹
子。吃东西时，它们一般背靠树干坐
下，用前掌握住竹子送入口中。

大熊猫与成人大小对比

竹子是大熊猫最喜欢的食物

★ 动 物 小 档 案 ★	
科　　属	大熊猫科
栖 息 地	竹林
分　　布	中国四川、陕西、甘肃
食　　物	竹叶、竹笋、小动物、鸟蛋、野果
生殖方式	胎生
寿　　命	30年

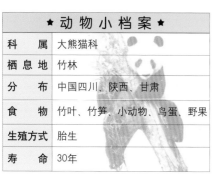

熊猫背靠在雪堆上享受美餐

生存危机

　　雌性大熊猫一般每胎产仔1～2只，
而且雌性大熊猫没有能力将幼仔全部养
活。缓慢的繁殖，加上日益减少的栖息
地和人类的捕杀，都导致了大熊猫数目
的减少。目前，中国的绝大部分大熊猫
都生活在特设的自然保护区中。

浣熊和小熊猫

　　浣熊生活在北美和中美以及南美洲北部地区，一般体长42~60厘米。浣熊的毛很长，眼睛周围是黑色的，看起来好像戴着面具。浣熊擅长爬树、游泳，大多在夜间活动，利用视觉和灵敏的嗅觉来觅食。浣熊的适应能力很强，它们不仅在林地生活，而且还学会了如何在有人类居住的地区生活。

浣熊

食物

　　浣熊的食性很杂，能随着季节的更替而变换食物的种类，如蚯蚓、青蛙、蝌蚪、螃蟹和鱼类等。如果发现鸟蛋，它们能够很巧妙地用爪子在蛋上挖洞，然后吸食蛋中的汁液。吃东西时，浣熊能灵巧地用两只前脚抓起食物来吃。它们的前腭长有尖尖的犬牙，用来咬住和撕裂食物，然后用腭齿磨碎食物。

浣熊

保护幼仔

　　母浣熊带领幼仔外出时，如果遇到袭击，会立即叼着幼仔颈部逃往他处，或猛击幼仔的臀部，督促它们爬到树上去。如果被逼得走投无路，母浣熊会挺身而出，保护自己的子女。母浣熊除了哺育自己的儿女，也会照料那些失去父母的"孤儿"。

浣熊喜欢爬树

浣熊喜欢在树洞中筑巢

小熊猫

　　小熊猫属小熊猫科，产在中国陕西、甘肃、四川等地以及缅甸、印度等国家。小熊猫主要生活在海拔2~3千米的高山丛林地带。它们从不单独居住，一般以家族为单位，四五只成员聚在一起活动。小熊猫还是爬树的高手，可以飞快地在山上树枝间攀缘。借助锋利的爪子，小熊猫可以抓住树枝爬到树上。白天，小熊猫用它那红棕相间的毛茸茸的尾巴盖着脑袋，躲在高高的树枝上睡觉。夜晚，小熊猫回到地面，取食竹笋、竹根、果实、鸟蛋和小动物。

□ 狼

狼的外形与狗相似：面部长，吻部尖，嘴巴较阔，眼睛有点斜，耳朵直立，皮毛一般为灰黄色。狼的尾巴经常向下垂在两条后腿当中，很少摇动，因此被称为"木头尾巴"。狼昼伏夜出，生性残忍、贪婪，以兔、鹿等动物为食。

狼生性残忍

猎食

在沉寂的黎明或昏暗的暮色中，狼有时会仰天长啸。这种令人不寒而栗的声音会让很多动物闻声丧胆。狼是一种极其凶恶的动物，它们会用群力合作、围攻堵截的方式追捕猎物，而一旦某一只动物成为它们追猎的目标，逃生的希望是微乎其微的。狼的奔跑速度可达到每小时40千米，而且能以极快的速度持续奔跑数小时，所以极佳的耐力也是它们制敌、猎食的法宝。

雌狼哺育幼仔

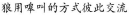

狼用嗥叫的方式彼此交流

狼王走在狼群的最前面

狼群集体捕食

群居生活

狼的社会性很强，过群居生活。通常20～30只狼构成一个种群，由一只雄狼和一只雌狼共同领导。狼的家庭观念很强，夫妻共同哺育幼仔。雌狼一胎会产4～7只幼仔。初生的小狼以母乳为食，稍大后，雌狼就会将肉咬碎哺喂它们，再大一点，还会耐心地教授幼狼捕猎技巧。2～3年后，幼狼就能离开父母独立生活了。

北极狼

　　北极狼生活在北极地区。它们的皮毛雪白，与北极冰天雪地的环境达到完美的融合。它们的主要猎物是更大的食草动物，如驯鹿。一只北极狼一天能吞食约10千克肉。在没有食物的时候，它们甚至能吞食腐肉。北极狼的家庭观念很强，严格实行一夫一妻制。

丛林狼

　　丛林狼主要分布在从墨西哥中部至北美中部及西部地区。它们的吻鼻部细长，耳朵大，腿细长，尾毛呈刷状。其体色为暗灰褐色，腹部为白色，背部绒毛为铜色，并在背部中央形成黑色条纹。它们的奔跑速度极快，游泳能力也很强，主要以兔、鹿、羊及鸟等为食，有时也吃植物。

狼

灰狼

　　灰狼是犬科动物中体形最大的成员，它们过去分布在北半球的大部分地区，现在只有在偏远地区，特别是森林里才能够见到它们。灰狼多通过面部表情来和同伴进行交流。当它们龇牙时，通常表示它们要进攻了。狼群一般由一对成年灰狼和它们的后代组成。它们通常群体狩猎。

灰狼

鬃毛硬直

鬃狼

细长的腿

吻部突出

丛林狼

★ 动物小档案 ★	
科　属	犬科
栖息地	草地、森林、冻土地带、沙漠、城镇周围
分　布	除马达加斯加、新西兰和南极洲外的世界各地
食　物	多数哺乳动物，鸟、蜥蜴、腐肉、水果
生殖方式	胎生
寿　命	12～16年

鬃狼

　　鬃狼的故乡在南美洲，其瘦长高大的体形适合在高大的草丛中穿行。它们以兔子和小啮齿动物为食，偶尔也捕捉鱼和昆虫。它们的身体很高，腿像高跷一样又细又长，这使其能看清远处猎物的活动情况。当它们想要引起人们的注意时，它们会竖起肩上的毛，同时展示脖颈上的白斑。

鬣狗和土狼

鬣狗的外形与狗非常像，不过它们分属不同的科目。鬣狗的前腿很长，长有大大的眼睛和长长的绒尾。鬣狗的爪子和牙齿有力而尖锐，通常捕食活物，也吃动物死尸。这一家族中的另外一种动物叫土狼，但它们只吃昆虫，生活方式和鬣狗完全不同。鬣狗和土狼分布在非洲及亚洲气候温暖的地区，都属于夜间活动的动物。

鬣狗能吞下9厘米长的骨头，并能消化猎物的牙齿

捕食

鬣狗捕食的对象多为虚弱或者有病的动物。它们经常通过集体协作来捕食体形较大的猎物，如斑马等。鬣狗有着极强的消化功能，可以将骨骼的有机物质和一些坚硬的组织消化掉。捕获猎物后，它们能吞食掉猎物的每一部分，连骨头也不剩。这种消化功能是别的动物所没有的，因此被称作"草原清道夫"。奇怪的是，它们还像牛羊等食草动物一样，具有反刍的现象。

鬣狗

斑点鬣狗

斑点鬣狗的体重可以达80千克，是最大、最强壮的鬣狗。它们的皮毛凌乱，后背有一定的倾斜度。其奔跑速度可达每小时60千米。它们成群地生活在非洲开阔的平原上，集体协作捕食斑马等动物，是非洲大平原上最成功的捕猎者之一。有些斑点鬣狗群的规模能达到一百多只，而一只斑点鬣狗每顿能吃下近15千克猎物。

土狼

斑点鬣狗

土狼

土狼生活在东非和南非。它们不吃肉，而喜欢用带有黏液的舌头舔食白蚁。和鬣狗相比，土狼的牙齿比较小，而且爪子也没有那么锋利。但它们的听觉十分灵敏，这一点有助于它们找寻食物。土狼白天一般躲在地洞里，天黑后出来觅食，用爪子从地下挖食昆虫。而它们栖身的地洞往往是土豚所遗弃的。

□ 狐和豺

　　狐长有浓密的毛和长尾，耳朵很尖，长相与犬相像。它全身多呈棕红色，耳背黑色，尾尖白色，尾巴基部有个小孔，能放出一种刺鼻的臭气。除繁殖季节外，狐通常独居，只有在保卫领地时才会联合成群，共御外敌。豺的体形比狐大，比狼小。它们的体毛为赤棕色，所以又被称作"红狼"。

狐狸

狐狸会假装追着自己的尾巴玩，引诱猎物上钩

生活习性

　　狐一般分布在森林、草原、高山、平原、荒漠、半荒漠地区，喜欢栖息在石缝、树洞、土穴、灌木丛或坟丘中。狐的食性较杂，主要以小型哺乳动物、鸟类、鸟卵、爬行动物、两栖类、鱼类、植物的浆果等为食。如果食物匮乏，它还会捕食昆虫。

"杀过"行为

　　狐有一种奇怪的行为，它们有时会潜进鸡舍，把鸡全部咬死，最后仅叼走一只。狐还常常在暴风雨之夜，闯入黑头鸥的栖息地，将栖息的鸟全部杀死，最后既不吃也不带走，空"手"而归。这就是"杀过"行为。

北极狐与成人大小对比

北极狐

北极狐

　　北极狐的身材较小，长着厚厚的皮毛，爪子下面也有保暖的毛，所以它们能抵御北极的寒冷。它们的毛夏季为棕色，到了秋季才换成白色。北极狐的适应性非常强，并且可以改变自己的饮食习惯。它们通常以小型的啮齿类动物为食，也吃鱼类和那些被海水冲上岸来的动物尸体。而在冬天，当食物缺乏时，北极狐会吃北极熊留下的剩肉。

狐的警惕性很高

·263·

大耳狐

大耳狐

大耳狐分布在非洲东部和南部的开阔、干旱地区，因为生有一双大耳朵，所以被称作大耳狐。它们主要以白蚁等昆虫为食，有时也会捕食蜥蜴或小型啮齿动物。大耳狐的耳朵很奇特，不但能用来散热，还可以转向各个方向来听取声音。它们大多夜间活动，性情温和且胆小，具有强烈的好奇心，通常独居或成小群活动。

赤狐

赤狐是最大、最常见的狐狸。其体长为50～90厘米，尾长30～60厘米，体重5～10千克，最大的超过15千克。赤狐广泛分布于欧亚大陆和北美洲大陆，栖息于森林、灌丛、草原、丘陵等多种环境中，有时也生活于城市近郊甚至闹市区。它们在夜间活动，通常单独或者以家庭为单位觅食，而不是成群狩猎。它的腿虽然较短，但爪子很锋利，追击猎物时的速度可达每小时50多千米。

赤狐

貉

貉为亚洲特有的动物，多分布在西伯利亚东部和中国的华中、华南等地。它们四肢短小，外形像浣熊，习性与狗有些相似，属于犬科动物中比较原始的种类。它们通常生活在森林里的河边或沼泽地中。貉在秋天吃饱后就开始冬眠，若食物不充足，它们有时也会出来觅食。貉的天敌是野狼和野狗。当它们受到攻击时，常会装死而伺机逃生。

貉善于爬树

豺

豺

豺全身体毛稀疏、粗糙，但尾毛相当密，有些像狐的尾巴，它们多栖息在森林、山地和热带丛林。豺白天一般躲藏在矮树丛或长草中，晚上出来觅食。它们能单独、成对或结成小群进行猎食。豺性情凶猛，行踪诡秘，往往采取围攻的方法捕食狍、鹿或山羊，也敢于袭击马鹿或水牛等大型动物。

□ 犬类

犬同狼、狐狸一样，都属于犬科，它们都是肉食性动物：牙齿可用来捕杀猎物、咬肉、啃骨头，有时还充当彼此打斗的工具。大多数野生犬科动物都有能够快速奔跑的修长四肢，还有长尾巴和浓密的皮毛。

犬

不同品种的宠物犬

宠物犬

宠物犬大部分身高都不及35厘米。值得一提的是，无论宠物犬长得多么娇小，它们都是由狼演化而来的，每只宠物犬都继承了某些狼的特性。因此，即使是最小的宠物犬也会表现出狼的某些行为，像啃咬骨头、守卫自己的领域、通过姿势和尾巴动作向同伴表达感受等。

狩猎犬

狩猎犬是人类驯化的捕猎助手。灵活的动作和灵敏的嗅觉是狩猎犬种具备的两大特征。狩猎犬可以分为视觉型和嗅觉型两大类。视觉型狩猎犬多长有细长的四肢及结实匀称的瘦长身体，能在沙漠地区追逐猎物。嗅觉型狩猎犬一般长有强有力的脚、细长的脸，以及嗅觉比人类敏锐100万倍的鼻子。嗅觉型狩猎犬还有惊人的耐力，它们能进行长距离奔跑，使猎物精疲力竭并将其捕获。

宠物犬

澳洲野犬

德国牧羊犬

德国牧羊犬体形适中，有发达的肌肉、强壮的骨骼，行动轻盈敏捷。两耳直立时，几乎平行。它们的尾巴下部有浓密的毛。纯种德国牧羊犬毛皮的基本颜色是黑色，并伴有一定的棕色、红棕色、金黄色或浅灰色。

澳洲野犬

澳洲野犬体长不超过1.8米（包括尾巴）。它们的爪子非常大，耳朵总是竖起来。和家犬不同的是，澳洲野犬不会叫。而且，这种野犬经常袭击羊群，这让当地的牧场主很头疼。

鼬科动物

鼬科动物分布在除大洋洲、南极洲和马达加斯加岛以外的世界各地。它们有些是动作敏捷的小型食肉动物，如鼬；也有体形略大的杂食性成员，如獾；还有一些水栖或半水栖成员，如水獭。

北美水貂

北美水貂

北美水貂是鼬科当中比较重要的一种。它的听觉和视觉都异常灵敏，善于游泳和潜水。北美水貂主要以鸟类、鱼类以及鸟蛋和一些昆虫为食。这种水貂身手敏捷，经常在夜间采取偷袭的方式捕猎。

臭鼬把尾巴朝向敌人，希望吓走它们

臭鼬

臭鼬生活在树林、草原和沙漠中，昼伏夜出，以昆虫、青蛙、鸟类和蛋为食。臭鼬用它那特殊的黑白颜色警告敌人不要攻击它，如果敌人靠得太近，臭鼬会低下头来，竖起尾巴，用前爪拍地发出警告。如果这样的警告无效，臭鼬便会转过身，向敌人喷出一种恶臭的液体。这种液体是由尾巴旁的腺体分泌出来的，足以将很多动物臭晕。

紫貂

紫貂别名"黑貂"，身体细长，四肢短健，体色黑褐，稍掺有白色针毛。它们生活在气候寒冷的亚寒带针叶林或针叶阔叶混交林中，多在树洞中或石堆上筑巢。除交配期外，紫貂多独居，以小型鼠类、鸟类、松子、野果、鸟卵等为食。

通常，臭鼬用前爪拍打地面，作为对敌人的警告

紫貂

黄鼬

黄鼬又叫黄鼠狼。其身体细长，四肢短小，可以钻入很狭窄的缝隙。黄鼠狼的洞穴多位于岩石缝隙或树洞内。其食性很杂，在野外主要以鼠类为主食，也吃鸟卵及鱼、蛙和昆虫；在村庄附近，常在夜间偷袭家禽。吃东西时，它们会首先吸食猎物的血液，然后再吃其内脏及躯体。

美洲獾

美洲獾分布于北美中部和西南部地区。它们的背部呈浅灰色，吻、头及后颈呈棕褐色，鼻至肩部有狭长的白色斑纹。美洲獾白天待在巢穴里，傍晚出来觅食，鼠类、鸟类、蛇、昆虫等都是它们的食物。

黄鼠狼

狼獾

蜜獾

狼獾

狼獾看起来既像犬又像熊，腿非常有力，能够追赶并捕食驯鹿。它们喜欢过独居生活，多在夜间活动。狼獾性凶猛贪婪，能捕食比它大几倍的兽类，甚至还能够把熊赶走，霸占它们的猎物。狼獾还以力气大和胃口大而著称。据说，它们能拖走比自身重数倍的动物尸体。

蜜獾

蜜獾很喜欢吃蜜蜂和蜂蜜，它的前脚上有长长的爪子，身上的皮毛很厚，可以防止被蜜蜂蜇伤。它们的皮肤非常坚韧，而且很松弛，这样便于转身去咬那些从侧面或后面袭击它们的敌人。蜜獾有着与众不同的体色：两侧和腹部为黑色，从头到后背为白色。它们常单独或成对在黄昏和夜间外出活动，白天则在地洞中休息。蜜獾的食性较杂，除蜜蜂外，它们也常捕食各种小型哺乳动物、鸟类、爬行类及节肢动物，有时甚至吃动物的腐肉。

海獭

海獭终生生活在海里。海獭爱吃海胆、贝类和螃蟹，但它们的牙齿不能咬碎这些食物。为解决这个问题，它们会从海底取一块大而平的石头，放进腋下一个特殊的皮囊里。然后仰浮在水面上，将石头放到胸前，去敲打猎物，直到猎物的壳裂开为止。之后，海獭就把自己的胸当作餐桌，美美地大吃起来。

★ 动 物 小 档 案 ★	
科　　属	鼬科
栖息地	树林、草场、多岩石地带、沙漠和城镇
分　　布	全世界，除大洋洲、南极洲和马达加斯加岛
食　　物	昆虫、小型哺乳动物、蜥蜴、蛇、鸟蛋和水果
生殖方式	胎生
寿　　命	可达6年

海獭

□ 水獭

　　水獭别名"懒猫"，它们是鼬科动物中的游泳健将。水獭栖息于河流、湖泊、水库和小溪之中，它们一生的大部分时间生活在水中，其流线型的身体非常适合水中生活。水獭白天隐匿于洞中，黄昏后至凌晨外出活动。

水獭

外形

　　水獭身体细长，头部短宽而前端略为平扁，下颌中央有数根短而硬的须，眼略突出，耳短小而圆，尾细长，由基部至末端逐渐变细。它们的四肢很短，趾间长有蹼，适于游水。其体毛较长而细密，呈棕黑色或咖啡色，喉部、颈下呈灰白色。

水獭与成人大小对比

觅食

　　鳝、青蛙、小龙虾、蛇以及各种鱼类都是水獭捕食的对象。水獭将这些猎物抓住后，会到河岸或湖岸把它们吃掉。水獭的前爪非常灵活，适于抓握物体。在进食时，它们常用前爪随意抓拿食物。有些种类的水獭还常用前爪在水中捕鱼。

筑巢

　　水獭通常在靠近水边的树根、芦苇、灌木丛下或岩石缝中挖洞。它们的洞穴一般都有几个开口，其中一个开口通到水中。水獭的巢会随着鱼类的多寡进行迁移。

水獭的流线型身体适于在水中游动

这只水獭正在水边的树干上伺机猎捕水中的鱼

水獭主要吃的食物

繁育

　　水獭每年繁殖两次。雌獭孕期五十多天，每次产仔1～3只。幼仔的生长发育比较慢，通常要在出生后一个多月才睁开眼睛。雌獭在哺乳期内，除了外出捕食，几乎整天陪伴着幼仔。出生两个月后，幼獭开始练习游泳，它会紧紧抓住双亲的尾巴，顽皮地上下翻滚。三个月后，小水獭就能独立生活了。

跳出水面

水獭悠闲地仰卧在水面上

捕鱼时，通常弯着下半身和尾巴

不停地旋转

用尾巴卷起水底的沙子

游泳

　　在水中游动时，水獭将耳朵和鼻孔关闭，以防水的流入，同时将前脚紧贴身体，靠长有蹼的后脚划水前进。其流线型的身形能减缓水流的阻力，便于水獭在水中行进，尾巴充当方向舵，控制水獭游动的方向。

正在游泳的水獭

奔跑

　　许多水獭都能在陆地上快速奔跑或跳跃。它们细长的身体强健有力，能够在雪地或冰上进行跑、跳、滑等各种动作。有时，水獭为了寻找适于栖居的水域，会在陆地上行走好几千米。

下滑运动

身体呈流线型

头伸向前上方

腹部紧贴坡面

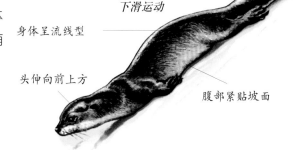

★ 动 物 小 档 案 ★	
科　　属	鼬科
栖 息 地	森林、林地、山地、草原、农场
分　　布	欧洲、亚洲、南北美洲
食　　物	啮齿动物、兔子、鸟、昆虫、蜥蜴、鱼、蛙
生殖方式	胎生
寿　　命	1～6年

下滑运动

　　水獭是一种贪玩的动物，喜欢沿着河岸边光滑多泥的斜坡向下滑。下滑时，水獭将腿向后靠近身侧，头部向前并稍向上抬升，从陡峭的斜坡滑下，冲向水中，腹部先着水。因为鼻孔、耳道有防水灌入的瓣膜，水獭可以潜在水中很久不出来。

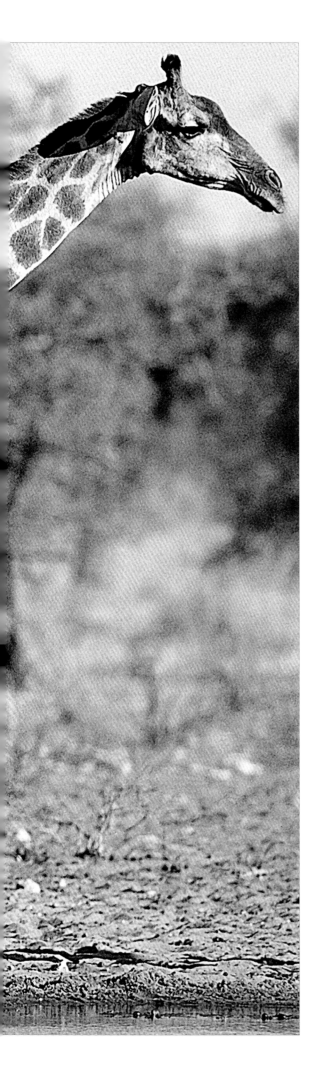

第十七章

草食类动物 Dishiqizhang

Encyclopedia of the
Animals

　　草食类动物是有蹄的、以植物为食的动物。它们的蹄通常能够在开阔的地区快速奔跑。根据蹄趾的数量，草食类动物可划分成两个主要的群体：一是偶蹄动物，如羚羊、骆驼和猪，它们每只脚上有两个或四个蹄趾；一是奇蹄动物，如貘、马、犀牛等，它们每只脚上有一个或三个蹄趾。

牛科动物

牛科动物分布在除南美洲、澳大利亚和新西兰以外的世界绝大部分地区。很多牛科动物已被人类驯化，例如牲畜牛、绵羊、山羊和羚羊。牛科动物大多雌雄均有角，门齿和犬齿已经退化，具有完善的反刍功能。它们的感觉非常灵敏，并且一般都成群地生活在一起，这样更容易及时发现危险，避免受到袭击。

羚羊

非洲水牛

非洲水牛

非洲水牛主要分布在非洲中部及南部的大草原上。它们喜欢待在有高灌木丛及零星树木的开阔区域里，这些地区还要有水及泥浆，以方便它们打滚。非洲水牛是一种安静的动物。一般说来，只有当它们受到伤害或威胁时，它们才会奋起反击。

牦牛

牦牛主要分布在喜马拉雅山脉和青藏高原上，是世界上生活在海拔最高处的哺乳动物。牦牛全身呈黑褐色，身体两侧和胸、腹、尾长有长而密的毛，四肢短而粗壮。由于所生活的地区海拔很高且极度寒冷，因此它们能耐零下30℃～40℃的严寒。牦牛擅长爬山，它们甚至能爬上海拔6400米处的冰川。

牦牛

荷兰乳牛

荷兰乳牛

荷兰乳牛身体粗壮，体长能达到3.1米左右。其身体前半部较为粗壮，腿长，雌雄均有角，毛短而光滑。野生乳牛的体色一般为棕色，畜养的荷兰乳牛则因品种不同而有各种颜色，有白色的和黑色的，也有长着黑白相间的斑纹的。其食物主要是草和树叶等。

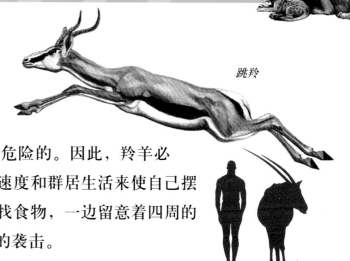

□ 羚羊

羚羊双腿纤细，体形似鹿，善于奔跑。羚羊主要栖息在开阔的平原和半沙漠地区，这种几乎没有任何防护的生活环境对它们来说是很危险的。因此，羚羊必须依靠敏锐的视觉、听觉、嗅觉、超常的奔跑速度和群居生活来使自己摆脱危险。它们通常成群地生活在一起，一边寻找食物，一边留意着四周的动静，时刻提防着远处的豹、狮子等肉食动物的袭击。

跳羚

羚羊与成人大小对比

角不断生长，逐渐弯曲成螺旋状

盘羊

盘羊

盘羊别名大头弯羊、大角羊，是一种体形较大的羊类。雄性盘羊体长可达1.89米，雌性盘羊可达1.59米。盘羊是典型的山地动物，喜欢生活在高海拔的平原及山地，常以小群活动。它们生性机警，视觉、听觉和嗅觉都相当敏锐，稍有动静，便会迅速逃走。由于人类的大量猎捕，盘羊的数量已经很少了。

跳羚

跳羚产于非洲。它们通常栖息在开阔的草原和干旱的平原上，以树叶、草及植物的球茎与根茎为食。跳羚在受到惊吓时，常常能跳到3～3.5米高，并连续跳跃五六次，最远可达7米。跳羚的奔跑速度也很快，可达每小时90千米。跳羚过去数量很多，现在已变得稀少。

瞪羚

瞪羚多生活在亚洲和非洲，尤以非洲居多。通常，瞪羚都长有角，腿细长，有时为了觅食，会不远千里地大范围移动。它们生活在干燥地区，和骆驼一样耐旱，有时甚至不需喝水，只靠植物内部所含的水分就可维持生命。它们过群居生活，在交配期会自动分成小群。

瞪羚

★ 动 物 小 档 案 ★	
科　属	牛科
栖息地	冻土地带、森林、林地、草地、山地
分　布	除南极洲外遍布所有大洲
食　物	草、幼芽、嫩枝、树叶、花、水果、种子、树皮
生殖方式	胎生
寿　命	可达30年

跳羚

黑斑羚

黑斑羚又叫高角羚，分布在非洲中部和南部。雌性黑斑羚没有角，雄性的角则很长，可达50～80厘米，而且呈竖琴状。黑斑羚的特征很明显，它们的臀部两侧有竖状黑斑，后足跟部也有黑斑。黑斑羚善于跳跃，一下可以跳出9米远、3米高。在受到敌害威胁时，它们会迅速跑回丛林中。在奔跑时，它们常常能毫不费力地互相跃过对方的身体。

黑斑羚

水羚

水羚总是在水边活动，因此而得名。水羚的身体非常强壮，肩高有1.3米，体重可以达到200千克。它们身上的毛为灰色或者红棕色，上面还有一种油性物质，闻起来很像麝香。雄性水羚长有弯曲的长角，形状好像钳子。在交配季节，雄性水羚之间用角作为武器，彼此争夺配偶或者保卫各自的领地，因此常会出现受伤的情况。

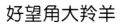

水羚

好望角大羚羊

好望角大羚羊长着像利剑一样的长角，这种角可以达到1米多长，是致命的武器。好望角大羚羊的脸上还长有非常醒目的花纹，所以很容易辨认。它们一般很少喝水，水分主要从食物中获取，因此在干旱地区也能够很好地生存。

好望角大羚羊

麋羚

麋羚又称红麋羚、狷羚。麋羚动作灵巧，四肢健美，身体修长。其体毛为浅褐色，臀部的颜色要浅些。麋羚雌雄两性都长有一对角，角细长而弯曲，上有环纹，并像牛角那样在角根部相连。麋羚的食物主要是草，进食时间集中在早晨和下午。麋羚曾经数量非常庞大，但由于人类的滥捕滥杀和栖息地被掠夺，现在只能在非洲南部的部分地区看到它们。

麋羚

鬣羚

鬣羚

　　鬣羚生活在亚洲，其体长140～160厘米，身高80～110厘米。鬣羚很难适应夏季的高温天气，所以一般生活在寒冷的高山上。鬣羚鼻尖外露，这个特征与羚羊相似，而强健的腿及生活在高山上等特征则与山羊相似。鬣羚的近亲有岩羚羊、石山羊、麝牛、羚牛等。

山羊

　　山羊是一种灵巧的小型非洲羚羊，体长只有75～110厘米，肩高约为50厘米。它们全身覆盖着粗糙的灰棕色皮毛，雄山羊长着又长又尖的角。山羊具有很强的弹跳能力，因此，即使在山岩上行走也如履平地。山羊的蹄子很小巧，甚至能站在只有几厘米宽的岩石边缘。它们一般结群生活，以岩石缝隙中的灌木为食。

犬羚

　　犬羚主要生活在干旱的灌木丛中，这样的区域到处都有食肉动物出没。犬羚看上去非常柔弱，其实它们很善于保护自己。它们有一双敏锐的大眼睛和一对灵活的大耳朵，能随时察觉任何危险的信号。一旦受到威胁，它们就会马上跳跃着逃跑。其逃跑路线呈"之"字形，使得敌人很难抓住它们。

山羊

扭角林羚

犬羚

扭角林羚

　　扭角林羚是非洲最大的羚羊之一，分布于非洲的热带草原和林地中。它们全身呈棕红色，有白纹，雄性喉部长有长毛。在非洲所有的羚羊中，扭角林羚的角是最华丽的，总长约1米，而且呈螺旋状。大角给扭角林羚带来了厄运：因为猎人们把扭角林羚的角作为战利品，所以大肆捕杀它们。

鹿科动物

　　鹿科动物是世界上最漂亮的食草哺乳动物。它们一般都长着修长的腿和长长的脖子。鹿科动物也是唯一长鹿茸（鹿角）的哺乳动物。鹿茸为骨质，每年都自行脱落。但只有成年雄鹿（叫作牡鹿）才长鹿角。繁殖季节，牡鹿利用鹿茸来争夺交配机会。鹿分布在除南极洲、澳大利亚外的世界各地的森林里和草原上。

獐

獐

　　獐又名牙獐，主要分布在朝鲜及中国的长江流域。其上体毛色为枯草黄色，腹部为白色。獐主要栖息在有芦苇的河岸、湖边和沼泽地，白天四处觅食，晚上在蒿草或芦苇丛中休息。獐行动敏捷，性情温和，以各种青草、嫩叶等植物为食，通常独居或成对活动，很少结成群。

鹿

驼鹿

　　驼鹿体长约210～230厘米，是体形最大的鹿科动物。它们因肩峰高出，体形似驼而得名。驼鹿的角多呈掌状分支，鼻部隆厚，上唇肥大，喉下生有一个颊囊。驼鹿生性喜水，天气炎热时能在水中逗留很长时间。驼鹿主要栖息于原始针叶林和针阔混交林中，多以水边的青草及多汁的树叶为食，并喜欢到盐碱地舔食碱土。

驼鹿

正在迁徙的驯鹿

驯鹿

　　驯鹿的名称来自加拿大的米克麦克族印第安人，原意为"用铲工作的人"。因为驯鹿总用如铲子似的宽扁前蹄挖掘觅食。驯鹿有一个最显著的特征，就是无论雌雄，都长着一对美丽多姿的角。这对角分叉多，形状复杂。它们的颈部还有下垂的灰白色或奶白色的长毛，尾巴短且呈白色，体毛介于灰白至黑色之间。驯鹿的腿长而有力，能够踏深雪行走和长途迁徙。

水鹿

水鹿又名黑鹿。其躯体粗壮，体毛粗糙而稀疏。雄鹿背部一般呈黑褐或深棕色，腹面呈黄白色。水鹿的角比较特殊：角从额部的后外侧生出，稍向外倾斜，相对的角叉形成"U"字形。水鹿主要栖息于海拔3000～3500米之间的阔叶林、雨林、稀树草原、高原草地等地区。它们平时昼伏夜出，白天在树林或隐蔽的地方休息，黄昏时分开始觅食、饮水。

水鹿

鹿

水鹿水性极好，常到水中浸泡洗澡

扁角鹿

扁角鹿是西欧和中欧地区特有的鹿种。其身上带有斑点，鹿茸顶端扁平宽大。在野生状态下，它们主要生活在树林、森林和农田中。雌鹿一般几只生活在一起，雄鹿通常独自生活。繁殖季节来临时，雄鹿之间相互顶角，争夺交配机会。

角的尖端呈掌状

角的根部长有尖而细的分叉

嗅觉灵敏

身上长有斑点

扁角鹿

白唇鹿

白唇鹿是青藏高原上特有的鹿种，分布于中国青藏高原、四川等地的高山地带。藏族人称白唇鹿为"卡夏"，意思是嘴像雪一样白。白唇鹿的毛是空心的，这种结构能够抵御高原的严寒。为了御敌，它们在吃草的时候会面向坡下，迎风而立，这样三四百米外就能闻到入侵者的气味，以便迅速逃掉。白唇鹿长着长长的带有分叉的角，雄鹿为了确立自己的地盘，常用分叉的角与其他雄鹿搏斗。

★ 动 物 小 档 案 ★	
科 属	鹿科
栖 息 地	森林、草原
分 布	除南极洲、澳大利亚外的世界各地
食 物	草、嫩芽、树叶、灌木的树皮
生殖方式	胎生
寿 命	20年左右

白尾鹿

　　白尾鹿因为在奔跑时，厚大的尾巴常常会掀起来，露出明显的白毛，所以才有了白尾鹿的称号。白尾鹿会在清晨与傍晚时漫步到森林中的草地上觅食。它们的嗅觉十分灵敏，可轻松捕捉到上风处数千米外的陌生气味。当发现有掠食者要接近时，它们就会提前逃走。

白尾鹿

麋鹿

　　麋鹿体形奇特。它们的角像鹿，头像马，身体像驴，蹄似牛，所以又称"四不像"。麋鹿以草和水生植物为主要食物。它们多数群居，喜欢水，且善于游泳。麋鹿的尾长可达65厘米，是鹿科动物中尾巴最长的，末端还生有长毛。

马鹿

　　马鹿体形较大，仅次于驼鹿。它们也生有一对庞大的角，一般分为6个叉，最多有8个叉。夏季时，马鹿通体呈赤褐色，冬季则呈灰棕色。它们一般生活在高山森林或草原地区，喜欢群居。马鹿夏季多在夜间和清晨活动，冬季多在白天活动，以各种草、树叶和果实等为食，喜欢舔食盐碱。

梅花鹿

麋鹿

梅花鹿

　　梅花鹿主要分布于中国东北、安徽、江西和四川等地，栖息在针阔混交林的山地、草原和森林边缘。它们喜欢在早晨和晚上活动，以青草和树叶为食，好舔食盐碱。雄梅花鹿平时独居，繁殖时归群。雄鹿间经常为争夺雌鹿而激烈打斗，并各自拥有一定的活动范围。

　　梅花鹿具有很高的经济价值，因此遭到人类的过度猎杀，野生数量极少，现已被列为国家一级保护动物。

梅花鹿

□ 长颈鹿

　　长颈鹿是陆地上现存动物中最高的，也是全世界动物中脖子最长的，主要分布于撒哈拉沙漠以南的稀树草原和森林边缘地带。长颈鹿长着一条优雅的长颈，头上还有一对小角，大而突出的眼睛位于头顶，可环顾360°，很适合远眺。

长脖子的优势

　　长颈鹿长长的脖子具有很多优势。首先，长长的脖子可以眺望远方，用于警戒放哨、了解敌情和寻找食物。其次，它还能帮助长颈鹿散发体内多余的热量，从而适应炎热的热带气候。另外，长颈鹿在前进的时候，脖子前倾，使重心前移，这样漫步或奔跑的时候速度就快多了。

长颈鹿

长颈鹿与成人大小对比

惊人的血压

　　长颈鹿的平均血压是人类的两三倍，但却能正常生活。原因在于长颈鹿大脑下部的血管部分有一个调节血流量的"阀门"，这个"阀门"由动脉和静脉的毛细血管相互交织而成。因此，即使在长颈鹿突然低头时，也不会有超量的血液流入大脑；反之，在突然抬头时，大脑的血液也不至于急剧减少。

优美的长颈

胆小的长颈鹿

　　长颈鹿虽然身体高大，但却生性胆小，黑色的长睫毛遮着深棕色的大眼睛，看上去温柔羞涩。它们一般以15～20只为单位结群活动。有时为了安全起见，它们还与斑马、鸵鸟、羚羊等结成大群，四处觅食。

长颈鹿时刻保持着警惕

★ 动 物 小 档 案 ★	
科　　属	长颈鹿科
栖 息 地	稀树草原和开阔的灌木地区
分　　布	非洲东部和南部
食　　物	树叶、树芽
生殖方式	胎生
寿　　命	30年左右

犀牛

犀牛体形巨大，是陆地上仅次于大象的第二大哺乳动物。不过，它们的视力很差，只能靠灵敏的听觉和嗅觉生活。所有的犀牛都是食草动物，以杂草或树叶为食。它们没有反刍功能，但是有细嚼慢咽的好习惯。现今世界上共有5种犀牛，即白犀牛、黑犀牛、印度犀牛、爪哇犀牛和苏门答腊犀牛。

可以旋转的大耳朵用来捕捉声音

厚实的皮可以挡住尖刺和敌人的撕咬

黑犀牛和它的幼仔

身体特征

犀牛身上披着厚实而无毛的皮肤，它们的皮肤是动物世界里最坚韧的。皮肤在肩胛、颈下和四肢关节处都有褶缝，可使头和四肢灵活自如地活动。犀牛的头较大，鼻尖上长着一只或两只由角质纤维构成的锋利的角，这是它们进行防卫的有力工具。

犀牛与成人大小对比

攻击前，犀牛将头低下，然后猛跑冲向对方，用角进行搏斗

降温的方法

犀牛的身上没有毛，所以皮肤容易被太阳晒伤，但是犀牛自有降温的办法。生活在炎热地区的犀牛为了防止皮肤晒伤，常在水塘或泥沼中打滚。泥土在皮肤表面晒干后，形成一层隔热层，从而有效地阻挡太阳辐射的热量，同时还可以赶走犀牛身上的寄生虫。

印度犀牛

犀牛偏爱平原上的池沼，它们每天可以在水塘或泥浆中待上好几个小时

印度犀牛

印度犀牛又称大独角犀，现仅分布于尼泊尔和印度东北部。它们只有一只角，皮肤上有明显的褶皱和许多圆钉头似的小鼓包，好像披着一层厚厚的铠甲。印度犀牛喜欢栖息在草地、芦苇地和沼泽草原地区，几乎每天都要进行泥浴，来防止蚊虫叮咬。它们通常在清晨和傍晚取食草、芦苇和细树枝等。

白犀牛

　　白犀牛又名方吻犀，体重仅次于大象，是5种犀牛中个头最大的。其身长可达5米，重量约为2～3.5吨，因此有"犀牛之王"之称。白犀牛的鼻梁上长着两只奇特的角，前角长而稍向后弯，一般长度在60～100厘米之间，最长的纪录已超过1.5米；后角长度在50厘米以下。

白犀牛

黑犀牛

　　黑犀牛主要以乔木和灌木为食，上嘴唇向前突出，而且非常灵活。黑犀牛比白犀牛好斗，遇到危险之后，它们不是马上逃开，而是直接冲上前去和敌人搏斗。黑犀牛主要分布于非洲，由于人类的捕杀，数量已经很少了。

苏门答腊犀牛

犀牛

苏门答腊犀牛

　　苏门答腊犀牛又名亚洲双角犀牛，是现存5种犀牛中体形最小的一种，也是仅有的身上长毛的犀牛，现仅存于印尼的苏门答腊、马来西亚、缅甸和泰国。苏门答腊犀牛一般体长2.5～2.8米，体重约1吨。它们原来在开阔的地区生活，现主要在丛林中近水源的地区活动，喜欢在清晨和傍晚觅食树叶、细树枝、竹笋，偶尔也吃果子。

爪哇犀牛

　　爪哇犀牛又名小独角犀，原产于印度。它们与印度犀牛同属，生活习性也与印度犀牛相似。它们主要分布在亚洲爪哇岛最西端的库隆半岛上的帕奈坦自然保护区。

★ 动物小档案 ★	
科　属	犀牛科
栖息地	草原、湿地附近的林地
分　布	非洲、亚洲南部和东南部
食　物	叶子、芽、嫩枝、果实、草
生殖方式	胎生
寿　命	30～35年

□ 马科动物

马科动物主要包括家养马、野马、驴子和斑马等。它们细长的腿上仅有单趾，擅长在草原上快速奔跑。马科动物长长的脑袋上长着视野开阔的眼睛，能帮助它们在进食的时候发现敌人。马的嗅觉和听觉非常灵敏，但视觉较差，它们只能分辨黄、绿、青、红等基本色。

硬硬的鬃毛　马

尾巴可以驱赶蚊蝇

单个的脚趾由角质蹄保护着

斑马

斑马是非洲最著名的动物之一，遍布非洲东部、中部和南部的平原和草原。斑马的一个最显著的特征，就是全身上下分布着黑白相间的条纹。这些条纹不仅可以扰乱敌人的视线，还可以作为个体间互相辨认的标志，因为每个个体都有自己的条纹图案。斑马奔跑的速度很快，当它们被追赶时，其时速可以达到80千米，因此常可以逃脱一般捕食者的追击。

斑马竖起的耳朵可以不停转动，察觉可能存在的危险

野马

野马

野马别名"蒙古野马""普氏野马"，是世界上现存的唯一一种野生马。野马的背上、腿上都长有鬃毛，是驯养马的近亲。它们一般常栖息于草原、丘陵及沙漠地带，喜欢一二十匹一起过群居生活，每群由一匹公马率领。野马的耐饥、耐旱能力较强，能两三天喝一次水。在冬季食物短缺时，它们还能用前足扒开积雪，取食枯草及苔藓植物，并以雪解渴。

非洲野驴

★ 动物小档案 ★	
科　　属	马科
栖息地	草原、荒漠、多山地带、高原
分　　布	欧洲大陆、非洲
食　　物	草、树皮、树叶等
生殖方式	胎生
寿　　命	20～30年

非洲野驴

非洲野驴是家驴的祖先。它们看起来和家驴比较相似，只是身体更轻巧，而且腿上还带有花纹。非洲野驴生活在炎热干旱的地区，大约50只生活在一起，可以吃草、树皮或树叶，也可以吃荆棘和一些坚韧的植物。非洲野驴至少每三天要喝一次水，如果没有水源，它们也能从所吃的植物中摄取足够的水分。

□ 河马

河马

　　河马的个头非常大，笨重的躯体上顶着一颗丑陋的脑袋，脸上的某些特征与我们常见的猪有几分相似。河马的眼睛、耳朵都长在头的顶部，这样它们便可以站在或坐在水里，使皮肤尽可能少露出水面。河马只生活在非洲的潮湿地带。它们通常会待在水中休息，在水下时，它们的耳朵和鼻子都会闭上，以防止水进入。

群居生活

　　河马喜欢群居生活，经常是20~30只，甚至上百只在一起生活。它们在河湖沼泽里过着有秩序的生活，而且还遵循着一条"家规"：雌性和幼年的河马占据河流或湖沼的中心位置，年长的雄性河马生活在外缘，年轻的雄性河马则离中心更远些。

矮河马

矮河马

　　矮河马生活在非洲的热带森林里。它们体形较小，看起来好像是普通河马的缩影。矮河马的嘴较小，并且身体更为修长。它们主要以树叶和掉在地上的果实为食，一般在夜间活动。只有在遇到危险的时候，矮河马才会逃到水里，其他大部分时间都在陆地上度过。

河马的嘴非常大

河马爱在水中活动，但它们游泳的速度并不快，下水时一般都沿着河床行走

普通河马

　　普通河马身体呈水桶状，体重可达3吨左右。它们的嘴非常大，皮肤非常薄，外面覆盖着一层油状的"防晒液"作为保护。河马还很有力气，能够把小船拦腰折断。尽管如此，它们却属于食草动物。河马通常白天待在水中或泥潭里，晚上出来觅食。它们的食量相当大，平均每个晚上要吃掉40千克的食物。

象

象是当今地球上最大的陆生哺乳动物。它们的嗅觉和听觉发达，视觉较差；它们的鼻子就像人类的胳膊和手，可将水和食物送入口中；巨大的耳郭不仅能帮助聆听，也起着散热的作用。象性情温和，彼此间很会表达感情。它们以家族为单位，有时数个家族结合在一起，形成数量达百只的象群。目前，象科主要包括亚洲象和非洲象两种。

象每天要吃大量食物

生活习性

象的食量很大，一天可吃225千克或更多的食物。食物主要是草、树叶、嫩芽和果子。除此之外，它们每天还要喝140～230千克的水。象行动缓慢，一般每小时只能走约6千米，但有时速度也可达每小时40千米。大象喜欢水，只要遇到有水的地方，它们就会跳进去玩耍。

涉水玩耍

沙浴

象用长鼻子把草送入口中

泳技高超

象水性极好，能涉水渡过宽而深的大河和湖泊，也能进行马拉松式的游泳。游泳时，它们轮流将头和前脚搁在另一头大象身上，只用后腿游动，通过不断交替休息，共同到达目的地。这样的活动，它们能连续进行30多个小时。

长鼻子的功能

象的鼻子是一条长长的、能够灵活运动的、由肌肉组成的管子，它神通广大，具有多种功能。象鼻子能拔起十米高的大树，也能捡起细小的针。象在静止或活动时，总爱晃动它们的长鼻子，这是在通过嗅觉捕捉周围的信息。象鼻还可以在饮水时用来吸水，通过触摸和嗅闻来和同伴进行交流，鼻子还能用来扩大声音，同时也可以作为攻击和自卫的武器。

象群　　　　　可以作为武器的象牙　　　　象耳朵表面的血管丰富，能够散发体内的热量

母爱

在大象王国中，母象是家庭的首领。不管象群走到哪里，或是遇到多么强大的敌人，都不会发生母象放弃小象自己逃命的事情。面对生病的小象，母象往往表现出无限怜惜之情，会用长鼻子轻轻抚摸小象的脊背，使小象感到慈爱与安全。

小象用鼻子卷住妈妈的尾巴，既是嬉戏，也是象群行进的一种方式

非洲象

非洲象是陆地上体形最大的哺乳动物。它们厚厚的灰色或棕灰色的皮肤上长有刚毛和敏感的毛发。非洲象体形比亚洲象大，背上还有一道凹进去的曲线。雌象和雄象都长有象牙，并使用象牙采集食物及作为攻击武器。非洲象鼻子的前端有两个像手指一样的突出物（亚洲象只有一个），可帮助它们控制物体。

非洲象

象

★ 动物小档案 ★	
科　　属	象科
栖 息 地	草原、河谷、密林、沙漠、热带稀树草原
分　　布	非洲、亚洲南部和东南部
食　　物	草、树叶、嫩芽、果子
生殖方式	胎生
寿　　命	约80年

亚洲象

亚洲象分布在中国的云南及印度、缅甸、马来西亚、印度尼西亚和斯里兰卡等地。亚洲象的体形比较小，长5.5～6.4米，重约5000千克。其前额扁平，头顶是最高点，鼻端有一个指状突起，雄性有一对象牙，雌性的象牙则很短或者根本没有。

骆驼

骆驼科动物是最大的偶蹄类哺乳动物。它们可以适应干旱、炎热的气候。在夜晚的沙漠中，它们的皮毛可以抵御寒冷；白天，它们的体温可随外界气温的变化而不断升高，以避免皮肤被晒伤。其裂开的嘴唇可以吃一些干枯的植物。骆驼科动物主要包括单峰骆驼、双峰骆驼、羊驼、驼马等。

骆驼

双峰骆驼

驼峰

骆驼背上的驼峰里，储存着大量的脂肪。这些脂肪可以完全氧化为水，因此骆驼能多日滴水不进地长途跋涉，靠的就是分解脂肪中所储存的能量。当驼峰里的脂肪被分解后，骆驼的驼峰会逐渐萎缩甚至消失，这表明骆驼已经精疲力竭了。

单峰骆驼

抵御风沙的武器

骆驼不惧风沙，这与它们的身体结构有密切关系。骆驼鼻孔里面长有瓣膜，在大风沙刮起时，骆驼将鼻孔关闭，就不会受风沙的影响了。而且，骆驼的眼睫毛是双重的，当风起沙扬时，双重眼睫毛能将沙子挡住，不让沙子进入眼睛里。

脚掌的秘密

骆驼的脚掌长有一层宽厚的肉垫，这层肉垫使骆驼能抵御沙子的高温灼热，在沙漠中长时间行进。在沙丘上行走时，骆驼的脚趾还会向前岔开，防止蹄子陷入松软的沙土中。

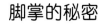

骆驼科动物都有长长的睫毛和细长的鼻孔，可以避免风沙吹进眼睛和鼻子里

骆驼的脚掌非常特别，能长时间在沙漠中行走

双峰骆驼的背部
长有两个驼峰

厚重的皮毛会在春天脱落

能负重的身躯

双峰骆驼

　　双峰骆驼别名"野骆驼"，原产于亚洲中部的土耳其、中国和蒙古，栖息于戈壁大平原、荒漠中的灌木丛地带。双峰骆驼的身躯较大，体重有450～650千克，头部狭长，耳小多毛，鼻孔为裂状，全身长有细密而柔软的绒毛，颈部有鬃毛。它们几乎取食沙漠和半干旱地区的所有植物。

羊驼

羊驼

　　羊驼分布于南美洲玻利维亚、智利和秘鲁等地。其脸似绵羊，因此有了"羊驼"之称。它们体形较小，脖颈较长，背上没有肉峰，毛质柔滑细软，毛色有浅灰、深灰和棕黄等。羊驼的身体比较纤细苗条，这使得它们能够很敏捷地在岩石上攀缘。

驼马

驼马

　　驼马是最小的骆驼科动物。它们也没有驼峰，但有修长的四肢，长长的脖子，能够敏捷地穿梭于崎岖不平的地带。驼马的毛色以棕黄为主，仅喉、胸、腹和四肢的内侧呈白色。

单峰骆驼

★ 动物小档案 ★	
科　属	骆驼科
栖息地	戈壁荒漠地带和半干旱地区
分　布	北非、中东、亚洲大部分地区及南美洲
食　物	沙漠和半干旱地区生长的任何植物，连其他食草动物不吃的盐碱植物它们也能吃
生殖方式	胎生
寿　命	30～35年

单峰骆驼

　　单峰骆驼原产于北非和亚洲西部及南部。它们头小，颈长，身躯高大，毛褐色，背毛丰厚，背部有1个驼峰。刚出生的小骆驼是没有驼峰的，等到它们长大并开始吃固体食物后，驼峰才逐渐长出来。

□ 野猪

野猪是家猪的祖先，身长不超过1.7米，体重在80～100千克之间。野猪身上的毛像硬刺一样坚硬，耳朵很小，腿很有力。雄性野猪还长有一副短短的獠牙，主要用来自卫。野猪有的独居，有的几只生活在一起。它们白天通常不出来走动，只在夜间觅食。

野猪

野猪嗅到甘蔗的甜味，潜入农园准备偷吃甘蔗

疣猪

疣猪是野猪的一种。它们的外表看上去丑陋而狰狞，全身的毛杂乱，颈到背中部有粗粗的鬃毛。疣猪雌体和雄体都长有獠牙。疣猪白天觅食，主要吃青草、苔藓及块茎植物。它们喜欢在泥浆中打滚，有时还四脚朝天仰卧。疣猪的腿比较长，这使得它们比其他野猪跑得都快，时速可达50千米。

非洲野猪

非洲野猪的身体两侧和腿为红色，后背长有白色的鬃毛，头部为黑白两色。非洲野猪主要生活在森林和沼泽地区，白天黑夜都有可能外出觅食。在非洲一些地区，它们因为破坏庄稼而成为令人头痛的动物。

非洲野猪

灵敏的嗅觉

野猪颈短，但鼻子很长，且坚韧有力，可以用来挖掘洞穴或推动40～50千克的重物，或当作武器。它们的嗅觉特别灵敏，可以用鼻子分辨出果实的成熟程度，甚至可以找出埋于2米以下积雪中的一颗核桃。雄性野猪还能凭嗅觉来确定雌性野猪所在的位置。

疣猪

☐ 貘

　　貘属奇蹄目哺乳动物，与马和犀牛是近亲，身长2米左右。现存的貘主要有四种，分别是拜尔德貘、山貘、巴西貘和马来貘。拜尔德貘、山貘和巴西貘生活在南美洲和中美洲，马来貘生活在东南亚。貘喜欢生活在热带森林中，并靠水边居住，喜食嫩草和多汁的植物。貘很胆小，自身没有防御武器，因此它们白天躲藏在窝中，晚上才出来活动。遇上敌人或受到惊吓时，它们马上潜入水中或者隐蔽于林中草丛内。

习性

　　貘会游泳和潜水，通常可以在水流或沼泽地附近发现它们。白天为了躲避酷热，它们也会在泥沼中打滚。貘是一种生活完全没有规律的动物，它们可以在一天中的任何时间吃饭或睡觉。

貘与成人大小对比

貘灵活的长鼻子可用来探路，或把食物送入口中

貘发现险情时会急速向水边奔跑

天敌

　　中美洲和南美洲的貘的主要天敌是美洲豹，马来貘的主要天敌是老虎。貘在遭遇敌害时，有时会奋力抵抗，但多数时候会立刻躲藏在草丛中；如果离水边较近，它们就会逃入水中。

幼貘身上的条纹会逐渐消失

马来貘和它的幼仔

★ 动物小档案 ★	
科　　属	貘科
栖息地	热带森林中，靠水边居住
分　　布	东南亚、南美洲和中美洲的热带森林
食　　物	水生植物、细树枝和嫩叶等
生殖方式	胎生
寿　　命	约30年

马来貘

　　马来貘主要分布在缅甸、泰国、马来西亚和印度尼西亚等地，是唯一生活在南美大陆外的貘。马来貘是貘类家族中体形最大的一种。它们的鼻子能伸缩，尾巴较短，皮肤较厚，体毛较少，行走时吻部会接近地面。它们的身上长着独特的黑白条纹。这些条纹可以使其不被敌人发现。

第十八章

啮齿类动物和兔类 Dishibazhang

Encyclopedia of the
Animals

啮齿类动物是哺乳动物中最普通的一个群体，包括老鼠、田鼠、松鼠、河狸和豪猪等。它们体形中等偏小，长有凿子一样并不断生长的门牙。啮齿类动物之所以能成功生存于动物界，在一定程度上得益于它们的繁殖速度。兔类与啮齿类动物有一定的亲缘关系，它们和啮齿类一样都有可以不断生长的门齿，没有犬齿，其生活习性也和典型的啮齿类动物比较相似。

□ 啮齿类动物

啮齿类动物是哺乳类动物中种类最多的，包括老鼠、松鼠、豪猪、河狸等。其主要特点是无犬齿，门齿与前白齿或白齿间有空隙，门齿发达、无齿根、终生生长，常借啮物以磨短；行动迅速；以植物为主食，有的为杂食性；种类很多，能危害农林、草原，盗吃粮食，破坏建筑物等，并能传播鼠疫等疾病。

老鼠

豪猪

豪猪又叫箭猪、刺猪，是一种大型啮齿类动物，广泛分布于欧、亚、非各洲。其体长50～70厘米，体重10～15千克。它们浑身长满了刺，屁股上的刺特别长，为20～40厘米，尾巴隐藏在刺里面。豪猪住在洞穴里，常在山脚、山坡、草地中活动，白天睡觉，晚上出来吃草根、树叶、树皮和野果等食物。

豪猪

松鼠

松鼠主要分布在欧洲各地以及中国的东北至西北地区。它们的耳眼很大，前肢粗短，后肢五趾上有爪，便于攀爬。松鼠有一条蓬松的大尾巴，长约16～24厘米，常常向上翻转到背上，神态十分可爱。睡觉的时候，它们会缩成一团，把大尾巴当成"被子"盖在身上。松鼠一般栖息于树林中，多吃果子、种子、蘑菇等植物性食物，有时也吃昆虫和鸟卵等动物性食物。

豪猪与成人大小对比

松鼠

★ 动 物 小 档 案 ★	
科　　属	松鼠科
栖 息 地	森林、林地、草场、灌木丛、城市的公园
分　　布	全世界，不包括澳大利亚、新西兰、马达加斯加和南美洲南部
食　　物	坚果、植物种子、水果、植物根茎、花、嫩芽、昆虫
生殖方式	胎生
寿　　命	5～10年

松鼠的长尾巴在攀登和跳跃时可以保持平衡

河狸

河狸的身体肥硕，臀部滚圆，身上有细密光亮的皮毛。它们的前肢很小，有一对利爪，适于挖掘；后肢发达，足上有蹼，适于游泳。河狸的耳壳呈膜瓣状，能在潜水时关闭，防止水进入。它们的尾巴扁平而宽大，有鳞无毛，是游泳时的方向舵。河狸还是优秀的建筑师。它们能在水位变化不大的大河岸边筑巢，巢室建造得十分讲究。

河狸可以用锋利的牙齿来伐树

黑家鼠

黑家鼠

黑家鼠被认为是原产于印度、缅甸一带的动物，后来因为航运的发展而随船广布全世界。因此，它们有时也被称为"船鼠"。黑家鼠的尾巴比身体还要长，借助尾巴的缠绕功能，它们能够不断攀爬。黑家鼠非常胆小，通常在夜深人静时才在天花板或棚架上活动。但只要有人注意到它们，它们就会立刻静止不动。

褐家鼠

褐家鼠与黑家鼠的亲缘关系极近，所以这两种老鼠非常相似。与黑家鼠相比，褐家鼠不仅体形更大，同时也比黑家鼠凶猛。褐家鼠的体色为褐色、灰褐色甚至黑色。由于尾巴比身体稍短，所以它们的攀爬能力较差，但因其擅长游泳，且常出现在水沟中，所以有时也被称作"沟鼠"。

褐家鼠

藤鼠

藤鼠又称甘蔗鼠，因它们常在甘蔗地中活动并喜食甘蔗而得名。藤鼠体形较大，身体粗壮，和美洲的一些豚鼠有些相似。最大的藤鼠体重可达9千克。它们常在多芦苇的水域附近活动，水性较好，遇到危险会逃进水中。藤鼠主要分布于撒哈拉沙漠以南地区，是非洲经济作物的主要破坏者之一。

藤鼠

岩鼠

岩鼠

岩鼠的体形类似于松鼠，而习性颇似蹄兔。它们喜欢在岩石上晒太阳。岩鼠主要分布在非洲西南部地区（从安哥拉南部经纳米比亚到达南非西北部）。岩鼠为群居性动物。当它们外出活动时，总有一个成员负责放哨。岩鼠主要以果实和种子为食。

仓鼠

仓鼠是分布在欧洲和中亚干旱地区的穴居啮齿动物。它们通常被当作宠物来饲养。仓鼠的身体圆滚滚的，有一条短粗的尾巴。沿颌的皮肤疏松而有褶皱，被称作颊囊。它们可以把食物装在颊囊中带回洞内。仓鼠夜晚活动比较活跃。它们以搜集起来的种子为食。在洞里，它们才能安心地进食，并将食物储存起来。

仓鼠

鹿鼠

鹿鼠是北美分布最广泛、数量最多的啮齿动物。它们既能从野外寻找食物，也能出入居民住宅觅食。其食物主要是植物种子和昆虫。鹿鼠的体形比我们常见的小家鼠大不了多少。

跳兔

跳兔因善于跳跃而得名。跳兔一般用四肢爬行，不过一旦受到威胁，它们能一下子跳出4米远，这足以使它们逃避豹、狮子和其他食肉动物的袭击。跳兔是一种夜行性的动物，夜间活动，天亮之前一定会回到巢中。它们主要以植物的根茎为食，通过前爪将根茎从地下挖掘出来。

跳兔

鹿鼠多生活在丛林中，善攀爬

田鼠

田鼠

田鼠也是一种常见的啮齿类动物。它们一般生活在草原上，体长约10厘米，尾长近5厘米。田鼠以各种植物的根、新芽等为食，但有时也会啃食树皮及树上的果实。田鼠如果数量过大，会破坏森林或草场，带来很大的危害。它们的天敌也很多，猫头鹰、狐狸、狼等都是其死敌。

草原犬鼠

草原犬鼠通常由1只雄鼠、几只雌鼠和它们的幼仔共同组成一个家庭。别看它们体形小，但繁殖速度极快。1200平方米左右的领域很快就会被一个家庭占据。在草原犬鼠巢的入口处往往有一块高高隆起的"平台"。这个"平台"既可防止雨水流入巢洞，还可当作瞭望台使用。雄鼠就常常站在瞭望台上守卫自己的家园。

草原犬鼠

巢鼠

巢鼠

这种浅褐色的啮齿类小动物和家鼠不同，它们从不骚扰人类，而是生活在灌木篱墙里或田地中，以植物种子和小昆虫为食。巢鼠是世界上最小的鼠类之一，尾巴长，且能够卷物。夏天，巢鼠常咬断芒草并把草编织在一起，做成圆形的窝。巢鼠窝吊在几根草秆之间，离地面10厘米左右，大小和网球相当，既能为幼鼠保暖，还能防止食肉动物的袭击。

大耳朵既可搜集各种声音信息，也可散热，保持身体凉爽

沙鼠

沙鼠

沙鼠专门在干燥地区活动，主要从食物中摄取水分，而且可以通过在沙地上挖洞来躲避太阳的照射。沙鼠有一对大耳朵和一双大眼睛，还有一条长尾巴和用来跳跃的长长的后腿，爪子上长着毛。沙鼠白天躲在洞穴中躲避酷暑，晚上出来活动。

麝鼠

麝鼠因其能产生类似麝香的分泌物，故而得名。麝鼠一般生活在有水的地方，善于游泳，因此有水老鼠、水耗子之称。麝鼠听觉灵敏，但视觉和嗅觉较迟钝。它们在水中行动灵活，地上活动则显得很笨拙。麝鼠喜欢在早晨、黄昏和夜间活动，喜食植物的茎叶和根，有贮食的习性。

麝鼠

睡鼠

睡鼠的毛色为灰色，还长着一条毛茸茸的大尾巴，看起来好像松鼠。它们的名字来自拉丁语，意思是"睡觉"，这是因为它们每年要冬眠几个月。睡鼠也是一种典型的夜行性动物，晚间在树上灵活地爬来爬去，并寻觅橡树果、小昆虫等为食。睡鼠不像其他的啮齿类动物那样储存食物过冬，而是尽量多吃东西，以储存脂肪过冬。

★ 动 物 小 档 案 ★	
科　　属	鼠科
栖 息 地	森林、林地、草地、高山
分　　布	除南极洲之外的世界各地
食　　物	种子、浆果、嫩芽，部分昆虫
生殖方式	胎生
寿　　命	约3年

睡鼠

☐ 兔类

兔类哺乳动物分布在世界各地。它们都在地面上活动，用尖利的门齿啃咬食物。它们大都有敏锐的视觉和听觉，一遇到危险就马上逃跑。这种灵敏的反应使它们得以及时躲避天敌。每当夜幕降临时，兔子就出洞取食青草和柔软的嫩芽。它们始终保持着高度的警觉，一遇到危险，就会蹬着后腿飞快地逃跑，寻找隐蔽的藏身之地。

兔

野兔

防卫

大多数兔子都在黎明、黄昏或夜晚出来觅食。它们主要吃草、嫩根等。虽然在昏暗中觅食比较安全，但它们仍保持着高度的警惕性。兔子的大眼睛使它们即使在昏暗中也能看清楚周围的情况，并确定逃跑的路线。当它们进食的时候，甚至可以察觉背后正在逼近的敌人。

打洞

大多数兔子都会打洞，这主要是为了躲避敌人的袭击，为了在寒冷的天气中有个藏身之处，或为了生育。洞穴的类型因兔子种类不同而异，也和土质是否松软、沙化有关。兔穴一般有许多入口，有些洞穴可以深达3米，长45米。

正在哺乳的母兔

穴兔

穴兔

穴兔长着长长的大耳朵和蓬松的灰毛，是一种非常可爱的动物。它们白天一般躲在地洞里，到了晚上就会到地面上寻找食物。如果穴兔感觉到危险，就会用后腿使劲儿刨打地面，这样，其他兔子就会得到消息并马上躲避到安全的地方。雌穴兔一胎能生1～9只幼仔，每年生产的幼仔多达30只。穴兔以草和庄稼为食，且繁殖得非常快，因而会对庄稼造成很大危害。

野兔

　　野兔看起来与穴兔非常相像，不过耳朵稍长一些。野兔一般单独活动。它们没有地洞，只能依靠快速奔跑来躲避危险，其奔跑速度能够达到每小时50千米。雌性野兔每年都会在浅而隐蔽的兔窝里生几窝幼兔。幼兔出生后几个小时就能奔跑了。

野兔外形与穴兔较像

当遭到袭击时，兔子会
飞快地跑掉

黑尾兔

　　黑尾兔和大多数生活在沙漠中的动物一样，白天躲在洞穴中，避开炎热的天气，晚上气温降下来之后才出来活动。黑尾兔的长耳朵可以帮助它们探测可能逼近的危险，同时也帮助它们散发热量。它们的食物随季节而变：夏季吃草，冬季吃树枝和灌木。当遇到危险时，它们就抬起强有力的后腿飞快地跑掉。

美洲雪兔

　　美洲雪兔主要分布在北极附近。其体色会随季节的交替而发生变化。夏季为棕色。冬季除耳朵尖上为黑色以外，全身雪白，这样便于在雪地中躲避天敌，而不会被北极狐等掠食者发现。同时它们的皮毛也会变得更厚，在冰冻的环境中起到保暖作用。春天，当冰雪融化时，它们的毛色又会变回来。

黑尾兔

美洲雪兔

★ 动 物 小 档 案 ★	
科　　属	兔科
栖 息 地	草原、灌木丛、林地、森林、沙漠、冻原
分　　布	美洲、亚洲、非洲、欧洲
食　　物	草、叶子、芽、浆果、树皮、嫩枝
生殖方式	胎生
寿　　命	10年左右

第十九章

Encyclopedia of the
Animals

卵生类和有袋类哺乳动物

目前，世界上的卵生类哺乳动物只有两种：鸭嘴兽和针鼹。它们都生活在新几内亚和澳大利亚。它们是通过卵生繁殖后代的哺乳动物。而像袋鼠和考拉这样的有育儿袋的哺乳动物都是有袋类哺乳动物。有袋类动物生下的幼仔很小，就像小虫子一样。幼仔穿过母亲身上的软毛爬入育儿袋，在那里它们以母乳为食，直到长大离开。大多数有袋类动物都生活在澳大利亚。

Dishijiuzhang

☐ 卵生类哺乳动物

卵生类哺乳动物吻部的形状类似于鸟喙，但没有牙齿。雌性卵生类哺乳动物没有乳头，靠身上的乳腺分泌的乳汁哺育幼仔。它们具有哺乳动物的所有特性——体温恒定，有皮毛，幼仔需要喂奶。

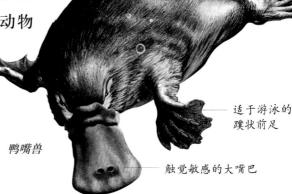

用来储存脂肪的大尾巴

适于游泳的蹼状前足

触觉敏感的大嘴巴

鸭嘴兽

鸭嘴兽

鸭嘴兽主要分布在澳大利亚的塔斯曼尼亚岛。它们的外形既像哺乳动物，又像鸟类，体长不超过65厘米（包括尾巴）。它们长着柔软的棕色皮毛，前后肢有蹼，嘴扁平如鸭子。鸭嘴兽生活在河流和湖泊中，它们用嘴掘土来取食昆虫、甲壳类动物和其他小动物。在繁殖季节，雌鸭嘴兽会挖掘一条长长的地洞，在里面产下两三枚卵，之后进行孵化。

看似笨拙的鸭嘴兽，在水中游泳时却很灵活

针鼹用长舌捕食蚂蚁

针鼹

针鼹生活在澳大利亚和新几内亚。它们的外形很像刺猬，但这些刺并没有牢牢地长在身上。当遇到侵害时，这些有倒钩的刺就会像箭一样扎到敌人身上。针鼹以蚂蚁和白蚁为食，它们能用尖锐的爪子掘开蚁穴，然后用长长的舌头将蚂蚁或白蚁卷入口中。每年5月左右，雌针鼹的腹部会长出一个临时育儿袋，产下一枚卵，并把卵放入育儿袋中进行孵化。

针鼹

长吻针鼹

长吻针鼹又叫原针鼹，分布于新几内亚的山地丛林中。它们的体形较大，体长能达到1米左右，重5～10千克。它们的吻部很长，并有一个带钩的舌头；刺比较稀疏，一般短于毛长；前后脚的爪数不定，有些个体有三个爪，而有些则五趾都有爪。

有袋类哺乳动物

　　有袋类哺乳动物因腹部有一个袋子而得名。这类动物主要有袋鼠、袋熊、袋獾及负鼠等，多数分布在澳大利亚。有袋类动物区别于其他哺乳动物的是它们幼仔的生长发育方式。幼仔一般在母体内发育很短时间，出生时尚未发育完全，还需爬到母亲腹部的育儿袋里，靠吮吸乳汁继续生长。有袋类动物主要生活在森林里或草地上，其中许多体形较小的动物只有夜间才出来活动。

树袋熊很少到地面上活动

树袋熊与成人大小对比

树袋熊

树袋熊

　　树袋熊又叫考拉。它们的体形肥胖，毛又乱又厚，没有尾巴。树袋熊从小就会爬树，白天，它们喜欢抱着树枝大睡。树袋熊主要以桉树叶为食，并从食物中吸收所需的水分。它们每胎只产1仔，幼仔在母亲的育儿袋中逐渐长大。

★ 动物小档案 ★	
科　　属	树袋熊亚科
栖息地	桉树林
分　　布	澳大利亚东部
食　　物	桉树叶子和树芽
生殖方式	胎生
寿　　命	13～18年

体形和小狗差不多大

胡须触觉灵敏，可以帮助它们在夜间捕食

袋獾

弗吉尼亚负鼠

　　弗吉尼亚负鼠是美洲最大的有袋动物。它们食性很杂，地上或树上的果实、蛋、昆虫和其他小动物都是它们的食物。这种负鼠也生活在人类聚居的地方，并以人类的垃圾为食。如果遭到袭击无路可逃，它们就会"装死"。弗吉尼亚负鼠的繁殖能力很强，雌鼠每年能产三十多只幼鼠。

弗吉尼亚负鼠

袋獾

　　袋獾常栖息于沿海的灌木丛和桉树林中，白天躲在山洞、树洞或袋熊的洞穴中，夜间外出活动。袋獾能够攀爬，但动作缓慢而笨拙。它们常以小型哺乳动物和蛇类为食，也吃少量植物。袋獾的牙齿尖利，能够嚼碎骨头，所以它们总能将猎物全部吃掉，连皮毛或羽毛也不剩。袋獾通常单独寻找食物。但如果食物充足，很多袋獾往往聚在一起共同分享美食。

袋鼠

　　袋鼠在距今2500万年前就已经出现在澳大利亚，是世界上最古老的动物之一。澳大利亚的红土草原是袋鼠的天堂。这些看似温文尔雅、实则强悍好斗的动物有一条又粗又长的尾巴，跳跃时能维持身体平衡，站立时可以支撑着身体。袋鼠跳跃的高度可达3米以上，奔跑的速度可达每小时65千米。白天，袋鼠通常都在树荫下休息，到了夜晚凉爽时才出来觅食。

袋鼠

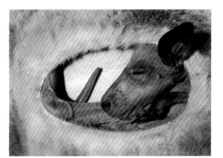

育儿袋里的袋鼠幼仔

安全的育儿袋

　　新生幼仔只有约2.5厘米长，体重相当于雌袋鼠重量的1/30000。此时的幼仔身上无毛，浑身通红，眼睛和耳朵都闭着。它们会顺着母体的尾巴爬到育儿袋里，继续发育成长，直到育儿袋中已没有足够的空间容纳时，它们才离开。当面临危险时，小袋鼠会跳进育儿袋中，让妈妈带着它快速逃走。袋鼠妈妈跳跃时，育儿袋的肌肉会绷紧，因此小袋鼠很安全，不会掉出来。

袋鼠与成人大小对比

繁殖

　　袋鼠通常一年四季都可以繁殖。交配期结束后，雌袋鼠即离群隐居在草丛中，过着孤独的生活，直至分娩。袋鼠没有胎盘，所以幼仔在母体内生长的时间很短，只有到妈妈的育儿袋中通过吮吸乳汁才能继续发育。

小袋鼠和妈妈

幼袋鼠的成长

　　年幼的小袋鼠要在母亲的育儿袋里待上11个月才能发育完全。出生约1个月后，小袋鼠的后肢和尾巴开始发育。7个月后，小袋鼠能从袋中探出头来或暂时离开育儿袋。之后，它能大部分时间离开育儿袋，但仍继续吃奶，直到断奶。离开育儿袋后，还要经过3~4年时间，小袋鼠才算长大成年。

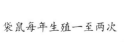
袋鼠每年生殖一至两次

跳跃时的动作

运动方式

袋鼠前肢短小，后肢长而有力，因此大多数袋鼠不会走路，只会用强有力的长长的后腿进行跳跃，而且速度很快。跳跃时，它们先用后腿蹬地。当它们开始跳时，身子会向前倾；跳起时，两眼直视前方，竖起的尾巴作为跳跃时的平衡杆；落地前，后腿会前伸，作为落地的支点。

树袋鼠

树袋鼠主要生活在澳大利亚和新几内亚的热带雨林中。与生活在陆地上的袋鼠不同，这类袋鼠有较长的前腿、较短的后腿。它们可以飞快地穿梭在树林中，从一根树枝跳到另一根树枝上，并用弯曲的爪子和粗糙的足掌抓住树干。

大赤袋鼠

大赤袋鼠是现存体形最大的有袋动物，体长一般80～160厘米，体重23～70千克，而且它们能终生生长，因而有些会长得很大很重。大赤袋鼠平时比较安静、温顺，但在遇到敌人且无路可逃时也会用后足猛踢对方。它们的后足强劲有力，可以一下子将敌人置于死地。大赤袋鼠非常善于跳跃，在缓慢行进时，每一跳约1.2～1.9米；但在奔跑时，每一跳可达9米以上。

大大的耳朵随时捕捉可能潜在的危险信号

大赤袋鼠

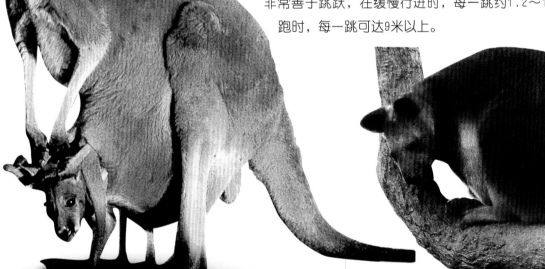

休息时，尾巴起到"第五条腿"的作用

树袋鼠

★ 动物小档案 ★	
科　属	袋鼠科
栖息地	干旱的草原或热带雨林
分　布	澳大利亚、新几内亚、塔斯曼尼亚岛
食　物	草、树叶和果实
生殖方式	胎生
寿　命	可达20年

灰袋鼠

灰袋鼠身体为灰色，口鼻部有许多毛须，主要分布在澳大利亚东部及塔斯曼尼亚岛，喜欢生活在干燥、开阔的地区。白天，灰袋鼠在树荫下休息，黄昏时才去觅食。灰袋鼠全年皆可繁殖，夏天通常是小袋鼠出生的高峰期。

Encyclopedia of the
Animals

第二十章 ■

食虫类、贫齿类和蝙蝠 Di'ershizhang

　　食虫类动物是较原始的有胎盘哺乳动物，除大洋洲、南美洲中南部外，全世界都有分布。大多数食虫类动物是夜行性地栖动物，主要以昆虫和蚯蚓等为食。刺猬、鼹类等都属于食虫类动物。贫齿类动物主要包括食蚁兽、犰狳和树懒，它们是现存哺乳动物中唯一有坚硬脊椎的动物。蝙蝠在数量上仅次于啮齿类，除南北极及一些海洋小岛屿外，世界上到处都有蝙蝠。几乎所有的蝙蝠都是白天休息，夜间觅食。

食虫动物

食虫类动物还保持着一些原始的特征，它们的体形都比较小，大脑不发达，但嗅觉灵敏，有一个尖而长的吻部。大多数食虫类动物是夜行性的，喜欢群居生活，以无脊椎动物，特别是昆虫为食。刺猬、水獭、穿山甲和土豚等都是食虫类的代表。

食虫类动物

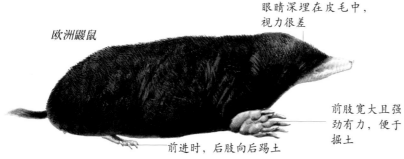

刺猬

刺猬与成人手掌大小对比

刺猬

刺猬个头儿较小，体形圆，其头顶和背部覆盖着6000多根短而无倒钩的刺。许多食虫动物一遇到危险就马上逃跑，但刺猬却有独特的自卫办法，它们总是蜷成球形，这样全身的刺都会直立起来，让它们的天敌无从下口。刺猬经常栖息在沙丘或灌木丛中，每年冬眠长达6个月。它们主要以昆虫、蜘蛛和蚯蚓为食，兼食植物的根及果实等。

穿山甲

穿山甲生活在丘陵、山区、森林、灌丛、荒山草坡等地带，用带黏液的细长舌头舔食蚂蚁、白蚁、蜜蜂以及其他昆虫。它善于掘洞，且挖洞迅速，好像有"穿山之术"，故名穿山甲。穿山甲多单独活动，昼伏夜出，还能游泳，也能爬树。遇到危险时，它便把身体蜷成一团，头裹在腹部下面。如今，人们对它们大肆捕杀，数量已经很少了。

穿山甲

层层相叠的鳞片上带有脊状的突起，鳞片的边缘非常锋利

欧洲鼹鼠

眼睛深埋在皮毛中，视力很差

蜷成一团的穿山甲

前肢宽大且强劲有力，便于掘土

前进时，后肢向后踢土

鼹鼠

鼹鼠的身体矮胖，体表覆盖着密密的黑色短毛，外形很像鼠。由于它们一生的大部分时间都在地下度过，所以视力很差，但嗅觉灵敏。它们有宽大的铲子似的前肢，掌心向外侧翻转，是掘土挖洞的有力工具。鼹鼠的行踪很容易被发现，因为它们在挖洞时掘出的土都堆在了地面上。鼹鼠有一个非常复杂的巢穴系统，最深可达1米。

□ 贫齿动物

　　贫齿类动物主要包括食蚁兽、犰狳和树懒。它们的牙齿都很小，或者根本没有牙齿，而且它们是现存哺乳动物中唯一有坚硬脊椎的动物，因此它们很擅长掘土。这类动物总共有30种，全部分布在美洲。其中一部分以蚂蚁或白蚁为食，还有一些以树叶为食。

树懒

　　树懒是一种古老的动物。它们终生垂直抱着树的枝干，或倒悬于树上，无论睡觉、休息、摄食，还是产仔都这样，甚至死后仍挂在树上。树懒不能行走，只能用爪费力地爬行，因此它们很少自动下地，通常只在排泄时才下到地面上来，但次数很少，每月只有一两次。

★ 动 物 小 档 案 ★	
科　　属	犰狳科
栖息地	热带稀树草原，有些生活在树林中
分　　布	美国南部、南美洲
食　　物	昆虫、小蜥蜴、蛇、雏鸟、鼠、植物
生殖方式	胎生
寿　　命	可达16年

尖利的爪子能紧紧抓住树干

树懒

犰狳

　　犰狳是贫齿动物中唯一有鳞甲的哺乳动物。它们的鳞甲分三部分：中段的鳞甲呈带状，与肌肉连在一起，可以自由伸缩；前后两部分覆盖着不能伸缩的骨质鳞甲。犰狳的尾巴和腿上也有鳞片，但腹部无鳞片，这是犰狳的弱点。为了进行自卫，有的犰狳会将它们的腿缩起来，使得身上的盔甲牢牢地贴在地面上，还有的则将身体紧紧地蜷成一个球。它们的胃口很好，很多小动物都可以被当作美餐。

犰狳

大食蚁兽

树懒很懒，产仔也是在树上进行的

大食蚁兽

　　大食蚁兽最突出的特征是有一个长管状的吻部和一条蓬松得像大扫帚一样的长尾。它们全身呈灰色，两肩处有斜行的白边黑纹。其身长约1.3米，而尾长就超过1米，它们的鼻子特别灵敏，可以从空气中嗅出猎物的所在地。大食蚁兽以蚁类为生。它们的舌头在一分钟内吞吐可达160次，一天可以吞下大约3万只蚂蚁。

□ 蝙蝠

世界上有将近1000种蝙蝠。除南北极及一些海洋小岛外，世界上到处都有蝙蝠分布，尤以热带和亚热带居多。蝙蝠是唯一能真正飞行的哺乳动物。它们的翅膀由爪子间相连的皮肤（翼膜）构成。几乎所有的蝙蝠都是白天休息，夜间觅食，多数以果实、花或飞虫为食。它们的视力非常差，只能依靠一种称为"回声定位"的方法来捕食。

蝙蝠

栖息环境

蝙蝠主要居住在各类大小山洞，古老建筑物的缝隙，天花板以及树洞，山上的岩石缝中。而在南方，一些食果实的蝙蝠还隐藏在棕榈、芭蕉树的树叶后面。有些蝙蝠种群会上千只栖居在一起，有些雌雄在一起生活，或雌雄分开栖息。许多栖息在树林中的蝙蝠冬季时要迁徙到温暖的地区过冬，有时它们要飞行数千里。而温带的穴居蝙蝠一般都有冬眠的习性。

超声波定位

蝙蝠的视力很差，但它们分辨声音的本领很高，因为它们的耳内具有超声波定位结构，可以通过发射超声波并根据其反射的回声定位物体。飞行的时候，蝙蝠由口和鼻发出一种人类听不到的超声波。遇到昆虫后，这种波会反射回来。蝙蝠用耳朵接收后，就会知道猎物的具体位置，并立即前往捕捉。它们能发出的超声波可达20000赫兹，而人类能听到的声音频率一般在20～20000赫兹之间。

蝙蝠休息时，通常是倒挂在树上或岩壁上

蝙蝠与成人手掌大小对比

食果蝙蝠

蝙蝠一般在黑暗中活动，所以它们的眼睛几乎不起作用

平衡生态系统

绝大多数蝙蝠是有益而无害的。比如，在热带雨林地区，食果蝙蝠可以帮助植物播撒种子，还有一种食蜜蝙蝠会帮助植物传粉。另外，分布在林区的食虫蝙蝠是消灭林区害虫的能手，大大减轻了林区的病虫害。

大耳蝠

大耳蝠又称为"兔蝠"。它们的体形很小，前臂长约4厘米，耳朵长约3.7厘米，呈椭圆形，两耳内缘基部相连。大耳蝠的身体背面呈淡灰褐色，腹毛灰黄色，毛的基部为黑褐色。它们主要栖息在山洞、树洞或屋顶内，飞行时耳朵倒向后方。大耳蝠主要以昆虫为食。

印度狐蝠

大耳蝠

印度狐蝠

印度狐蝠也叫印度飞狐，是蝙蝠中最著名且体形最大的一种。它们的体长为20～25厘米，没有其他蝙蝠所具有的尾巴，头部狭长，吻部尖而突出，耳长且直立，眼大而圆，牙齿尖锐，整个面部看起来很像狐狸，因此得名"狐蝠"。印度狐蝠主要产于印度、巴基斯坦、尼泊尔、不丹、缅甸和斯里兰卡等地，以植物的果实和花蜜等为食，特别喜欢吃香蕉等软质果实。

吸血蝠

吸血蝠喜欢吸食鲜血，这种习性使它们"臭名昭著"。晚上，吸血蝠离开栖息地，去寻找睡梦中的牛和马等猎物。一旦发现猎物，它们就用门牙切开猎物一块无毛的皮肤，然后用槽状的舌头舐食血液。有时，它们也吸食人血。吸血蝠每次所吸的血液并不多，但它们会传播可能致人死亡的狂犬病，因此危害极大。

正要吸食猎物血液的吸血蝠

长鼻蝠

长鼻蝠

长鼻蝠是一种以果实为食的蝙蝠。它们常食一种仙人掌果实中的黏性物质，然后将剩下的种子从树上投下去。被投下的种子就在土中发育成仙人掌幼苗。

★ 动 物 小 档 案 ★	
科 属	蝙蝠科
栖 息 地	森林、草地和林地
分 布	除南极以外的地方
食 物	昆虫、鱼类、花、水果
生殖方式	胎生
寿 命	4～5年

VISUAL BOOKS

文心/主编

动物世界大百科

图鉴

天地出版社 | TIANDI PRESS

目录

▲珊瑚

珊瑚，又叫珊瑚虫，主要生活在热带和亚热带的海域里。珊瑚虫是一种圆筒状的腔肠动物，它们群居生活，不断地分泌石灰质，并且互相连接，看上去就像色彩绚丽的树枝。

▼水母

水母是一种浮游生物，分布在世界各地的海洋里，目前发现的水母已经超过200种。水母的外观像把透明的伞，"伞"里能产生一种让身体膨胀的气体，使它漂浮在水里。如果遇到危险，水母就会将气体放掉，沉入海底躲避危险。

▲海葵

海葵就像开在海里的向日葵，可它们是一种捕食性动物。"花瓣"就是海葵的触手，能帮助海葵抓住猎物。图为发光的海葵。

☀蜗牛

蜗牛是常见的软体动物，头上长着两对触角，身上有扁平宽大的腹足，背上有壳，行动缓慢，一般以植物的嫩芽和叶子为食。

▶鹦鹉螺

鹦鹉螺生活在印度洋和太平洋中，壳呈白色或乳白色，上面有红褐色的花纹。由于鹦鹉螺已在地球上生活了几亿年，因此被称为海洋中的"活化石"。

▼扇贝

扇贝广泛分布在世界各地，通常群栖在浅海地区，附在岩石、沙砾上生活。扇贝都有两片扇形的外壳，有些扇贝的外壳不仅色彩艳丽，还有呈辐射状的纹路，这种贝壳经常被人们收藏或者做成漂亮的装饰品。

▶ 乌贼

乌贼，也叫墨斗鱼。乌贼的肚子里有个墨囊，里面储存着墨汁，遇到危险时，它就会喷出墨汁把海水染黑，然后趁机逃之夭夭。

★ 章鱼

章鱼，也叫八爪鱼，生活在海底的洞穴里，还常常喜欢钻进石缝或贝壳里。章鱼的身体柔软，长有八只腕足，足上有吸盘，以此来捕捉猎物。

🔺小龙虾

    淡水小龙虾，俗称小龙虾，外形跟龙虾相似。它们有一对狭长的螯，体形小，生存能力强。小龙虾在世界各地均有分布，栖息在湖泊、河流或者湿地的浅水区域。

◀龙虾

    龙虾是虾类中最大的一类，它们头部粗大，触角粗长且有很多的刺，有坚硬的外壳，有的品种没有螯，腹部较小。龙虾一般生活在温暖的海域，喜欢成群地聚在一起，躲在岩石和珊瑚丛中，并且只在夜间活动。

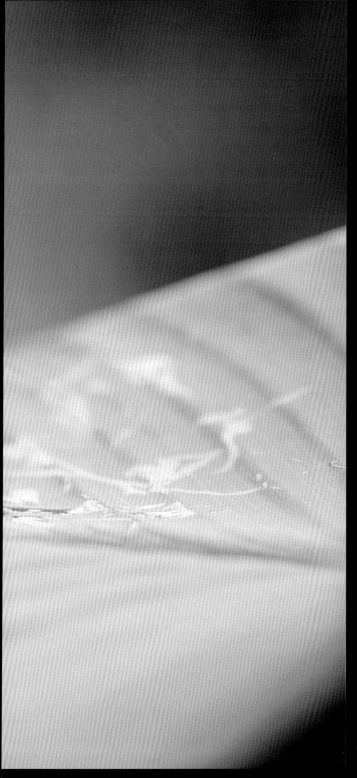

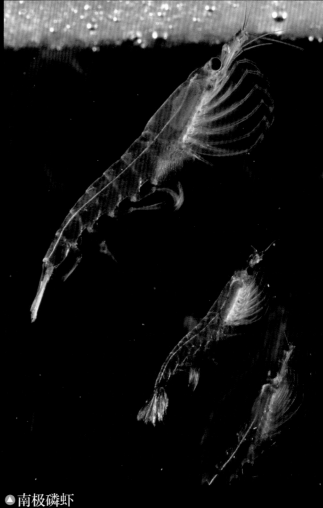

▲ 南极磷虾

南极磷虾是一种甲壳类动物，它们生活在南极洲水域，喜欢群集在一起生活，密度很高。南极磷虾身上有荧光器官，能产生黄绿色的光。

▲ 帝王蟹

帝王蟹，又名皇帝蟹，主要分布在寒冷的海域，通常生活在深海里。帝王蟹全身布满硬刺，腹部长得不对称，体形硕大，有的体重甚至能达到十几千克，有"蟹中之王"的美称。

◀ 寄居蟹

寄居蟹腹部柔软，为了保护自己，通常会寄居在死亡软体动物的壳中。寄居蟹大多生活在水中，只有少数在陆地上生存。它们平时背着壳到处爬行，遇到危险的时候，就会把身体缩进壳里。

★ 蜻蜓

蜻蜓，眼睛大而鼓，长有细长的腹部，翅膀狭长。蜻蜓在空中飞行时，能捕食蚊蝇，通常在河流、湿地、池塘附近活动。

☆ 蜜蜂

蜜蜂，一般为黄褐色或黑褐色，身体上布满密毛，有窄且透明的翅膀。蜜蜂不仅能采食花粉、花蜜，并酿造出蜂蜜，而且也是植物授粉的重要媒介。

蝴蝶

蝴蝶一般长着棒状或锤状的触角，长有两对大翅膀，翅膀上有鲜艳的色彩或者漂亮的斑纹。世界上除南北极这类寒冷的地方以外，均有蝴蝶分布。

✴ 瓢虫

瓢虫的形态像半个圆球，触角及足较短，体色鲜艳，有黑、黄或红色的斑点和图案。瓢虫斑点的数量、图案的样子因种类不同而不同。

🔺 蝎子

蝎子的身体多为黄褐色，有八只脚，身体瘦长，尾巴末端有毒刺。它们属夜行性动物，群居在潮而不湿、植被稀疏的山坡等地。图为正在捕食蜘蛛的蝎子。

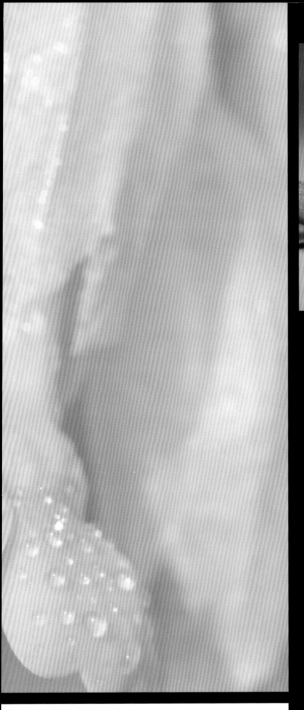

●蜘蛛

蜘蛛的身体分为两个体段：头胸部和腹部。头胸部有背甲和胸板，腹部多是圆形或椭圆形。蜘蛛一般捕食昆虫、其他蜘蛛，有些蜘蛛甚至能捕食小型哺乳动物。

✦蜣螂

蜣螂，俗称屎壳郎，头形为扁平勺状，体形略扁，呈椭圆形。蜣螂以动物粪便为食，会将粪便变成球形，再滚动到其他地方，人们称它们为"自然界清道夫"。

▶蝉

蝉多数体形不大，头宽且短，外骨骼坚硬，翅膀发达，有三对足。蝉由卵、幼虫再到成虫，要经过几次蜕皮。图为刚刚蜕过皮的蝉。

☀ 企鹅

　　企鹅是当今世界上最不怕冷的鸟，布满全身的浓密羽毛和厚达数厘米的皮下脂肪，能够保证它们在零下几十度的南极洲自由自在地生活，企鹅也因此被人们视为"南极的象征"。

★ 鹦鹉

　　鹦鹉主要分布在热带、亚热带地区，种类繁多，有300多种。它们毛色艳丽，叫声响亮，长有钩状喙嘴，主要以植物的种子、果实、嫩叶等为食。

☀犀鸟

犀鸟因头上长有一块像犀牛角一样的凸起而得名。它们主要分布在非洲、亚洲的热带雨林地区，经常在高大的密林中栖息、筑巢，以植物果实或者昆虫为食。

☀蜂鸟

蜂鸟是世界上体形最小的鸟类，差不多只有蜜蜂那么大。小巧的身体，再加上灵活的翅膀，使它们在空中不仅可以自由地飞行，而且还可以做短时间的悬停。

☀巨嘴鸟

巨嘴鸟因长有一张绚丽夸张的大嘴而得名。

☀翠鸟

翠鸟的种类繁多，有的经常活动在近水边的树枝上，有的喜欢栖息在森林里。它们都长有细长而又坚固的喙，以小鱼、昆虫等为食。

⬤ 鹈鹕

鹈鹕最明显的特征是有着一张长达 30 厘米的嘴，嘴下巨大的喉囊可以自由伸缩以便储存食物。鹈鹕在水里捕食后，总会到岸边用那张巨嘴耐心地梳理羽毛。

⬤ 信天翁

信天翁主要分布在南半球的一些岛屿，大部分时间生活在海上，只有繁殖期才会上岸。信天翁非常擅长在海面上滑翔，翅膀能保持数小时不动，是海洋上出色的"滑翔家"。

★ 鸳鸯

鸳鸯属于杂食性鸟类，经常成群或成对在池塘、沼泽等地方活动。雄鸳鸯和雌鸳鸯的毛色差别很大，雄鸳鸯的羽毛色彩十分艳丽，而雌鸳鸯的毛色则相对灰暗。

✿天鹅

　　天鹅是一种体态优美、喜欢成群生活的鸟。天鹅因为体形较大、身体较重，飞行前总会先在水面上踏水助飞，当它们飞起来的时候，长长的脖子前倾，缓缓地扇动翅膀，姿态十分优雅。

❀白头海雕

　　白头海雕属于猛禽，体形较大，擅长飞行，能够在海拔数千米的高空翱翔。白头海雕长有尖锐的利爪，善于撕咬的弧状喙，主要以鱼类、水鸟及生活在水边的小型哺乳动物为食。

★ 红隼

红隼主要栖息在林地、旷野等地方，视力极好，擅长高空飞行，经常通过空中盘旋来寻找地面上的猎物。

◀ 猫头鹰

猫头鹰属于夜行猛禽，白天视力差，夜晚却很敏锐，在漆黑的夜里，再隐蔽的猎物都逃不过它的眼睛。猫头鹰主要捕食老鼠，是非常重要的益鸟。

▼ 白头鹞

白头鹞是猛禽鹞属的一种，体形较大，主要栖息在有沼泽的芦苇丛中，以捕食鸟类、鱼类、田鼠等动物为生。

◀ 火烈鸟

火烈鸟又叫红鹳，是有名的大型水鸟，全身羽毛为朱红色，喜欢群居生活。在一些沼泽或浅滩觅食的火烈鸟群，远远望去就像一团团火焰，非常壮观。

▼ 琵鹭

琵鹭属于涉禽，嘴巴长得很有特色，又长又直，上下扁平，前端呈圆状，看起来就像一把琵琶。

★ 白头鹮鹳

白头鹮鹳又叫作彩鹳，它们的羽毛主要以白色为主，翅膀和尾巴末端为黑色，嘴长而下弯，喜欢把嘴插进沼泽中觅食。

⬡ 白鹭

　　白鹭又叫鹭鸶，喜欢生活在河滩、溪流等地，是捕食鱼虾的能手。白鹭雪白的羽毛加上细长的腿脚，使它们即使在捕食时看起来也十分优雅美丽。

✦ 丹顶鹤

　　丹顶鹤在中国主要分布在东北的三江平原地区，是一种稀有鹤类。它们羽毛洁白，体态飘逸，通常被人们看作是尊贵、延年益寿的象征。

★孔雀

孔雀是一种美丽的观赏鸟，雄孔雀和雌孔雀在外观上有很大的不同：雄孔雀羽毛艳丽，色彩鲜艳，尾部长有可以自由张合的尾屏，而雌孔雀的羽毛则稍暗，尾部也没有尾屏。

☆ 蓝山雀

蓝山雀主要分布在温带的一些地区，喜欢栖息在林间的树枝上，身体非常轻巧，几乎能停留在树上的任何地方。

★ 相思雀

相思雀主要生活在亚洲一些丘陵地区的灌木丛或阔叶林中，不仅喜欢吃植物的果实和种子，还喜欢捕食各种小昆虫。

★ 大山雀

　　大山雀生性活泼，常成群跳蹿在一些山区或平原林间的树枝上。它们叫声清脆入耳，是树林中最活跃的鸟类之一。

★ 太平鸟

太平鸟大部分羽毛为灰棕色，尾巴和翅膀尾部为黑色或黄色，头上长有羽冠，看起来十分美丽。太平鸟属于杂食性鸟类，夏天捕食昆虫，冬天以浆果为食。

❀ 主红雀

主红雀又叫红衣教主，是美洲红鸟的一种，因全身长有红色的羽毛而得名，不过雌雄主红雀羽毛的颜色并不完全相同，雌性主红雀的羽毛相对较暗，呈红褐色，而雄性主红雀却身披鲜红的"外衣"，看起来十分贵气。

❀ 喜鹊

喜鹊适应环境的能力很强，喜欢吃昆虫，也能以植物种子为食，几乎世界各地都能见到它们的身影。喜鹊的叫声响亮，音调简单，在中国民间，人们认为喜鹊的叫声是传达喜讯的意思，因此喜鹊被视为一种吉祥的象征。

✷红眼树蛙

红眼树蛙是生活在热带雨林树上的一种雨蛙，它有着红色的大眼睛，绿色的背部，橘红色的脚趾，白色的腹部，色彩搭配得非常漂亮。而且，它背上的颜色还会随着光线、温度的改变而变化。

✷角蛙

角蛙主要生活在南美洲的草原上，它们长相非常奇特，一张大嘴巴几乎占了身体的一半，而且眼睛上方有个三角形的凸起，看上像是长了角一样，身体上还布满了小疙瘩。

★ 绿蟾蜍

　　绿蟾蜍是蟾蜍的一种，与其他蟾蜍类似，它身上也有颗粒状的疙瘩，长有会分泌毒素的毒腺，喜欢在潮湿的地方生活。不同的是，它的皮肤有鲜艳的绿色斑点，而且皮肤颜色会随着温度和光线的不同而有大的改变。

★ 箭毒蛙

　　箭毒蛙是一种生活在热带湿热环境中的细小青蛙，只有 1~6 厘米长。它们的皮肤色彩斑斓，大都很耀眼，是蛙中最美丽的成员之一。不过，它们美丽的皮肤中含有毒素，若别的动物触碰它们的皮肤就可能导致死亡，箭毒蛙就是通过这种方式来保护自己不被其他猎食者侵犯的。

★扬子鳄

　　扬子鳄是生活在中国长江流域的一种鳄鱼，体形细小，成年扬子鳄一般只有 1.5 米长，很少超过 2.1 米。扬子鳄在地球上生活了近两亿年，被称为"活化石"。不过令人担忧的是，这种古老的爬行动物现在野生数量非常稀少，已经濒临灭绝。

●海龟

　　海龟是生活在海洋中的龟类的总称。它们一般在海里生活，只有在繁殖季节才离水上岸。为了适应海洋生活，海龟的背甲大都呈扁平流线型，四肢则呈船桨状，便于快速游动，这点与陆龟区别很大。

⬆陆龟

陆龟是在陆地生活的龟类总称，和海龟是远亲，喜欢独居，以植物为生。陆龟不同于海龟，它们的背甲呈椭圆形拱起，四肢圆而粗，脚趾短，行动缓慢。

⬇湾鳄

湾鳄是世界上现存最大的爬行动物，成年的雄性湾鳄体长能达 7 米，体重最重达 1000 千克。湾鳄主要生活在热带和亚热带的湿地中，以捕食水牛、野鹿、大型鱼类等动物为生。

★眼镜蛇

　　眼镜蛇是最为大家熟知的一种毒蛇，它们的颈部一般有单眼纹或双眼纹，生气时脖子会昂起并变扁，牙齿里有毒，可以迅速麻醉和杀死猎物。一些眼镜蛇在遇到危险时还会喷射毒液来保护自己。

★变色龙

　　变色龙最有特色的地方就是它的保护色。这是因为变色龙皮肤里有黄、绿、黑等色素细胞，这些细胞能随着周围环境的光线、温度、湿度等的变化而变大或变小，从而使变色龙的身体呈现出不同的颜色。

绿树蟒

蟒蛇是世界上最大最长的蛇，无毒，但会用缠绕的方式使猎物窒息，然后整个吞下。绿树蟒是蟒蛇的一种，它们一生大部分时间都缠绕在树上，绿色的皮肤和树木颜色很像，不易被发现，可以静待猎物送上门来。

鬣蜥

鬣蜥有普通鬣蜥、海鬣蜥等不同种类，不同种类的鬣蜥身体大小差异较大——小的不到10厘米，大的能够达到70厘米。有的鬣蜥下颌长有一个喉袋，可以在求偶时鼓起来，吸引异性。

科莫多巨蜥

科莫多巨蜥，又叫科莫多龙，主要生活在印度尼西亚的岛屿上，是世上已知最大的蜥蜴，最大的身长超过3米，体重超过160千克。

⚫大青鲨

　　大青鲨，也叫蓝鲨，多生活在温带和热带海洋中。它们吻部比较尖，胸鳍长而弯，体形较小，游动起来十分灵活，捕捉猎物时身手更是矫健。

⚫双髻鲨

　　双髻鲨的头部扁平并向两侧突出，像古代女子梳的双发髻，故名双髻鲨。它们的眼睛长在突出部分的顶端，能看到的范围比较广，很容易发现危险和猎物。

⬢ 大白鲨

大白鲨并不是白色的鲨鱼，事实上它们体背为深色，腹部才为白色。大白鲨是世界上最大的捕食性鱼类，体形巨大，性格凶猛。因为曾袭击人类，又被称为"噬人鲨"。

✲ 鲑鱼

　　鲑鱼也叫三文鱼，它们的身体扁平，背部隆起，体色一般为青灰色，产卵时会变成橙红色。鲑鱼是一种洄游性鱼类，它们在淡水河里出生后，会游到海里生活，等到产卵时再回到淡水河里，这个过程就是洄游。

● 泰国斗鱼

泰国斗鱼，又名五彩搏鱼，是斗鱼家族中最美丽和最好斗的成员，特别是其中的雄性斗鱼，如果相遇，必然要来一场恶战，拼个你死我活才肯罢休。

★ 叉尾斗鱼

叉尾斗鱼，也叫天堂鱼，和其他斗鱼一样，是一种色彩绚丽，生性好斗的观赏鱼。它们的尾鳍很像分叉的燕尾，游动起来非常漂亮，故名叉尾斗鱼。

● 蓑鲉

蓑鲉，又称狮子鱼，主要栖居在印度－太平洋海域的珊瑚丛、岩礁中。蓑鲉的胸鳍展开时形若蒲扇，背鳍上还排列着长且飘逸的鳍条，看起来很漂亮。不过，它们却是不少鱼类望而生畏的杀手，因为它们背鳍尖锐的毒刺会让碰到它们的鱼丧命。

★ 飞鱼

飞鱼生活在温暖的海洋表面，它们身体修长，发达的胸鳍就像鸟的翅膀。飞鱼在受到惊吓或被敌人追赶时会张开胸鳍跃出水面，滑翔百米以上，借此躲过危险。

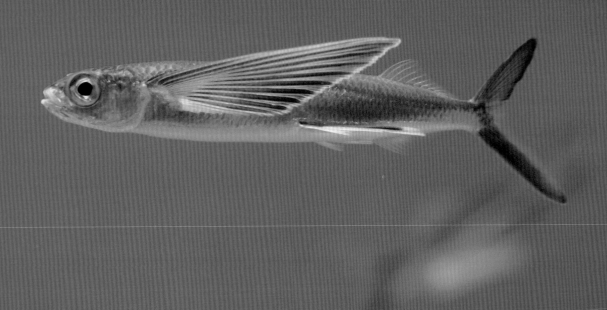

★ 海马

　　海马是一种外形非常奇特的鱼，它们没有腹鳍和尾鳍，主要靠尾巴来固定身体，靠胸鳍和背鳍的扇动直立游动。海马性情温和，行动缓慢，但会通过体色的伪装来逃避天敌。

◀ 稀带蝴蝶鱼

稀带蝴蝶鱼是蝴蝶鱼的一种，和其他蝴蝶鱼一样，它们身上也有着漂亮的色彩，也喜欢栖居在珊瑚丛中，平常就以珊瑚虫、藻类及小型甲壳动物为食。稀带蝴蝶鱼自身最独特的地方就是身上呈"〉"形的黑色条纹，排列整齐漂亮，身体后面和尾部还斜着红色的条纹，游起来时显得美丽而优雅。

▶ 皇后神仙鱼

皇后神仙鱼是刺盖鱼的一种。刺盖鱼和蝴蝶鱼一样是生活在海洋里的鱼类，不同的是，刺盖鱼体形比较大，而且鳃盖后还有尖刺保护，又因为它们色彩绚丽，姿态优美，所以有"鱼中之后"的美称。皇后神仙鱼是刺盖鱼中的佼佼者，它们色彩多样、体态婀娜，平常很喜欢栖居在珊瑚礁中，以藻类、附着生物等为食。

★月光蝶鱼

月光蝶鱼，学名鞭蝴蝶鱼，主要生活在印度洋、太平洋的珊瑚礁海域。它们最特别的地方就是身体斜上方有一个包着白边的椭圆形黑斑，非常显眼。

长吻蝶鱼

长吻蝶鱼最突出的就是它们的长嘴巴，所以也叫长嘴蝶鱼。它们的尾部上方还有一个很大的黑色眼点，遇到危险时可以用来迷惑敌人，这样它们就可以趁机逃走了。

二色棘蝶鱼

二色棘蝶鱼，俗称双色神仙鱼，这是因为它们的身体主要由深蓝和鲜黄双色组成。它们主要生活在印度－太平洋的浅海水域，以藻类、珊瑚虫等为食。

◆ 扳机鱼

　　扳机鱼因为三个背鳍棘中的前两个很像枪的扳机结构，故名扳机鱼。扳机鱼主要生活在近海浅水区，种类较多，大都身体扁平，有着绚丽的体色，十分吸引人的眼球。

★ 鹦鹉鱼

　　鹦鹉鱼是一种生活在热带海洋中的热带鱼，它们色彩斑斓，三角形的嘴巴看起来像是笑得合不拢口的样子，十分可爱。

☀小丑鱼

　　小丑鱼也叫海葵鱼，这是因为小丑鱼和海葵一直生活在一起，是谁也离不开谁的好朋友。海葵负责用毒刺保护小丑鱼，小丑鱼负责清除海葵身上的寄生虫和提供给它消化后的残渣。它们互惠互助，都可以更好地生存。

● 蓝鲸

　　蓝鲸被认为是地球上已知的体形最大的动物，它们身体瘦长，背呈青灰色，身长 30 多米，体重近 200 吨。蓝鲸主要吃小型鱼类和甲壳类，呼吸时能喷出高达 10 米左右的水柱。

◐ 座头鲸

座头鲸的平均体长约 13 米，体重为 25~30 吨。它们身体宽而短，头相对较小，有一对特别长的胸鳍，背部向上弓起，因此也被称为"大翅鲸""驼背鲸"。

◐ 抹香鲸

抹香鲸有巨大的头部，下颌很小，体形和尾巴像鱼，体长为 8~20 米，体重为 25~45 吨。它们生活在不结冰且食物丰富的海域里，下潜时，能潜至水下 3000 米左右，并且能待上两个小时，是哺乳动物中的"潜水冠军"。

★ 露脊鲸

露脊鲸头部的硬皮很特殊，带着粗糙的斑点，嘴两端各有 200~300 条鲸须，身体光滑，大部分为黑色，没有背鳍，有的腹部会有白斑。露脊鲸游泳速度慢，但技术很好，经常会跃身击浪。

★ 白鲸

白鲸的额头圆滑隆起，吻短唇宽，面部表情丰富，身体为白色或黄色，体形肥而圆润。它们能发出上百种不同的声音，并且变化丰富，因此被称为鲸类里面的"口技专家"。白鲸喜欢群居生活，每年迁徙的季节，会有上万头白鲸，从北极地区出发，成群结队地向目的地游去，场面十分壮观。

▶ 一角鲸

　　一角鲸，头小而圆，额部凸出，所谓的"角"，通常是雄性一角鲸长达 3 米的左牙。它们只生活在北极的水域，游泳速度特别快，是世界上最神秘的动物之一。

★ 虎鲸

　　虎鲸，也被称为逆戟鲸，身体呈黑白两色，头较圆，嘴很大，牙齿锋利，性情凶猛。虎鲸喜欢群居，成员之间会一起行动，并且互相照顾。

★ 宽吻海豚

　　宽吻海豚，主要分布在温带和热带的海洋中。宽吻海豚额头大，长长的吻看上去像在微笑。它们皮肤光滑，体表为蓝灰色，腹部为白色，有三角形的背鳍，会利用回声定位的方式在水里活动。

★鼠海豚

鼠海豚身体粗壮，一般身长不超过两米，背灰腹白，吻部较短，背鳍为三角形，胸鳍短，尾鳍宽而有力。鼠海豚喜欢生活在中等深度、比较平静的海域。

▼亚马孙河豚

亚马孙河豚生活在亚马孙河和奥里诺科河流域，它们的吻部尖且长，眼睛小但视力好，胸鳍相对较大，没有背鳍，体形很大，有多种体色。它们通常成对或者单独生活，有时也会为了捕猎而组成大的群体。

★ 海豹

海豹头圆眼大，嘴上有粗硬的触须，身体肥圆，长着细密的短毛，四肢为短的鳍脚，前肢短，后肢长，尾巴小而扁。

★ 海象

海象生存于北极以及北极附近的海域，它们眼睛小，嘴宽而短，长着两枚长长的犬齿，形似象牙，所以得名海象。它们身上的皮很厚，有很多褶皱，体形巨大，雄性海象的体重能达 1～2 吨。海象的长牙有很多用处，能帮助它们挖掘食物，还可以用来支撑身体，甚至可以作为攻击和防御敌人的武器。

☀ 海狮

　　海狮长着圆头小耳，嘴细长，能发出很大的吼声，身体呈流线型，四肢都已演化成鳍，使得它们十分擅长游泳和潜水。海狮生活在食物充足的海区，经常在海中捕食鱼、乌贼和一些贝类，饥饿的时候甚至会吃企鹅。

⭐白颈狐猴

白颈狐猴的全身多为黑色，颈部、四肢及背部
呈白色，鼻子和嘴与狗相似，体长在1米左右，用
四肢行走，主要分布在非洲马达加斯加东部的丛林。

🔺竹狐猴

竹狐猴，别名驯狐猴，毛色一般为灰褐色，短鼻圆耳，体长
26～46厘米，尾巴相对较长。竹狐猴的主要食物是竹子，因此，
它们通常生活在马达加斯加的茂密竹林中。

▶王冠狐猴

王冠狐猴也生活在马达加斯加，它们最大的特点是额上有斑，
雄性王冠狐猴和雌性王冠狐猴的斑颜色不同，雄性的斑为黑色，雌
性的斑则是棕红色。

❋环尾狐猴

　　环尾狐猴属于原始灵长类动物，产于马达加斯加，它们头相对较小，耳朵大，吻长且突出。因其面部似狐狸，尾巴有十几个黑白相间的圆环，所以被称为环尾狐猴。

★ 川金丝猴

川金丝猴，也称仰鼻猴，其面部呈
蓝色，鼻孔朝上，毛色金黄，尾巴很长。
川金丝猴是我国特有的动物，生活在海拔
1500～3300 米的高山森林中。

● 黔金丝猴

　　黔金丝猴体形和川金丝猴很像，但比之稍小，脸部灰白或浅蓝，前额、上肢内侧等区域毛色金黄，背部呈灰褐色。它们仅分布于我国贵州的梵净山，数量只有几百只。

● 滇金丝猴

　　滇金丝猴头顶有尖形的黑色冠毛，脸长得和人最为接近，毛色以灰黑、白色为主，粗大的尾巴几乎和体长相等。它们仅分布在我国海拔很高的云南西北、西藏的高山林区等地。

● 苏门答腊猩猩

　　苏门答腊猩猩生存于苏门答腊岛，栖息在热带雨林里。它们面颊宽大，前额及吻突出，身材高大，臂长腿短，站立时双臂能到脚踝处，体毛为暗红色。苏门答腊猩猩主要吃水果、鸟蛋和小的脊椎动物，它们甚至会使用简单的工具来获取食物。

▼ 大猩猩

大猩猩是灵长类动物中最大的动物，生活在非洲大陆赤道附近的丛林中。它们额头很高，下颌突出，上臂比下肢长，体形壮硕，毛色多为黑色，是纯粹的素食动物。

▼ 黑猩猩

黑猩猩体形比大猩猩要小，眉骨高眼睛凹，面部呈灰褐色，耳朵特别大，全身的毛为黑色，没有尾巴。它们是人类的近亲，也是目前除人类外智商最高的动物。

★ 狒狒

狒狒分布在非洲地区，它们头粗面长，眉凸眼凹，有尖长的犬齿，四肢等长，臀部色彩鲜艳，尾毛颜色较深，体长一般为 0.5～1.2 米，体重可达 60 千克。狒狒属于杂食类动物，经常吃植物果实、昆虫等，但有时也会捕猎小型哺乳动物。

★ 长臂猿

长臂猿是猿类中最小的一种，分布在亚洲的一些林区。长臂猿因前臂长而得名，它们善于鸣叫，擅长在森林中用手臂渡越，敏捷而灵巧。

★ 山魈

● 山魈

　　山魈头大而长，脸上有色彩鲜艳的图案，身上长着橄榄色的毛，主要吃一些地面植物和小动物。山魈是群居动物，一个群落通常由一头雄性山魈带领，雄性山魈性格凶悍，有时甚至能吓跑猛兽。

☀东北虎

东北虎，又名西伯利亚虎，是现存体形最大的老虎，主要生活在中国东北、俄罗斯远东等地区。东北虎聪明强悍，攻击力极强。

▲孟加拉虎

孟加拉虎，又叫印度虎，因为主要分布在印度和孟加拉国而得名。孟加拉虎是现存数量最多的一种虎，体形较大，行动迅猛，以捕食鹿、野牛、野猪等动物为生。

▲苏门答腊虎

苏门答腊虎的毛色是所有老虎中最暗的，而且花纹极多，又宽又黑。它们体形虽比其他种类的老虎小，但性情却很凶猛，野猪、鳄鱼、小象等都可能成为它们的美餐。

★孟加拉白虎

白虎是孟加拉虎的白色变种，孟加拉白虎毛色以白色为主，间杂黑色或深褐色斑纹。它体态优美，性情温和，深受人们喜爱。

★ 丛林狼

　　丛林狼又叫郊狼，主要生活在美洲地区。丛林狼过着群居生活，但是在捕食的时候往往喜欢单独行动，奔跑速度极快，时速能达到70千米，主要以兔、鹿、羊及鸟等为食，有时也吃腐食或植物。

★ 北极狼

　　北极狼，又叫白狼，主要生活在北极地区。它们的毛色随着季节变化会有不同，冬季毛色为白色，其他季节则变成棕灰色。这是一种保护色，能帮助它们混淆天敌的视线，捕食时也不易被猎物察觉，对北极狼生存很有利。

★灰狼

●灰狼

　　灰狼是所有狼中体形最大的，分布范围也很广，在亚洲、欧洲等地区都能见到它们的身影。灰狼对环境适应性很强，栖居的地方既有森林、草原，也有山地、沙漠等。它们的毛色也因环境不同，有灰色、黑色、白色等不同颜色。

★猎豹

　　猎豹主要生活在非洲和西亚地区，它们是所有陆地动物中奔跑速度最快的，时速最高能达到甚至超过 120 千米。

★美洲豹

　　美洲豹是生活在美洲地区的一种豹。美洲豹和其他豹一样身上有黑色斑纹，不同的是它们身上的花纹呈花朵状，花朵中间还有一个圆点。美洲豹的体形比较接近老虎，习性也和虎很像，喜欢栖居在有森林、多水的地方，擅长游泳，所以美洲豹又叫美洲虎。

★ 雪豹

雪豹主要生活在亚洲的高原和高山地区，因为它们常在有雪的地方活动，故名雪豹。它们一般昼伏夜出，善攀爬、跳跃，行动非常敏捷，主要以山羊、鹿、兔等为食，是高山上的顶级捕食者，任何被发现的猎物都很难从它们的利爪下逃脱。

★ 云豹

云豹的花纹在豹类中与众不同，是云形的暗灰色斑纹，故名云豹。云豹四肢粗短有力，爪子非常尖锐，还善于爬树，生活在树上的猕猴、长臂猿、鸟类等都是它们的捕食对象。除此之外，在地上生活的鹿、兔等小动物，它们也不会放过。

◉浣熊

　　浣熊喜欢在河边捕鱼，人们误以为它是在水中浣洗食物，所以叫它浣熊。浣熊最有特色的地方就是眼睛周围长有一片深色皮毛，和白色的脸颊形成对比，像是戴了一副大墨镜，看起来很酷。

★ 小熊猫

　　小熊猫是小熊猫科动物的一种，不同于浣熊灰色的毛，它们的毛以红棕色为主，脸颊上有白色斑块点缀。小熊猫在高山丛林地带过着家族群居生活，平常不仅喜欢在树间攀爬，采摘植物的果实或嫩叶，也爱在林间捕食其他小动物。

★ 大熊猫

　　大熊猫为我国特有物种，主要生活在四川、陕西、甘肃等地的高山竹林中，以竹子为主食。大熊猫虽然体态笨拙，却善于攀爬，而且性情温顺，很受人们喜爱。

★ 亚洲黑熊

　　亚洲黑熊，也叫"月亮熊"，这是因为它胸前的"V"形白毛很像一弯新月。它们虽然看起来笨拙，却是爬树和游泳的行家。亚洲黑熊食性比较杂，既吃植物的叶子、果实，也吃昆虫、兽类。

🔺棕熊

　　棕熊体色多为棕褐色或棕黄色，体形庞大，手掌大而有力，能一掌拍死和它体形相近的马、鹿等动物。它们主要栖息在寒温带针叶林中，没有固定的住所，喜欢在白天单独活动。

⭐北极熊

　　北极熊是北极地区顶级的猎食者，海豹、海豚、鱼等都是它的捕食对象。北极熊依靠浓密的毛和厚厚的脂肪来抵御寒冷，从而可以在北极自由自在、舒舒服服地生活。

★ 美洲狮

美洲狮，也称美洲金猫，是生活在美洲地区的一种肉食性猫科动物。它虽被冠以"狮"名，但并不是狮子的一种，只是体色和狮子相似，并没有狮子那样的鬃毛，体形也比狮子小。美洲狮擅长跳跃，轻轻一跃便能在六七米之外，而且奔跑速度也很快。

★ 非洲狮

非洲狮，是非洲草原的"草原之王"。它们过着群居生活，狮子雄、雌差别比较大，雄狮有着很长很浓密的鬃毛，这些鬃毛一直从颈部延伸到腹部。而雌狮的毛发比较短，体色是茶黄色。另外，雄雌分工也不同，雄狮主要负责保护狮群免受其他猎食者伤害，而雌狮的主要职责是捕猎和抚育幼狮。

★ 赤狐

赤狐，俗称火狐，因为它们的毛色除了腹部、腿和耳尖，其他都是红色。赤狐是最大、最常见的狐狸，能栖息于森林、灌丛、草原、丘陵等多种环境中。赤狐善奔跑，喜欢独自猎食。

🐾 大耳狐

　　大耳狐以一双大耳朵而得名，它们的耳朵不仅能听声音，还可以用来散热，这是因为它们主要生活在非洲东部和南部的干旱地区，那里天气炎热的关系。大耳狐比较胆小，常在夜间活动，爱捕食白蚁、蜥蜴等动物。

⭐ 北极狐

　　北极狐生活在北极地区，它们的毛又长又厚，可以抵御严寒。冬天，北极狐的毛皮呈纯白色，到了夏季会变成棕色或青灰色，这样可以和环境融为一体，既能保护自己不被猎食者发现，又有利于捕食其他动物。

★ 河马

河马因无毛，全身皮肤裸露，不宜长时间在太阳下暴晒，所以它们一天之中除傍晚时会单独上岸啃食青草外，大部分时间喜欢成群待在水中。

★ 马

马通常喜欢成群地生活在一起，它们生性勇猛，四肢矫健，且心肺器官发达，非常适于奔跑。因此，在科技并不发达的古代，马通常是人们便捷的代步工具。

★ 象

象俗称大象，是地球上最大的陆生哺乳动物。大象每天要进食十多个小时，还要喝上百千克的水，才能维持它们那庞大的身躯。

★ 斑马

斑马最大的特点是身上布满黑白相间的独特条纹。斑马不擅长奔跑，当遇到危险时，这些条纹能够帮助它们混淆天敌的视线，从而起到保护自己的作用。

★ 犀牛

犀牛的体形仅次于大象，它们身体肥壮，皮肤粗糙，四肢粗壮，头上长有一只或两只尖角。犀牛多在开阔的草地或沼泽地活动，喜欢独居或结成小群生活。

▲ 水羚

水羚体形中等，全身毛色为灰色或红棕色。因为水羚比较喜欢吃草原上近水地方的植物，所以有时候难免会遭到水中鳄鱼的袭击。

▲ 大羚羊

大羚羊生活在气候比较干燥的非洲草原地区，喜欢嚼食植物，在水源不足的时候，大羚羊会咀嚼植物的根茎，来补充体内缺失的水分。

★ 瞪羚

瞪羚的腿脚细长，是一种非常敏捷的食草动物，在遇到危险时能够迅速逃走。因为它们有一双往外凸起的大眼睛，看起来像故意瞪着一样，故而得名瞪羚。

✪ 扭角林羚

扭角林羚身体较窄，四肢细长，喜欢在开阔的林间栖息。雄羚喉部长有长毛，角呈螺旋状，雌羚则没有这些特征。

★长颈鹿

长颈鹿因长着长达数米的脖子而成为陆地上最高的动物，成年长颈鹿的身高可以达到6米，而脖子几乎是它们身高的一半。长长的脖子使它们的头距离心脏很远，所以长颈鹿的心脏血压要比其他动物高出好几倍，才能保证血液正常输送到头部。

◀ 驯鹿

驯鹿区别于其他鹿类的特征之一，就是无论雌雄头上都长有一对结构复杂的大角，角分支繁杂，样子多样，看起来十分奇特。

▼ 梅花鹿

梅花鹿因为有很高的经济价值，曾遭到人类过度的捕杀，野生的数量已经十分稀少，已成为我国国家一级保护动物。

✪ 驼鹿

驼鹿，这个鹿科中体形最大的种类，长着隆起的鼻子，肥大的嘴唇，因肩峰比较突出，形似骆驼而得名。驼鹿喜水，特别在炎热的夏天常待在水中，多以水边的青草为食。

⊙骆驼

骆驼分为单峰骆驼和双峰骆驼两种。骆驼高高的驼峰里储存着大量的脂肪，在极度缺水时，驼峰里的脂肪能够分解成水和热量，给身体补充所需水分，使它们能够在沙漠中长途跋涉。不过驼峰会随着脂肪的分解逐渐变小，当驼峰完全消失时，就表明骆驼已经筋疲力尽了。

★野兔

　野兔生性孤僻，喜欢独居，经常在白天休息，夜间单独
出来觅食。野兔因为没有地洞，在觅食遇到天敌时只能以逃
跑来躲避危险。

★鹿鼠

　鹿鼠是夜间活动的哺乳动物，它
们生性机敏，而且善于隐藏，在洞穴
中筑巢，主要以植物、腐肉等为食。

★仓鼠

　仓鼠生性胆小，喜欢在夜间活动。它们身体肥
胖圆润，毛质松软，样子十分可爱，通常被人们当
作宠物来饲养。

❋ 松鼠

松鼠最明显的特征就是那条蓬松的毛茸茸的大尾巴。它们的尾巴经常从下往上弯曲到背上，样子非常可爱。在睡觉时，松鼠还会把这条大尾巴盖在身上当被子使用。

❋ 豪猪

豪猪身体肥胖，身上长满又长又尖的刺，尤其在尾巴处，刺的长度能达到 30 厘米左右，让尾巴都能完全隐藏在这些长刺里面。

树袋熊

树袋熊又叫考拉，它们有一对大耳朵，鼻子扁平，全身长着厚厚的灰褐色短毛。树袋熊多数时间待在树上，当它们从树上下来的时候通常会倒着走，让屁股先着地，样子十分可爱。

★ 蝙蝠

蝙蝠是飞行能力很强的哺乳动物，它们的四肢及尾之间覆盖着翼膜，让它们可以像鸟一样飞行。蝙蝠通常在夜间活动，栖息在洞穴、树洞或是森林里。